BEYİNDE ARARKEN BAĞIRSAKTA BULDUM

dr. serkan
karaismailoğlu

Popüler Kültür-Bilim Serisi

Hayat Amacımız

Daha eğitimli ve daha çok okuyan bir ülke için çalışıyoruz.

Gelecek Hayalimiz

Alanımızda Türkiye'nin en saygı duyulan kurumu olacağız.

Değerlerimiz

Dürüstlük
İş Kalitesi
Girişimcilik
Hoşgörü
Yurt Sevgisi

Popüler Kültür-Bilim Serisi

Beyinde Ararken Bağırsakta Buldum ©

Genel Koordinatör: Akif Aktuğ
Editör: İpek Arman
Redaktör: Deniz Bora
Çizimler: Aslı Şan Dağlı Gül
Mizanpaj: Songül Düzgün
Yayın Ekibi: Ahmet Seyfi Atmaca, Bahar Güzel, Ceyda Çalatlı, Çiğdem Karaca, Demet Uyar, Gamze Aras Azapoğlu, Gülderen Çopur, Hüseyin Yılmaz, Sait İşseven, Sevim Yaylagül, Vildan Barış Örkmez

1. Basım Temmuz 2017

ISBN 978-605-9367-16-5

Elma Yayınevi
Aziziye Mah. Portakal Çiçeği Sok.
No: 37/7 Çankaya/Ankara
Tel: 0312 417 72 73
Yayıncı Sertifika No: 12437

Basımevi: Desen Ofset AŞ
Birlik Mah. 448. Cad. 476. Sok.
No: 2 Çankaya/Ankara
Matbaa Sertifika No: 11289

Her türlü kitap talebinizi temsilciliklerimizden, **elmayayinevi.com** adresimizden, telefon veya faks aracılığıyla yayınevimizden yapabilir; kitaplarımızla ilgili görüşlerinizi **bilgi@elmayayinevi.com** adresi aracılığıyla paylaşabilirsiniz.

temsilciliklerimiz

Akdeniz Bölgesi / CDR Eğitim ve Danışmanlık • Atınç Büyükduykular • Tel: (242) 247 72 72 • atincbuyukduykular@izgorenakademi
Bursa / MGK Eğitim Hizmetleri • Özlem Erbaşlar • Tel: (224) 243 87 15 • ozlemerbaslar@izgorenakademi.com
Kayseri / OAG Eğitim Danışmanlık • Sibel Ötegen Özdemir • Tel: (352) 234 17 18 • yaseminunal@izgorenakademi.com
Kocaeli / Özel Batı Karadeniz Eğitim Danışmanlık • Yasemin Kaya • Tel: (262) 319 02 00 • sibelotegen@izgorenakademi.coms
Samsun / Karadeniz Eğitim Danışmanlık • Şehnaz Dereli • Tel: (533) 479 05 00 • sehnazdereli@izgorenakademi.com

Beni ben yapan ve
bu kitabın yazılmasında
emeği geçen tüm mikroplarıma…

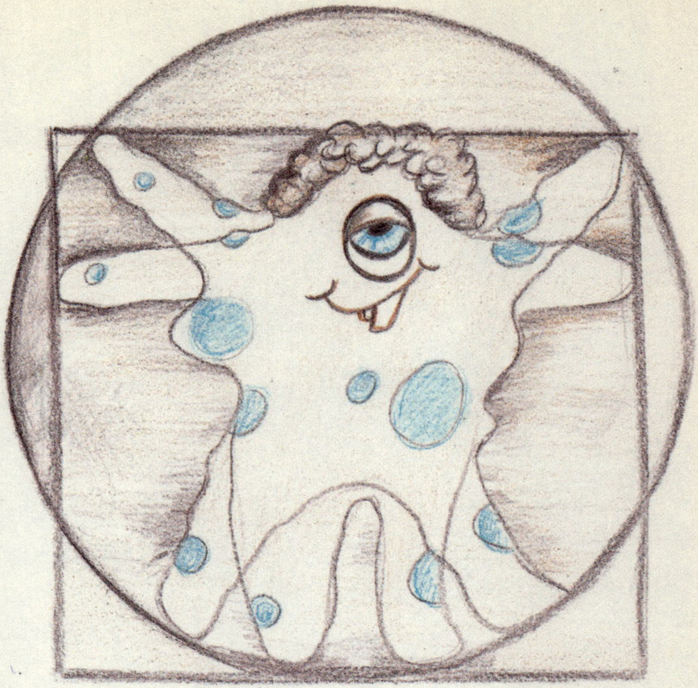

Müthiş hayal gücü ve yeteneği ile kitabın çizimlerini yapan çok kıymetli arkadaşım sevgili Dr. Aslı Şan Dağlı Gül'e sonsuz teşekkürler. Kitabın resimlerini hazırladığımız dönemde, yoğun çalışma tempomuz sırasında gösterdikleri anlayış ve sabırlarından dolayı Aslı'nın eşi Bahtiyar ve sevgili kızları İnci ve Ece'ye de çok teşekkürler.

Teşekkür

Bu kitabın sizlerle buluşmasında çok büyük emeği olan Elma Yayınevi ailesine, akademik hayatımın şekillenmesinde önemli katkıları olan Hacettepe Üniversitesi Tıp Fakültesi Fizyoloji Anabilim Dalındaki kıymetli hocalarıma, bilimsel bilgiyi üniversitenin duvarları arasından çıkarıp insanlarla paylaşma mücadelesinde en büyük destekçim olan çok sevgili öğrenci dostlarıma ve bilim dünyası içerisindeki maceram sırasında büyük bir sabırla beni destekleyen eşim, annem, babam ve kardeşlerime sonsuz teşekkürler.

İçindekiler

Bölüm 1

İnsan Olarak Doğup, Mikrop Olarak Ölüyoruz

Mikroskop insana önemini gösterdi, teleskop ise önemsizliğini...
Manly P. Hall

Her sabah olduğu gibi kız gözlerini açtığında onu neyin uyandırdığını bilmiyordu. Yine alarm çalmadan birkaç dakika önce kendiliğinden uyanmıştı. Biyolojik saati, cep telefonundan önce davranarak asıl patronun kendisi olduğunu bir kere daha hatırlatmıştı. Uyanmış olmasına rağmen yataktan kalkmadı. İnatla, yatağın içerisinde, birkaç dakika sonra çalacak olan alarmın ötmesini bekledi. Zira bu çirkin ses, günün başladığının resmi işaretiydi ve ötmeden önceki birkaç dakikanın huzurunu yaşamak istiyordu. Uzun süredir çapını bilmediği bir çemberin üzerinde hayatı tekrarlıyordu; aynı gün, aynı iş, aynı insanlar... Tüm senaryonun aynı olduğu bu filmde, ona düşen tek şey, artık canlandırmaktan bıkmış olduğu karakteri istemeye istemeye oynamaktı.

Düşünceler kafasından hızla geçerken, göz kapakları ağırlaşıp tam uykuya geri döneceği sırada beklenen çirkin ses duyuldu. Telefonun alarmı adeta klaketi sertçe kapatıp "motor" diye bağırdı ve "sıradan bir gün daha" adlı film başlamış oldu. Kız tek eliyle iki-üç hamlede telefonu susturup her gün yaptığı gibi ayakları halının üzerine değer değmez yatağın içerisinde oturur pozisyonda kaldı. Her sabah baktığı halının desenlerine, bugün de sanki ilk kez görüyormuşçasına uzun uzun bakmaya devam etti. Halıya o kadar uzun süre bakmıştı ki karışık desenlerin arasında ilerleyen karıncayı beyni hemen fark etmişti. Dudaklarında dışarıdan fark edilmeyecek hafif bir gülümseme belirdi. En azından bugüne farklı bir başlangıç yapmıştı. Acelesi olan ama hangi taraftan gideceğini bilmeyen bir insan edasıyla oradan oraya giden karınca, kızın kıvrılmış ve halı üzerinde terkedilmiş gibi duran çoraplarının etrafında dolaştı. Yatağın kenarına oturtulmuş, kafası hafif eğik biçimde anlamsızca halıya bakan bir kukla gibi duruyordu. Vücudundaki tek hareket, hafifçe akciğerlerine girip çıkan havanın oluşturduğu hareketten ibaretti. İpin sahibi ipleri çekmezse sonsuza kadar bu şekilde kalabilirmiş gibi bir izlenim vermekteydi. Kızın bütün kasları da kendisi gibi düşünüyordu. Hiçbir kası, dünün tıpatıp aynısı olacak olan sıkıcı güne başlamak istemiyordu. Dışarıdan bakan bir kişi için bu durum sonsuza kadar sürecekmiş gibi bir izlenim verse de kuklanın sahibi ipleri bir anda çekmiş gibi birden ayağa kalktı ve otomatik hareketlerle zorunda olduğu şeyleri yapmaya başladı. Ayağındaki terliklerin altında çok kuvvetli bir mıknatıs varmış ve kızın ince ayak bilekleri bu çekim gücüne karşı koyamıyormuş gibi ayaklarını halıya sürte sürte banyoya girdi.

Avuçlarının içindeki suyu yüzüne çarptığında garip bir rahatlık hissetti. Sanki bunu ne kadar kuvvetli yaparsa bu sıkıcı hayattan uyanabilecekmiş umuduyla yıkıyordu yüzünü. Ama aynı şey yine olmuştu. Kafasını kaldırıp aynaya baktığında; suyun ıslaklığı ile yüzüne rastgele yapışmış saçları, çenesinden tişörtüne damlayan suları ve her zamanki bıkkın surat ifadesini gördü. Yüzünü iyice aynaya yaklaştırarak gözlerinin içine baktı. Göz bebeğinin içindeki karanlığa yoğunlaşarak içerisinde bulunduğu durumun garipliğini algılamaya çalıştı. Muazzam bir boşluk, bu boşlukta dönen kocaman bir topun üzerindeki küçücük bir bölgenin üzerine yapılmış bir binanın beşinci katındaki bir oda içerisinde, duvarda kendi yansımasına bakıyordu. Tüm insanlığın bu kadar kolay kabullendiği bu gerçek, kızın hiçbir nöronuna sığamayacak kadar büyüktü. Boşlukta dönen bir topun üzerinde ne işi olduğunu bilmiyordu. Neden burada olduğunu, hatta ne olduğunu bile bilmiyordu. "Neyim ben" diye düşündü. "Doğadaki bütün canlılar doğan güneş ile beraber beslenmek, hayatta kalmak ve çoğalmak güdüsüyle güne başlamışken, ben niye bir ayna karşısında varlığımı sorguluyorum" Aslında kız "ne" olduğu sorusunun cevabını çok iyi biliyordu. Ama her sabah yaptığı gibi kendisine hatırlatmak için dudaklarının üzerinde kalmış su damlacıklarını etrafa ve aynaya göndererek sesli bir şekilde tekrarladı:

"Bugün 261. gün. Değişen hiçbir şey yok. Ben Tesla, içi su ve mikrop dolu, milyarlarca hücreden oluşmuş 57 kiloluk bir torbayım sadece. Öldüğüm zaman içimdeki su buharlaşacak, hücrelerim çürüyecek ve bu yerküre üzerinde benden geriye sadece mikroplarım kalacak."

(...devam edecek)

Şu an elinizde tutmakta olduğunuz bu kitap için birçok insan, birçok tanım ve yorum yapacak. Bir kâğıdın üzerinde yer alan ve belirli bir düzen ile bir araya gelmiş çeşitli harflerin, okuyucunun beyninde yoruma dönüşme süreci oldukça ilginçtir aslında. Okumakta olduğunuz kelimelerin yapacağı ilk iş, fotonlar halinde havada süzülerek gidip gözlerinizde, görmeden sorumlu olan reseptörleri uyarmak olacaktır. Daha sonra bu reseptörlerden çıkan kablolar, göz sinirleri aracılığıyla kafanızın hemen arka tarafında kocaman bir alan kaplayan ve "oksipital lob" adını verdiğimiz beyin bölgesine gidecektir. İlgili merkeze ulaşan "görüntü bilgisi" önce analiz edilecek, daha sonra da beyninizin diğer birçok bölgesiyle bağlantılar kurarak, geçmiş deneyimleriniz doğrultusunda sinir hücrelerinizde çok farklı reaksiyonların oluşmasına neden olacaktır.

Yazarın beynindeki birtakım sinir hücrelerinin etkileşimi ile oluşan cümlelerin, okuyucunun beynine giderek çok daha farklı bir reaksiyona yol açması oldukça ilginç bir iletişim şeklidir. Müzisyen David Eric Grohl, benzer bir iletişimin müzik aracılığıyla nasıl kurulduğunu çok güzel özetlemektedir aslında. Tanımayanlar için hemen belirtelim Dave Ghrol, zamanının en garip ruhlu insanlarından biri olan Kurt Cobain'in, bir o kadar ilginç grubu olan Nirvana'nın bateristidir. Cobain'in ölümü ardından Nirvana grubunun dağılmasıyla Foo Fighters adlı grubu kurup vokalliğini de üstlenen Ghrol, müziğin insan duyguları üzerindeki etkisini şöyle tanımlar:

Müzik hakkında harika olan şeylerden biri de şudur;
Sen, 85.000 seyircinin önünde bir şarkı söylersin
ve o seyirciler, 85.000 "farklı" nedenle
sana ve şarkına hep bir ağızdan eşlik ederler.

Gerçekten de duyguların iletilmesinde olan şey tam olarak budur. Tıpkı müzikte olduğu gibi, bu kitapta okuduklarınız da her birinizin beyninde, yaşadıklarınız doğrultusunda farklı bir şekilde yorumlanacaktır. Çünkü beyinlerimiz de tıpkı parmak izlerimiz gibi bize özgüdür. Artık bu habere sevinir misiniz yoksa üzülür müsünüz bilemem ama sahip olduğunuz beyin yapısının bir benzeri yeryüzünde başka hiçbir canlıda yok sevgili insanoğlu. Sadece sizde var. Üstelik sizin beyniniz de sürekli bir değişim içerisindedir. Örneğin bu kitabı ilk elinize aldığınızdaki beyin yapınız ile bu cümleyi okuyan beyin yapınız aynı değildir artık. Zira buraya kadar okumuş olduğunuz 872 kelime, beyninizdeki sinir hücreleri arasında yeni bağlantılar oluşturdu ve artık yapısal olarak farklı bir beyine sahipsiniz. Bazılarınız şu an ilk sayfaya dönüp gerçekten de 872 kelime var mı diye kontrol etmeyi aklından geçirirken, bazı okuyucularımızın beyninde Nirvana'nın *Come As You Are* şarkısı çoktan çalmaya başlamıştır ve muhtemelen kitabı bir yana bırakıp YouTube'dan bir Nirvana parçası dinlemeye gidecektir. Kimisi ise kitabın şu ana kadarki bölümünün kötü bir giriş olduğunu düşünerek "keşke bunun yerine yandaki sarı kapaklı kitabı alsaydım" diye içinden geçirecektir.

Tüm bu ihtimaller, birtakım harflerin belirli bir düzende bir araya gelmesinin size hissettirdikleridir. Sadece bununla da sınırlı değildir. Kitabın parmaklarınıza değdiğinde oluşturduğu histen tutun da sayfaları açtığınızda burnunuza gelen koku moleküllerine kadar birçok etken bu hissiyata katkıda bulunmaktadır. Şimdi, tüm bu bilgiler doğrultusunda düşünürsek, gerçek anlamda bu kitabı tanımlayan nedir? Cümleler mi, yoksa o cümleleri bir araya getiren kelime ya da harfler mi? Mürekkebi ve kâğıdın hammaddesini oluşturan selülozu da unutmamak lazım tabii ki. Ciltlemede kullanılan etilen vinil asetat adlı yapıştırıcı kokusunun, sayfa ve mürekkepler için kullanılan alkil keten dimer ve hidrojen peroksit adlı kimyasalların kokusu ile birleşerek bir araya getirdiği ve sizin "yeni kitap kokusu" olarak adlandırdığınız koku, bu kitabı tanımlarken ne kadar önem taşır acaba? Aslında aklımıza gelmeyen ve saymayı unuttuğumuz birçok bileşen, belirli bir düzen içerisinde bir araya gelerek elinizdeki bu kitabı oluşturmuştur. O zaman, tüm bu koşullar altında benzer bir soruyu insan için düşünebiliriz.

Peki ya siz kimsiniz?
Ya da kitabın amacına uygun bir şekilde sormak gerekirse;
tam olarak, "ne"siniz?

Aynaya baktığınızda, her zaman görmüş olduğunuz yüzünüz veya vücudunuz dışında bir şey görmüyor olmanız çok önemli bir kayıptır aslında. Zira sizin gördüğünüz o incecik deri tabakasını kaldırdığımızda, karşımıza keşfedilmeyi bekleyen muhteşem bir dünya çıkacaktır. Böylesine muhteşem bir dünyanın bu kadar ince bir örtüyle sizden saklanması da işin tam anlamıyla ironisidir. Derinizi kaldırdığınızda gözünüze çarpan ilk yapılar, kırmızımsı kaslarınız ve bu kasların tutunmuş olduğu kemikler olacaktır. Bu kas ve kemik dokusunun aralarında bir yerlerde de çeşitli organların yerleşmiş olduğunu görürsünüz. Bu organlar görevleri doğrultusunda o kadar özelleşmişlerdir ki hiçbiri diğerine benzemez. Her bir organın kendisine has görünümü vardır ve tavırları da birbirinden çok farklıdır. Örneğin, vücudun en çalışkan organlarından biri olan kalp, aynı zamanda göz önünde olmaya da bayılır. Belki de "göğüs kafesi" adını verdiğimiz bir kafes içerisinde olduğundan, sık sık kendisini hatırlatmak ister. Bazen o kadar kuvvetli çarpar ki bir kalbiniz olduğunu çok ama çok net bir şekilde hissettirir size. Bazı organlarınız ise çok daha mütevazıdır. Mesela dalak. Kendisine konulan bu kadar kötü bir isme rağmen, size hiç küsmeden işini yapan ve her şey yolunda gittiği müddetçe de sizi hiç rahatsız etmeyen, "on numara" bir organdır.

Keşke çok teknolojik bir aynamız olsaydı ve bu ayna bize deri, birtakım kas ve bağ dokusunu göstermeden, sadece organlarınızı gösterebilseydi. Emin olun sadece göğüs bölgesi ve karın boşluğunuzdan oluşan gövde kısmınızda gördükleriniz bile sizi şok etmeye yeterdi. Zira dış görünüş olarak birbirleriyle hiç alakası olmayan bu ilginç yapılar, sanki zorla bir araya getirilmiş gibi gövdenizin içinde öylece yan yana durmaktadırlar. Tıpkı tıka basa dolu bir otobüsün içerisinde, dip dibe yolculuk yapmak zorunda kalan yolcular gibi.

Şüphe yok ki vücudumuzun en havalı organı beyindir. Zira kendi adını koyabilen tek organdır beyin. Hatta bu mantıkla hareket ettiğimizde diğer organların isim babasının da kim olduğu hemen ortaya çıkacaktır. Kendisi ile ilgili olarak kitabın ilerleyen bölümlerinde bol bol konuşacağız zaten. Ama göğüs ve karın boşluğu içerisindeki organlara hızla bir göz attığımızda, şüphesiz ilk dikkatimizi çeken, beyin kadar ünlü olan kalp olacaktır. Kalbin her iki tarafında ise popülerlik açısından olmasa da fizyolojik açıdan oldukça havalı olan akciğerlerimiz vardır. Kendisini ve hemen hemen etrafındaki tüm organları sindirebilecek güce sahip olan, ilginç ve J şeklinde bir organdır mide. Kendisi, pH seviyesi 2'ye kadar ulaşabilen, oldukça kuvvetli asit içeriğiyle gövdenizin üst-orta kısmında durur. Midemize yemek geldiğinde usta bir dansçının koreografisini andıran hareketlerle besini sindirmeye başlar.

Karaciğer, pankreas, safra kesesi, dalak, mesane, böbrek ve bağırsak gibi diğer organlar ise resmen ikinci sınıf muamele gören, gariban organlarımızdır. Bu organların gerçek kıymetini bilenler, ancak bu organları ile ilgili sorun yaşayan kişiler ol-

muştur hep. Yani etrafınızda, safra kesesiyle gurur duyan birine rastlama ihtimali gerçekten de düşüktür. Hele bağırsaklar... Hatırlayın, ergen çocukların anne ve babalarından utandıkları garip bir dönem vardır. İşte bedenimizin geri kalan kısmının bağırsaklara karşı hissettiği şeyi de biraz buna benzetebiliriz. Bağırsaklarımız görmekten çok haz etmediğimiz kirli işlerle uğraşırlar ve bizi çok zor durumda bırakma güçleri ve ihtimalleri vardır. Aslında organlarımızın hiyerarşik pozisyonlarını ve ünlülük durumlarını kitabın ilerleyen bölümlerinde uzun uzun inceleyeceğiz. Ama başlangıç sorumuza tekrar geri dönelim. Tam olarak neyiz? Birbirine hiç benzemeyen bir grup organın bir araya gelerek oluşturduğu bir yapı mıyız sadece? Burada sizi, "sen" yapan ve geri kalan insanlardan ayıran tam olarak nedir? Sormak istediğim soruyu örneklerle açarsak daha iyi anlaşılacağına inanıyorum. Konuyla ilgili olanlar bilir, organ nakli oldukça zor bir süreçtir ve "doku uyumu" gibi birçok hassas koşulun titiz bir şekilde yerine getirilmesi gerekir. Ama varsayalım ki böyle bir sorun yok ve organlarımızı çok rahat bir şekilde birbirimizle değiştirebiliyoruz. Bu durumda sizin karaciğerinizi çıkarıp yerine üst komşunuzun karaciğerini koyduk diyelim. Sonuç ne olur? Yine aynı kişi misinizdir yoksa artık değişmiş misinizdir? Hatta devam edelim. İlkokul arkadaşınızın ince bağırsağını alıp kendi ince bağırsağınızı ona taktığınızı düşünelim. Şimdi bir şey değişir mi? Ya da şöyle soralım; nihayetinde kendi kimliğinizi koruyarak vücudunuzdaki yapıların ne kadarını değiştirebilirsiniz? Aslında bu felsefi soruyu daha yakından incelemek için organlarımızı mikroskop altına yatırmak faydalı olabilir. Lise biyoloji bilgilerimize dönecek olursak; vücudumuz organların oluşturduğu sistemlerden meydana gelmektedir. Mesela sinir sistemi deyince aklımıza beyin ve omurilik gelmektedir. Sindirim sistemi deyince ise ağız, yemek borusu, mide ve bağırsaklarımızı kastederiz. Bu sistemlerin birbirleriyle müthiş bir etkileşimi söz konusudur. Peki, organlarımız nelerden oluşmaktadır? Herhangi bir organınızdan küçük bir kesit alıp mikroskop altında incelediğinizde, hücre dediğimiz çok küçük yapıların varlığına şahit olursunuz. Bu hücreler bir araya gelerek organları meydana getirmektedir. Resimde, vücudumuzda yer alan birbirinden farklı hücre tiplerini görebilirsiniz.

Her biri dizi karakteri olabilecek bir görünüme sahip olan hücreleriniz, vücudunuzdaki en küçük, temel canlı birimidir. Örneğin; sürekli gurur duyduğunuz beyniniz, yaklaşık 80 milyar tane sinir hücresinin bir araya gelerek meydana getirdiği bir yapıdır. Yine bir başka övünç kaynağı olan, yerlere ve göklere sığdıramadığınız kalbiniz ise yaklaşık 2-3 milyar kalp hücresinin bir araya gelmesiyle oluşur. Yani elinizde birbirine çok benzeyen 2-3 milyar yapboz parçası olduğunu düşünün. Parçaların her biri tek başına bir şey ifade etmese de bu yapboz parçacıklarını bir araya getirmeyi başardığınızda, kalp denilen ve bir saatte vücudunuza yaklaşık on beş damacana kan (300 litre) pompalayan bir organ elde edebiliyorsunuz.

Bu kısımda belirtmemiz gereken önemli bir konu daha var: Hücreler her zaman bir araya gelip bir yapı oluşturmak zorunda değildir. Bazı hücrelerimiz organ yapısına katılmadan bireysel olarak da vücudumuza hizmet ederler. Örneğin toplamda yaklaşık 25 trilyon kırmızı kan hücresi (alyuvar), damarlarınızın içerisinde gezinerek akciğerlerinizden aldığı oksijeni dokularınıza taşımakla görevlidir. Görünümü tavla pulunu andıran bu hücrelerin sayısı o kadar çoktur ki siz onları bir arada iken kırmızı bir sıvı gibi görürsünüz. Bu arada verdiğimiz sayı arada kaynamasın lütfen. 25 trilyon! Yani yirmi beşin yanına on iki adet sıfır yazdığınızda elde edilen bir sayıdan bahsediyoruz. Bu arada, nasıl ki organlar birbirine benzemiyorsa aynı durum hücreler için de geçerlidir. Her ne kadar temel canlılık özellikleri aynı olsa da görünüş açısından hücreler arasında çok önemli farklılıklar bulunmaktadır.

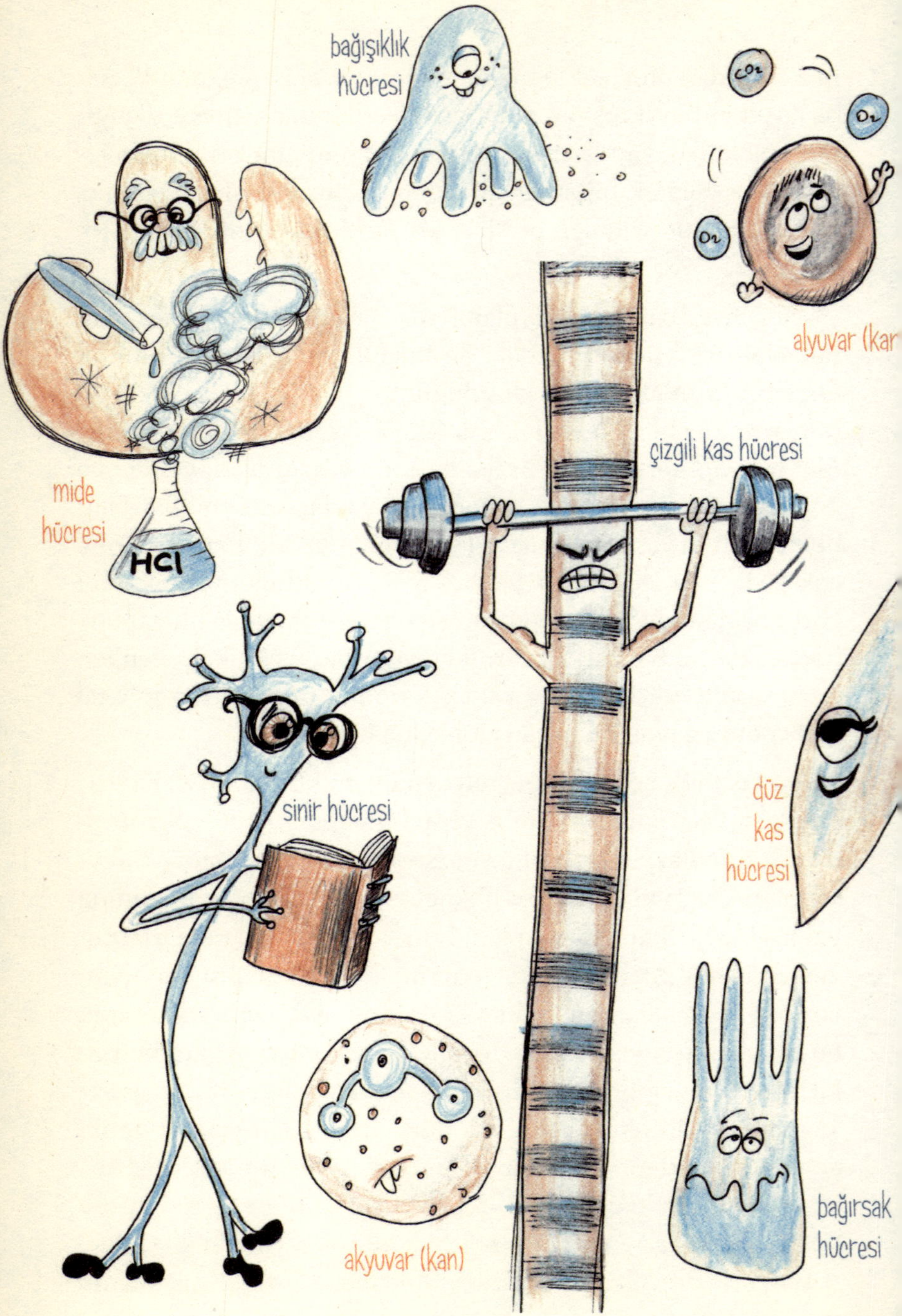
bağışıklık
hücresi
CO2
O2
O2
alyuvar (kar
mide
hücresi
HCl
çizgili kas hücresi
sinir hücresi
düz
kas
hücresi
akyuvar (kan)
bağırsak
hücresi

Tüm bu biyolojik bilgiler ışığında, bu bölümün en başından beri sorduğumuz soruyu usanmadan tekrarlayalım. Sizi "sen" yapan tam olarak nedir? Görünen o ki hücreler bir araya gelerek organları, organlar bir araya gelerek sistemleri, sistemler de bir araya gelerek sizi oluşturmaktadır. Yapılan birçok farklı bilimsel araştırma insandaki toplam hücre sayısını 10 ile 100 trilyon arasında olacak şekilde birbirlerinden farklı olarak hesaplamışlardır. Literatürde bu konuda birbirinden farklı çalışmalar olsa da 2016'nın başında yapılan çok güzel bir çalışma, hücre sayıları konusunda daha net bilgileri bilim dünyası ile paylaşmıştır (Sender R, 2016). Bu çalışmanın sonuçlarına göre, ortalama bir insandaki toplam hücre sayısının 30 trilyon civarında olduğu düşünülmektedir. Yani işin temelinde sizi, "sen" yapan 30 trilyon hücre bulunmaktadır. Bu durumda 30 trilyon parçadan oluşan bir yapboz muyuz sadece?

Sevgili okuyucu tam da bu kısımda, önemli bir hatırlatma yapalım. Şimdi diyebilirsiniz ki "aman canım benim pankreas hücremin canlılığından ne olacak? Gözle görülemeyecek kadar küçük şey, canlı olsa ne olur, cansız olsa ne olur" Durum dışarıdan bakıldığında böyle gözükse de gerçekte oldukça karışıktır. Eğer o beğenmediğiniz pankreas hücresini sizin vücudunuzdan çıkarıp uygun bir ortama koyarsak, hücreleriniz yaşamlarını sürdürebilir. Yani siz olmasanız da hücreleriniz bir şekilde yaşayabilir. Ama siz, hücreleriniz olmazsa yaşayamazsınız. Şimdi sıkı durun ve derin bir nefes alın. Zira sorumuza farklı bir açıdan yaklaşarak meseleyi biraz daha derinleştirelim. Hatırlayacak olursanız, bir-iki sayfa önce, siz ve ilkokul arkadaşınızın organlarını değiştirmeye karar verip hangi noktada siz, "sen" olmaktan çıkardınız meselesini tartışmıştık. Şimdi bu değişim olayını hücre seviyesine indirgeyelim. Yani ilkokul arkadaşınızla karşı karşıya oturunuz ve siz ona bir hücre verin, o da karşılığında size bir hücre versin. Sonuç ne olurdu acaba?

Kaçıncı hücre yer değiştirdiğinde "siz", arkadaşınız olurdunuz? Ya da böyle bir şey hiç olmaz mıydı?

Şimdi hücre değiş-tokuş sorumuz şöyle bir kenarda dursun, sizinle çok daha ilginç bir bilgiyi paylaşalım. Aslında size teorik olarak sorduğumuz bu sorunun farklı bir halini vücudumuzda her gün yaşamaktayız. Yazımızın birçok yerinde, vücudumuzun temel canlı biriminin hücre olduğunu vurgulamıştık. O zaman bir meseleyi daha açıklığa kavuşturmamız gerekecek. Biz canlıların çok iyi bildiği bir gerçek daha var: Yaşamın olduğu her yerde ölüm de vardır. Hepimizin duymaktan ya da konuşmaktan korktuğu, soğuk ve bir o kadar acı bir gerçek olan ölüm. İnternette rastladığım ama kaynağını bulamadığım bir yazıda, yaşam ve ölümün ilişkisi çok güzel özetlenmektedir.

Yaşam ve ölüm, kelimelerle tanımlayacağınızdan öte,
çok uzun zamandır birbirlerine âşıktır.
Yaşam, ölüme sayısız hediyeler gönderir...
Ve ölüm onları sonsuza dek saklar.

Vücudumuzdaki temel canlı birim hücredir ve her canlı gibi hücre de ölmek zorundadır. Peki, bir hücre ne zaman ölür? Hücre öldüğünde, organ da ölür mü? Ya da biz öldüğümüz için mi hücrelerimiz ölür, yoksa hücrelerimiz öldüğü için mi biz ölürüz? Aslında biz ve hücrelerimizin ölümü birbirinden bağımsız kavramlardır. Zira hücrelerimizin çoğunun yaşam ömrü oldukça kısadır. Örneğin sadece bir gün içerisinde ince bağırsağımızın yüzeyini oluşturan epitelyal hücrelerimizden 17 milyarı ölmekte ve yerine yeni hücreler yapılmaktadır. 17 milyar hücre! Siz sadece bu cümleyi okurken ince bağırsağınızda 1 milyon hücreniz öldü ve ölümler büyük bir hızla devam ediyor. Bu tam olarak ne anlama geliyor biliyor musunuz? İnce bağırsağımızdaki epitel tabaka beş günde bir tümüyle yenilenmektedir. Yani beş gün önce sahip olduğumuz ince bağırsak yüzeyi ile şu an sahip olduğumuz ince bağırsak yüzeyi birbirinden farklıdır.

Yani sevgili insan, gördüğünüz üzere hücrelerinizi illaki ilkokul arkadaşınız ile değiştirmenize gerek yok. Zira her bir hücrenin, bulunduğu organa göre bir yaşam döngüsü bulunmaktadır ve vücudunuz, siz fark edemeseniz de sürekli bir değişim halindedir. Yani dünkü "siz" ile şu anki "siz" arasında bile fark vardır. Görünen o ki, "kim" ya da "ne" olduğumuz sorusuna aradığımız cevap giderek daha karışık bir hal almaktadır. Ama durun, daha bitmedi. Keşke bu sorudan kurtulmak bu kadar basit olsaydı. Ama değil. Hem de hiç değil…

Felsefi olarak "kim" ya da "ne" olduğumuz sorusunu cevaplamaktan oldukça uzak olsak da biyolojik olarak belki basit bir cevap verilebilirdi yakın zamana kadar. Derdik ki "öyle ya da böyle, insan; içinde kendisine ait 30 trilyon canlı hücrenin bir arada yaşadığı dev bir organizmadır" Ama son dönem bulgular bu kaçamak cevabı vermemizi de engellemektedir. Zira sinirbilim camiası ve biz sinirbilimciler yakın bir zamanda çok ilginç bir konuyla tanıştık: Mikrobiyota. Bu konuda yapılan çalışmalar, kim olduğumuz ve vücudumuzun kime ait olduğu sorularının çok daha farklı bir boyuta taşımaktadır. Tüm kitap boyunca ele almaya çalışacağımız asıl meselenin en özet halini sizinle paylaşalım o zaman. Nedir bu sinirbilim camiasını şaşkınlıkta bırakan ve beynin, insanlığın var olduğu günden beri süren saltanatına son verecek olan mikrobiyota? Baştan söyleyelim, mesele biraz uzun. O nedenle isterseniz kendinize güzel bir çay ya da kahve koyun. Zira hikâyemize başlamak için hayatınızın en başına gitmemiz gerekiyor. Hayır, doğduğunuz günü kastetmiyorum. Daha da öncesine gideceğiz. Babanızdan gelen sperm hücresinin, annenizde yer alan yumurta ile birleştiği o garip başlangıca.

Eskiden buralar hep dutluktu

Sperm ve yumurtanın birleşmesiyle oluşan, minicik top görünümündeki yapıya zigot denir. Yani deyim yerindeyse en genç halinizden bahsediyorum. Zira zigot oluştuktan sonra, acımasız zaman ile beraber yaşlanmaya başladığınız bir hikâyedesinizdir artık. Anne rahminin hemen üst kısmında yer alan tüplerin içinde, rahme doğru yolculuk ederken, bir yandan da bölünmeye başlayan zigotun hikâyesi, hayatın en mükemmel mucizelerindendir. Resimde de gördüğünüz gibi, tek bir top bölünerek önce birbirine yapışık iki top halini alır. Daha sonra bu ikili top bölünerek birbirine yapışık dört top halini alır. Bu bölünmeler devam ettikçe bir sürü küçük topçuktan oluşan garip bir görünüm kazanırsın. Bu halinize "morula" denir. Morula, kelime olarak "dut" anlamına gelir. Bu isim gerçekten de durumunuzu çok güzel özetleyen bir kelimedir. Çünkü görünüşünüz tam anlamıyla bir dut şeklindedir. Yaklaşık üç-dört günlük olduğunuzu ve büyüklük açısından iğne deliğinden geçebilecek kadar küçük bir boyutta olduğunuzu hatırlatalım. Zira insan, nihayetinde ne olursa olsun geldiği yeri unutmamalı. Şu an sahip olduğunuz o havalı tavırlarınız, her şeyi bildiğinizi sanmanız, size, zamanında iğne deliğinden geçebilecek küçüklükte bir dut olduğunuz gerçeğini unutturmasın lütfen.

Bir duttan, insana dönüşüm, başlı başına bir kitaba içerik olacak kadar bilgi ve mükemmellik içerdiğinden, insanın anne karnındaki yolculuğunu hızlandırıp dünyaya gelmeden önceki o "an"a gelelim. Anne karnında bebek çok iyi korunduğundan, oldukça steril ve temiz bir ortam söz konusudur. Yani bebeğin içerisinde veya çevresinde herhangi bir bakteri, virüs vb. mikroorganizmaya rastlayamazsınız. Oysa büyüdüğümüzde çok daha iyi öğrendiğimiz gibi, dış dünya mikroplarla kaynamaktadır. Asıl film burada başlar. Çocuk doğar doğmaz, bu mikroorganizmalar adeta bebeğe hücum eder ve büyük bir süratle bebeğin vücuduna yerleşir. İşte mikroorganizmaların vücudunuzu istila etmesi ile başlar mikrobiyotanızın hikâyesi. Şu an, "sen", yani yaklaşık 30 trilyon hücreden oluşan canlı, kitabını

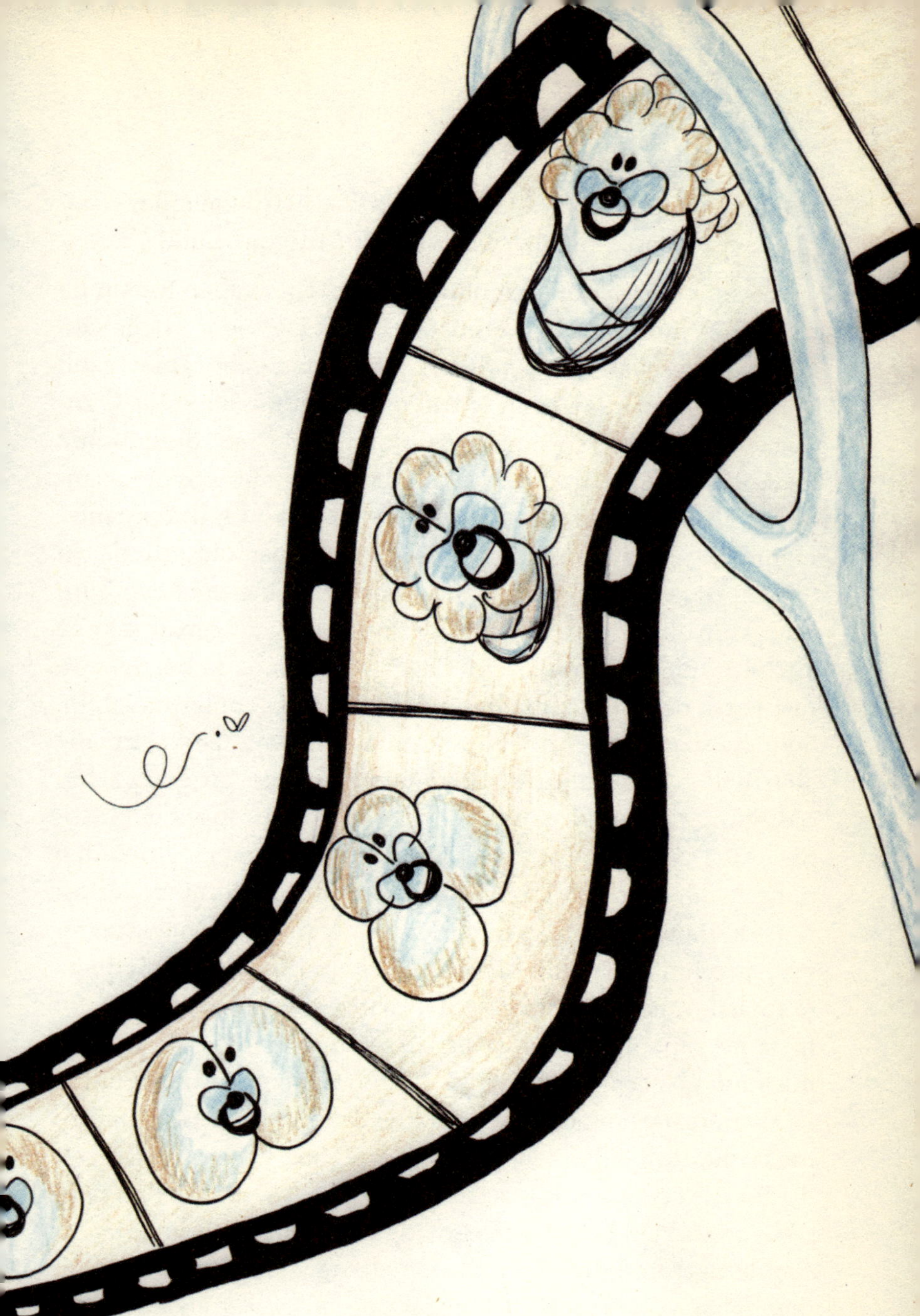

okurken, sadece bağırsaklarında yaklaşık 40 trilyon mikroorganizmanın yaşadığını biliyor musun? 40 "trilyon" canlı!

Tekrar en başa dönecek olursak, sizi "sen" yapan toplamda 30 trilyon hücreden bahsetmiştik. Şimdi ise sadece bağırsaklarınızda yaşayan ve vücudunuza dışarıdan gelmiş olan canlı mikroorganizma sayısının 40 trilyon olduğunu öğrendik. O zaman en baştan beri sorduğumuz, "kim" ya da "ne" olduğumuz ile ilgili olan soru, bu bilgi ile çok daha farklı bir boyut kazanmıştır artık. Zira 30 trilyon hücre ve 40 trilyon mikroorganizmanın bir arada yaşadığı bir vücut söz konusu olduğunda, şu basit soruya samimi bir cevap vermenizi beklerim: Sevgili insan, sahip olduğunuzu düşündüğünüz bu vücut gerçekte kime ait? Size mi, yoksa onlara mı? Eğer vücudunuzda bir demokrasi varsa üzgünüm ama bu vücut sizin değil, onların olabilir. Sonuçta sizin 30 trilyon oyunuz, onların ise en düşük ihtimalle 40 trilyon oyu bulunmaktadır. Yani belki anne karnında sahip olduğunuz vücut size aitti ve insan olarak dünyaya gelmiştiniz. Ama siz dünyaya geldikten sonra, sizin hücrelerinizden daha fazla sayıda mikroorganizma sizin vücudunuza yerleşti artık. Bazılarınız bu sayı farkının çok önemli olmayacağını ve patronun kesinlikle kendisi olduğuna inanabilir. Sonuçta minnacık mikroorganizmalardan bahsediyoruz, değil mi? En fazla ne yapabilirler ki? Yakın dönemde yapılan birçok çalışma şunu göstermektedir ki bu mikroorganizmaların beynimiz ve davranışlarımız üzerine çok ama çok büyük etkileri bulunmaktadır. Ruh halinizden tutun seçeceğiniz yemeğe, hatta sıkı durun eş seçiminize bile karışan bir canlı topluluğundan bahsediyoruz. Peki nasıl? İşte elinizde tuttuğunuz bu kitapta, bu canlılarla olan garip ilişkimizi ele alacağız ve sevgili okuyucu inanın bana çok ama çok ilginç bir dünyaya yolculuk edeceğiz. Bu yolculuk sırasında öğreneceğiniz tüm bilgileri tek bir cümle ile ifade etmek gerekseydi eğer, aşağıdaki cümle durumumuzu fazlasıyla güzel özetlerdi.

İnsan olarak doğup, mikrop olarak ölüyoruz.

Matrix'in ilk filminde Ajan Smith'in Morpheus ile paylaştığı ilginç bir tespit söz konusudur. İnsanın canlıları sınıflandırmasında, kendisini memeli sınıfına koymasının hatalı olduğunu öne sürer. Çünkü yeryüzündeki bütün memeliler muhtaç oldukları doğa ile mükemmel bir denge içerisindedirler. Ama insan öyle değildir. Bulunduğu yeri sonuna kadar sömürür, yok eder ve kendisine yeni sömürülecek yerler arar. Canlılara baktığımızda bu tarz yaşayan bir canlı daha söz konudur. O da virüslerdir. İnsanlar da tıpkı virüsler gibi çoğalır, yok eder ve kendisine yeni yok edilecek yerler arar. Yukarıda vurguladığımız "insan doğup, mikrop ölme" tespiti her ne kadar insanlığın doğaya olan acımasız yaklaşımına güzel bir gönderme yapıyor gibi görünse de bu cümle mecazi bir mesaj kaygısından uzak, oldukça bilimsel bir gerçeğin altını çizmektedir. İnsan olarak doğuyoruz. Oldukça korunaklı, tüm mikroplardan uzak, steril bir yer olan anne rahminde yetiştik hepimiz. Ama daha sonra dünyaya gelmek zorunda kaldığımız, o ilk andan itibaren deyim yerindeyse kirlenmeye başladık. Artık mikroplar her yerimizdeydi ve o kadar hızlı çoğaldılar ki sayıları bizden daha fazla hale geldi. Evet, sevgili okuyucu, muhtemelen elinizdeki bu kitabı alma konusunda verdiğiniz kararın, beyninizdeki bir grup nöronun arasındaki elektriksel iletişime ait olduğunu düşünüyor olabilirsiniz. Ama bu kitabı almanıza neden olan etkenin, vücudunuzda yaşayan bir grup mikroptan kaynaklanmış olabileceği ihtimalini unutmayın lütfen.

Biz sinirbilimcilerin çok sevdiği, beynin, "bilinen evrendeki en gizemli nesne" olduğu tespitinin belki de tekrar sorgulanacağı ilginç günlerdeyiz. Zira karşımızda, 40 trilyon nüfusu ve tüm gizemleriyle birlikte keşfedilmeyi bekleyen müthiş bir bağırsak gezegeni bulunmaktadır. O nedenle ağızda başlayıp bağırsaklarımızda bitecek olan bu uzun yolculuğumuzda oldukça ilginç bilgilerle karşılaşacağız. Kitabın sonuna geldiğimizde ise bu kısımda sıklıkla sorduğumuz "kim" ya da "ne" olduğumuz sorusuna bir cevap bulacağız.

Kitabın sonunu bilen bir kişi olarak
size en büyük spoiler'ı vereyim;

Ne yersen, osun…

Bölüm 2

Mutluluğun Formülü Çok Açık; Bir Sen, Bir Ben, Bir de İskender

Senden istediğim sadece mutluluk olsaydı, hiç seninle uğraşmaz gidip bir buçuk porsiyon iskender yerdim.

Modern insanın en büyük arzusu ve motivasyonu "başarı" üzerine kurulmuştur. Hayatınızın erken dönemlerinde önünüze bir sürü hedef konulur ve o hedeflere ulaşmak için hayatınız boyunca çabalar durursunuz. Hiç kimse de size, o hedeflere ulaşmak isteyip istemediğinizi sormaz. Çünkü her nasıl oluyorsa, sizin için en iyi olan şeyin ne olduğuna hep başkaları karar verir. En ilginç olanı da bizim bu durumu normal bir şeymiş gibi kabullenmemiz. Şöyle anlatalım: Diyelim ki öğle yemeği için daha önce hiç gitmediğiniz bir mekâna gittiniz. Mekânın garip çalışanları, ne yemek istediğinizi sormadan önünüze bir tabak bezelye ve bir şişe şalgam koyup gittiler. Oysa siz oraya et dürüm yemek için gitmiştiniz. "Boş ver dürümü, madem önüme bezelye koydular en iyisi onu yiyeyim bari" deme ihtimaliniz nedir? Muhtemelen önce yanlış sipariş geldiğini sanırsınız. Ama garson "herhangi bir yanlışlık olmadığını ve bezelyenizi yemeniz gerektiğini" söylesin. Hatta bunun için sizi biraz da zorlasın. Ne yaparsınız? Muhtemelen bezelyeye dokunmadan sinirli söylemler içinde o mekânı terk edersiniz. Yani siz, kendi kararlarını verebilen bir insansınız ve hiç kimse size zorla bezelye yediremez. Keşke hayatımız boyunca zorunlu tutulduğumuz her şeye, gariban bezelyeye verebildiğimiz tepkiyi verebilseydik.

Daha siz okul denen binaya girmeden, anne ve babanız mesleğiniz ile ilgili kararı vermiştir çoktan, "Bizim kız doktor olacak" Oysa sizin en büyük tutkunuz keman çalmaktır. Ama yok.

"Boş zamanlarında yine keman çalsın ama bizim kız doktor olacak." Kaçar yanınız yoktur. Önünüze hayatınızın geri kalanında yiyeceğiniz yemek konmuştur ve siz o bezelyeyi yemeye başlarsınız. Hatta bazılarınız zamanla bezelyenin tadının hiç de fena olmadığını bile düşünecektir. Özetlersek, tüm hayatımız başkalarının önümüze koyduğu hedefler doğrultusunda, yılmadan mücadele etmekle geçiyor. Bu, o kadar yorucu bir hal alır ki artık, bizzat kendimizin koyduğu küçücük hedeflere bile ayıracak zamanımız kalmaz. En nihayetinde olur da başarırsak, başardığımız şey başkalarının isteği olur sadece, başka bir şey değil. O nedenle başarıya ulaşanların çok iyi bildiği bir gerçeği paylaşalım sizinle. Başarının anahtarını elde ettiğiniz gün görürsünüz ki aslında ortada bir kilit yoktur. Çünkü o kapı, sizin kapınız değildir. Elimizde kazanmak için delicesine yırtındığımız anahtar ile başarılı ama mutsuz bir şekilde kalırız. Belki de etrafımızın, başarılı olmasına rağmen, bir o kadar mutsuz olan insanlarla dolu olmasının sebebi budur. Oysa mutlu olmak gerçekten de bu kadar zor mudur? Etrafımızda bu kadar mutsuz insan olduğunu görünce insanın aklına bir tek bu ihtimal geliyor. Peki, neden bu kadar mutsuzuz? Özellikle son yıllarda mutsuz ve depresif halimiz giderek arttı. Aslında bu meseleyi ele alabilmek için öncelikle mutluluğu tanımlamak gerekir. O zaman soralım; nedir bu mutluluk denen şey?

Bilenler bilir, Nazım Hikmet, *Saman Sarısı* adlı şiirinde ressam arkadaşı Abidin Dino'ya sorar; "Sen, mutluluğun resmini yapabilir misin Abidin" diye. Tanımlamaya ya da çizmeye çalıştığınızda, mutluluğu ifade etmek gerçekten çok zor gözükebilir. Ama bu zorluk, biz sinirbilimciler için kesinlikle geçerli değildir. Çünkü bizim için mutluluğun tanımı çok basittir. Yani size mutluluğun resmini çizemem ama formülünü verebilirim. Dopamin, serotonin ve diğerleri. Teknik olarak yeryüzü üzerinde sizi mutlu eden her şey, dopamin ve benzeri nörotransmitterlerin beyninizde yarattığı etkilerdir. Sinirbilime meraklı okuyucularımız neyden bahsettiğimizi çok iyi anlasa da konuyu bilmeyenler için meseleyi özetlemeye çalışalım.

Resimde de gördüğünüz üzere, beynimizin ortalarında bir yerde, bezelye tanesi büyüklüğünde "nükleus akkumbens" adını verdiğimiz bir yapı bulunur. Emin olun bu yapı hayattaki en kıymetli yapılarınızdan birisidir. Çünkü burası beyninizde yer alan ödül merkezidir. Aslında burayı bir düğme gibi düşünebilirsiniz. Öyle bir düğme ki bu, bastığınız zaman mutlu oluyorsunuz. İşte, nükleus akkumbens dediğimiz bu yapı, beyninizin, yani sizin zevk alma düğmenizdir. Beynimizde bu düğmeye basmaya yarayan moleküllerden en popülerinin adıdır dopamin. Ne zaman dopamin bu bölgeyi uyarsa, mutluluk dediğimiz ve bitmesini hiç istemediğimiz o ilginç deneyimi yaşarız. Yani, teknik olarak tüm mutlulukların kaynağı dopamindir. Bu durumda sormamız gereken en önemli soru, dopamini nereden bulacağız sorusudur.

Vücudunuzdaki dopaminin yarısı beyninizde, yarısı da bağırsaklarınızda üretilmektedir. Yani, vücudunuz zaten dopamini bolca üretmektedir. Önemli olan dopamini kullanabilmek. Yeryüzündeki insanların büyük bir kısmı dopamini para karşılığı satın almaya çabalasa da dopamin dediğimiz şey tümüyle bedavadır. Kimi insan vardır gider, çok pahalı bir rezidansın en üst iki katını satın alarak dopamin salgılar. Kimisi vardır gider, 5 liralık çift lavaş dürüm yiyerek dopamin salgılar. Sonuçta beyninizde etki gösteren dopamin, aynı dopamin. Değişen bir şey yok. O zaman zaten içimizde olan bir şeyi neden dışarıda aramakla vakit kaybedelim ki? Burada en önemli unsur; insanın kendisini gerçekten iyi analiz etmesi ve nelerden mutlu olacağının sağlam bir değerlendirmesini yapmasıdır. Lütfen unutmayın, mutluluk sizinle ilgili bir kavramdır, sahip olduklarınızla değil. O nedenle, insanlık olarak her şeye sahip olma, her şeyi satın alma sevdasından vazgeçmek, hem kendi mutluluğumuz

hem de üzerinde yaşadığımız gezegenin mutluluğu açısından çok büyük bir adım olacaktır. Zira dünyadaki en önemli problem, bazı insanların her şeye sahip olma açgözlülüğüdür. Ama unutmamak gerekir ki doğa, tüm insanlığın ihtiyaçlarını karşılayabilir ama açgözlülüğünü asla karşılayamaz. Kendisi için yeterli olanla yetinmeyip sürekli ama sürekli büyüme güdüsü doğaya uygun bir güdü değildir. Hırs ve ihtirasın kısır döngüsünde sürekli büyümeye çalışanlara Edwin Abbey'in o güzel sözünü hatırlatmak isterim:

Büyümek için büyümek, bir kanser hücresinin ideolojisidir.

Mutluluğun, pratikte dopamin olduğunu öğrendik. O zaman bir düşünün bakalım sizde en çok dopamin salgılatan şey nedir? Eminim bu soruya yönelik, oldukça alternatif cevapları olan okuyucularımız olacaktır. Ama şüphe yok ki herkesin nükleus akkumbensine hitap eden ödüllerden biri de güzel bir yemektir. Hatırlayın, stres dolu ve oldukça yoğun çalıştığınız o dönemleri. Geçmeniz gereken o gıcık sınavı, bitirmeniz gerektiği halde bir türlü bitmeyen o projeyi, yetiştirmeniz gereken her türlü işi... Ne zaman yoğun geçen bir aktivasyon sonrası kendinizi basit bir ödülle şımartmak isteseniz, yapacağınız şey kendinize şöyle güzel bir ziyafet çekmek olacaktır. Zira şüphe yok ki her bir molekülüne kadar o yemeği hak etmişsinizdir. Bazılarımız bu meseleye o kadar düşkündürler ki sadece yemeği yemek kısmını değil, pişirme seansını da garip bir ritüele dönüştürebilirler. Biz olayı daha basit tutalım ve çok sevdiğiniz bir arkadaşınızla beraber, yoğun bir çalışma sonrası, ödül olarak iskender kebap yemeye gittiğinizi varsayalım. Peki, neden iskender? Çünkü başta öğrenciler olmak üzere birçok insan açısından iskender önemli bir eşik değere sahiptir. Zira kendisi ödül hissi yaratacak kadar pahalı ama yediğiniz şeyi unutturacak ve sizi pişman edecek kadar kazık değildir. Tam kıvamındadır yani.

Şimdi o anı hatırlamaya çalışalım. Ortama girdiğinizde havada salınan koku molekülleri burun deliklerinizden girerek beyninize ilgili sinyalleri gönderir ve siz daha hiçbir şey fark etmeden, ağzınızın içindeki tükürük bezlerinde salya oluşumu başlar. Hatta midenizde bile ufaktan ufaktan asit salgıları başlamıştır. Masanıza oturup siparişinizi beklediğiniz sırada, uzaktan gelen kişinin elindeki bir sürü beyaz tabağı gördüğünüzde içinizde hafif bir kıpırdanma olur. Hemen etrafınızdaki sipariş bekleyen masalara, bir de garsonun elindeki tabaklara bakıp oldukça hızlı matematiksel bir hesapla tabaklardan birinin size ait olma ihtimalinin yüksekliği karşısında hafif bir rahatlama oluşur içinizde. Ve beklenilen an gelmiştir. Önünüze bir tabak konur ve sıcak olduğu için tabağa dokunmamanız istenir. Gerek kulağınıza gelen "sıcak" kelimesinin samimiyeti gerekse de gözlerinizin önündeki tabağın etkisiyle ağzınızın içinde bir şeyler eriyormuşçasına tükürük salgınızın iyice arttığını hissedersiniz. Diğer taraftan tabaktan gelen yoğun kokular birazdan çekeceğiniz ziyafetin fragmanı gibidir adeta. Beyninizin ödül merkezi birazdan yaşayacağı dopamin festivali için hazırdır. Ağzınızın içindeki çiğneme kasları ve birçok tat reseptörü ilk lokmayı büyük bir sabırsızlıkla beklemektedir. Ama siz büyük bir sabırla elinizi çatal veya bıçağa sürmezsiniz. Çünkü beklediğiniz biri vardır. O kişi de iskenderinizin üzerine görkemli bir şekilde tereyağını dökecek beyefendiden başkası değildir. O anı hatırlayın lütfen. Bu kadar büyük bir umut ve beklentiyle en son kimi beklediniz ki! Elindeki tavada erimiş tereyağını taşıyan beyefendi, bu beklentinin o kadar farkındadır ki mekânın içerisinde masalar arasında aheste aheste hareket eder. Dibinize gelip elindeki tavayı hemen tavanın altındaki beyaz tabağa hafif bir sesle sürterek cevabı en kolay soruyu sorar.

— Tereyağı?

Zaten burnunuzun dibinde tutulan tavadan gelen tereyağı kokusu bütün reseptörlerinizi işgal etmiştir. Öyle bir kokudur ki bu, muhtemelen beynimizdeki koku bölgesinin çok büyük bir kısmı sırf tereyağına ayrılmış hissi verir insana. Beyefendinin tek kelimelik sorusu karşısında tereyağı istediğinizi onaylamak için sabırsız ve dengesiz bir hızla başınızı evet anlamında sallarsınız. Bu o kadar hızlı verilmiş bir cevaptır ki beyniniz adeta uygun bir kelime arayarak vakit kaybetmek istememiştir. Eğer ortam sessizse tereyağının yoğurdun üzerine değdiği sırada çıkardığı çok hafif sesli melodiyi duyarsınız. İşte o ses, o güzel beste artık kavuşma vaktinin geldiğini haber vermektedir. Çatal ile bıçağı elinize alırsınız. Eğer karşınızda biri varsa bile muhtemelen bu aşamadan sonra söylediklerini duymayacaksınızdır. Çatalın ucuna biraz da zorlanarak geçirdiğiniz et ve pideyi yoğurda bulayıp ağzınıza yaklaştırdığınız noktada filmi durduralım. Çok ünlü rock gruplarının sahneye ilk çıktığı anda, sahne önünde bağıran, çığlık atan, kendinden geçen binlerce insanın görüntüsünü hatırlayın. O muazzam coşkun kalabalığı. Şimdi filmimizi tekrar oynatalım. İskenderinizden aldığınız ilk lokma ağzınızın içine girerken, dilinizin üzerindeki tat tomurcukları da benzer bir coşku içindedir. İlk lokmayı ağzınızın içine bıraktığınız o anı hatırlayın sevgili okuyucu. Hani o lokmayı ısırdığınızda dişlerinizin arasında parçalanan tereyağı, et, pide ve yoğurdun karışımından oluşan hissin size yaşattığı o muhteşem anı. İşte tam o anda hissettiğiniz bu hissin adıdır dopamin. Adeta şelale misali nükleus akkumbensin üzerine akmaktadır.

Beyninizin ödül merkezi adeta bir festival alanına dönmüşken ağzınızda sekiz-dokuz kere çiğnediğiniz lokma, dilinizin kürek hareketi ve yutkunma sonucu boğazınızın arkasındaki kara deliğin içine gönderilir. En son hissettiğiniz şey, ağzınızdaki lokmayı yutarken boğazınızda hissettiğiniz o hafif zorlanmadır. Hatta buradaki zorlanmadan bile zevk alan insanlar bulunmaktadır. Ağzınızda çiğnenip, boğazınızdaki kara deliğe giren lokma hakkında artık hiçbir fikriniz yoktur çünkü siz, çoktan ikinci lokmayı çiğnemeye başlamışsınızdır. Biliyorum yemek çok güzel ama bu anı kısa bir süre düşünmenizi isterim. Az önce dişlerinizin arasında oradan oraya giden ve beyninizde dopamin festivali oluşturan o lokma bir anda nereye gitti?

Lokmanızın yemek borusuna girdikten sonraki müthiş yolculuğu bu kitabın önemle üzerinde durup, detaylı şekilde inceleyeceği bir konudur. Kitabın girişinde önemle vurguladığımız üzere, kitabın ana konusunu bağırsaklarımızda yaşayan mikroorganizmalar oluştursa da konuyu daha iyi anlamak için sindirim sistemindeki organları daha yakından incelememiz gerekecek. Çünkü bu organların sahip oldukları özellikler, konuyu çok daha iyi anlamamıza yardımcı olacak. O nedenle, öncelikle iskenderin sindirim sistemimiz içerisinde nasıl bir yolculuk yaptığına kısaca göz atacağız. Nihayetinde iskenderden arta kalanlar bağırsağınıza ulaştığında, belki de hayatınızda daha önce hiç sorgulamadığınız bir mevzuyu sorgulayacaksınız.

Bu iskenderi isteyen ben miydim,
yoksa içimdeki bakteriler mi?

Menu

Bölüm 3

Sadece Kalbe Giden Yol Değil, Beyne Giden Yol da Mideden Geçer

Eğer siz de sıklıkla beyniniz ve kalbiniz arasında kalıyorsanız, yapacağınız şey çok basit: Bağırsaklarınızı dinleyin.

Sindirim sistemimize yakından bakmadan önce, önemli bir konuya değinmekte fayda var. İlginç bir şekilde, yediklerimiz ve bunların insan beynine olan etkileri, insanlık tarafından pek de üzerinde durulan bir konu olmamıştır. Zira insanların büyük bir kısmının yeme davranışlarını belirleyen en önemli mesele; güzel görünen bir vücuda ya da sağlıklı bir kalp damar sistemine sahip olmaktır. Ama söz konusu, yiyecek ve beyin arasındaki ilişki olduğunda, nedense bu konu günümüze kadar göz ardı edilmiştir. Çok fazla kilo alan bir kişi, kiloların kalbinde yapacağı etkiler konusunda ciddi endişeler taşıyabilir. Ya da bir başkası, kışın aldığı fazla kalorilerin, yazın giyeceği bikiniyle hiç de iyi durmayacağı konusunda suçluluk hissedebilir. Bu bahsettiğim insan tiplerinden etrafınızda bolca bulunmaktadır muhtemelen. Hatta çok büyük bir ihtimalle, siz de böyle biri olabilirsiniz. Ama nedense etrafınızda daha iyi düşünebilmek, zekâsını geliştirmek amacıyla beslenmesine dikkat eden birine pek de rastlamazsınız. Yani beşinci tulumba tatlısını ağzınızın içine bıraktığınızda, "bu hafta sonu sınavım vardı, acaba bu tatlıyı yedim diye mental yeteneklerimde bir sorun olur mu" diye düşünmezsiniz bile. Aksine, beyninizin daha fazla glikoza ihtiyacı olduğuna ikna olarak, altıncı tulumba tatlısına çatalınızı sokuverirsiniz. Yediklerinizde gözüm yok, hatta sürekli ne yememiz gerektiği konusunda ahkâm kesenlere karşı da hep mesafeli olmuşumdur. O nedenle bu kitapta "daha iyi bir beyin için yiyeceğiniz sekiz meyve" ya da "daha iyi bir hafıza için içmeniz gereken dört içecek" gibi bir bilgi paylaşımı yapılmayacaktır. Çünkü bu konu, benim uzmanlık alanım olan bir konu değil ne yazık ki. Ama yakın dönemde yapılan birçok çalışma oldukça ilginç bilgiler ortaya koymaktadır. Her ne kadar siz göbek ya da damarlarınızı dert etseniz de bu durum, yediklerinizin en fazla etki gösterdiği yerin beyniniz olduğu gerçeğini değiştirmeyecektir.

Normalde beyniniz, büyüklük açısından tüm vücudunuzun yaklaşık %2'sini oluşturmaktadır. Ama söz konusu vücuda alınan enerjinin dağıtımı olunca, tüm enerjinin %20'sini tek başına kullanan bir organ çıkar karşımıza. Olaya matematiksel olarak baktığımızda ortada gerçekten büyük bir adaletsizlik varmış gibi hissedebilirsiniz. Ama beynin yaptıklarını düşününce, her bir ATP'yi sonuna kadar hak ettiği konusunda en ufak bir şüphemiz yoktur. Peki, vücudumuz enerjiyi nereden almaktadır? Genel anlamda bakarsak, vücudumuzun en önemli enerji kaynağı sizin de tahmin edeceğiniz üzere yediklerimizdir. Yani vücudumuza giren yiyeceklerden elde edilen enerjinin beşte biri beynimize gitmektedir. Bu durumda, neyle beslendiğimizin beyin açısından ne kadar önemli olduğu bir kez daha ortaya çıkmaktadır. Yani, ağzınızdan giren her şeyin beyin üzerinde de etkisi olduğunu unutmayın lütfen.

Muhtemelen bugüne kadar yiyecekleri, dopamin seviyelerine göre, zevkli ve zevksiz diye ayırmış olabilirsiniz ama inanın bana, hâlâ çok geç değil. Çünkü modern çağın insanı olarak, çok fazla sorun yaşadığımız ilginç bir dönemdeyiz aslında. Bir kere, hepimizin son dönemde iyice belirgin şekilde hissettiği bir yorgunluk hali söz konusu. En son kendinizi ne zaman dinç ve enerjik hissettiğinizi hatırlamaya çalışın lütfen. Diğer taraftan, bir türlü tanımlayamadığımız garip bir depresyon içerisindeyiz. Birçok insan bu garip depresyon halinden kurtarmak için beynini ilaçlara teslim etmiştir. Tüm bunlar yetmezmiş gibi son dönemde unutkanlık konusu da iyice can sıkıcı bir hal almaya

başlamıştır. Belki de tüm bunlar içerisinde en önemli olanı, niye böyle olduğu hakkında hiçbir fikrimizin olmamasıdır. İşte böyle bir garip paradoks içinde, günlerimizin hızla geçtiği enteresan bir dönemdeyiz. Bazılarımız tüm bu sorunları yaşlanmanın karşı konulmaz bir gerçeği olarak düşünse de benzer sorunlar günümüz gençliğinin de en önemli sorunlarındandır. Kitabın ilerleyen bölümlerinde de göreceğimiz üzere, şu an içinde bulunduğumuz koşulların en önemli mimarlarından biri de beslenme biçimimizdir. Doğal olarak, göbeğinize bakıp sahip olduğunuz mimari yapıdan hoşlanmıyorsanız eğer, yapacağınız şey çok basittir: Ya mimarı değiştireceksiniz ya da mimariyi. Mimarı, yani kendinizi değiştirme şansınız olmadığına göre, mimariyi, yani beslenme biçiminizi değiştirmek zorundasınız. Aslına bakarsanız ortada ironik bir durum söz konudur. Zira ilginç bir şekilde, siz sadece mimariyi değiştirseniz bile bu değişiklik, mimarın değişmesine neden olacaktır. Peki, daha sağlıklı bir beyne sahip olmak için tam olarak ne yapmamız gerekmektedir? Bu önemli sorulara cevap aramadan önce, yediklerimizin aslında beyin üzerinde ne kadar etkili olduğunu gösteren ilginç bir olayla başlayalım hikâyemize.

Bilim insanları, 1950'li yıllarda, Papua Yeni Gine'deki kabileler üzerinde yaptıkları gözlemde ilginç bir bulguyla karşılaşmışlardır. Fore halkının bir kısmında depresyon, hafıza kaybı ve düşünmede gerilemeye neden olan ve tedavisi bulunmayan nörolojik bir hastalığa rastlanmıştı. Yerli halk bu hastalığa kendi dillerinde "korkuyla titremek" anlamına gelen "kuria/guria" adını takmıştı. Çünkü "kuru hastalığı" adı verilen bu hastalığın klasik semptomlarından birisi de titremedir. Hatta kuruya yakalanan insanlarda, bazen hastalık kaynaklı ani kahkaha patlamaları da görüldüğünden, bazıları, bu hastalığa "güldüren ölüm" adını takmıştı. Bu hastalık nedeniyle her sene Fore halkının %2'si hayatını kaybetmekteydi. Bilim insanları bu ilginç hastalığın nereden köken aldığını incelemeye başladığında çok ilginç bir sonuçla karşılaşmışlardı. Görünen o ki, bu insanların yedikleri bir şey ciddi bir biçimde beyinlerine zarar vermekteydi. Olaya daha yakından baktığımızda, Fore halkının çok ilginç bir geleneği karşımıza çıkmaktadır. Kadınlarda daha sık görülmek üzere, ölen aile büyüklerinin beyinleri ve sinir sistemine ait yapıları, büyüğe saygı nedeniyle ailenin geri kalanı tarafından yenilmekteydi. Oldukça ilginç olan bu geleneğin faturası Fore halkı için biraz ağır olmuştur.

Tekrar konumuza dönecek olursak; sizlerin de her modern insan gibi ortalama şeyler yediğinizin ve ölü yakınlarınızı yemek gibi ilginç bir düşüncenizin olmadığının farkındayım. Ama en baştan söyleyelim, zira biraz sonra okuyacaklarınız gerçekten de canınızı çok sıkabilir. Çünkü bu kısmı okuduğunuzda, beyne faydalı gıdaları aramak yerine, beyne zararlı besinlerden uzak durmanın çok daha öncelikli olduğunu göreceksiniz. Nihayetinde, hepimizin üzerinde modern insanın beslenme laneti bulunmaktadır. Yani özetle, ilkel olmak ayrı bir dert, modern olmak daha ayrı bir dert sevgili insan.

Malum bir önceki bölümde harika bir iskender yedik. Yakın zamanda iskender yiyen herkesin çok net hatırlayacağı gibi, canımız artık inanılmaz bir şekilde tatlı istemektedir. Birkaç dakika evvel büyük bir zevkle yediğiniz yemeği çoktan unutmuşsunuzdur artık. Şu an kafanızdaki paradoks "şerbetli tatlılar ile mi coşsam" yoksa "çikolatanın en karanlık köşelerinde mi kaybolsam" şeklindedir. Tercihiniz ister şekerpare olsun ister çikolatalı kek. Bu durum içinizde adeta "tatlı" diye bağıran bir çocuk olduğu gerçeğini asla değiştirmeyecektir. Peki, modern insan olarak şekere neden bu kadar düşkünüz. Gelin şimdi şeker ve beynimiz arasındaki ilişkiye kısa bir göz atalım.

Beynin şeker ile imtihanı

Şekeri incelemeden önce, o anı hatırlayalım hep beraber. Tulumba tatlısını ağzınızın içine attığınız ve dişlerinizin ilk

darbesiyle patlayan tulumbanın içerisindeki şerbetin, ağzınızın içinde yayıldığı o mükemmel andan bahsediyorum. Eğer bir şey size, bu kadar mükemmel bir his yaşatıyorsa unutmayın ki üzerinizdeki etkisi de çok büyük olacaktır. Benzer bir durumu, kâğıdını hafifçe aralayıp ağzınızı içine gömdüğünüz browni kekler için de söyleyebiliriz. Bu kekin o kadar güçlü bir etkisi vardır ki üzerine yapışmış küçük parça kâğıdı kekle yemek sizi rahatsız etmeyebilir bile. Özetle, söz konusu şeker olunca insanların çoğu için ortada büyük bir ödül ve bu ödül mekanizmasını takip eden önemli bir bağımlılıktan bahsedebiliriz. Alkol, madde veya sigara bağımlılığı gibi konulara çok daha ciddi yaklaşan insanların, şeker bağımlılığı konusunu görmezden gelme çabaları dönemimizin en önemli sorunlarından birisidir ve her göz ardı edilen sorun gibi çoğalarak artmaktadır. Peki, şeker dediğimiz şey tam olarak nedir? Çünkü şeker dediğimizde hâlâ birçok insanın aklına doğrudan sofrada kullandığımız beyaz toz şeker gelmektedir. Ama durum hiç de öyle değildir. Bunu anlamak için kısa bir market turu yapmakta fayda var. Bir markete girdiğinizde, ürünlerden ziyade alışveriş yapanlara yoğunlaşırsanız, çeşit çeşit insan davranışlarını gözlemleme şansı bulabilirsiniz. Bu insanlardan bir kısmı, canının istediği ürünü alıp doğrudan sepete atar. Bazı insanlar ise aldığı ürünü sepetine koymadan önce fiyat etiketine bakarak, uzun uzun birtakım aritmetik hesaplara gömülür. Diğer taraftan insanların bir kısmı ise ürünlerin etiketlerini okumaya bayılırlar. Bir insanın minicik harflerle yazılmış etiketleri incelemesini sıkıcı ve vakit kaybı olarak görebilirsiniz ama meseleyi daha iyi anlamak için o sıkıcı etiketlere bizim de bakmamız gerekmektedir.

İyi niyetli okuyucularımız etikete baktığında şeker yazısını doğrudan görebileceklerini düşünmektedir muhtemelen. Ama işin kötü tarafı şudur ki birçok firma, ürününün içinde şeker olduğunu açık bir şekilde paylaşmak istemez. Şekerin bir sürü formu ve bu formlara göre de bir sürü farklı adı bulunmaktadır. Bu kadar fazla isim olunca, ürünün içerisinde ne kadar şeker olduğunu tespit etmek gerçek bir uzmanlık istemektedir. Mesela, kaçınızın aklına ketçap şişesinin etiketinde şeker aramak gelir? Zamanında "pazarda artist olmadığının" önemle altını çizen internet fenomeni amcamızın tarzıyla belirtmek gerekirse: Şeker ne arar la ketçapta! Sosisin ya da yoğurdun içinde şeker ne gezer ki? Aslında tek tek saymaya gerek yok. Kabaca marketteki rafların dörtte üçünde şekere rastlama ihtimaliniz oldukça yüksektir. Gelin şu etiket meselesini tam anlamıyla ele alalım.

Marketten aldığınız tatlı yiyecek ve içeceklerin etiketlerine bakarsanız, glukoz, fruktoz, sükroz, maltoz, laktoz gibi sonu "oz" ile biten bir sürü kelime görürsünüz. Hafızası iyi olanlar bu kelimeleri biyoloji dersinden hatırlayabilir. Hatırlamayanlar için durumu kısaca ifade edelim. Kelimenin sonuna gelen "oz" eki, Latince kelimelerde şeker isimlerinin sonuna gelen "ose" kelimesinin Türkçe ifade edilmiş halidir. O nedenle bir kelimenin sonunda "oz" ekini gördüğünüzde, bu kelimenin çok büyük bir ihtimalle şekerle ilgili bir kelime olduğunu düşünebilirsiniz. Madem işin etimolojik kısmına girdik, bir meseleyi daha açıklığa kavuşturalım. Şeker kelimesinin kökenine baktığımızda ilginç bir bilgi ile karşılaşırız. Zira şeker kelimesi birçok dilde benzer şekilde ifade edilmektedir. İngilizce "sugar", Arapça "sukkar", Farsça "shakar" olarak ifade edilen bu kelime, Latincede "succarum" ya da "saccharon" kelimeleri ile ifade edilmektedir. Bu etimolojik bilgiler kafamızda oturduysa, konuyla ilgili çok daha bilimsel bir dil kullanabiliriz artık.

Şekerleri parçaladığımızda elde ettiğimiz en basit şeker yapısına "monosakkarit" denir. Mono, Latincede "bir" ya da "tek" anlamına gelmektedir. Sakkarit kelimesi de yukarıda bahsettiğimiz gibi şeker anlamına gelmektedir. Yani en basit şeker yapısına monosakkarit yani "tek şekerliler" denir. Monosakkaritlerin ne olduğu, birbirleriyle birleşerek hangi şekerleri oluşturduğu arka sayfadaki resimde özetlenmiştir. Bu kısma bir göz atarak konu hakkında daha detaylı bilgiye ulaşabilirsiniz. Resimde gördüğünüz üzere, temel monosakkarit glukozdur. Çünkü glukoz vücudun enerji için kullandığı en temel formdur. Fruktoz ise daha çok meyvelerin yapısında yer aldığından "meyve şekeri" olarak adlandırılır. Peki ya soframızdaki şeker, onun bilimsel adı nedir? Şeker pancarından elde edilen beyaz şekere Latince "sükroz" denir. Sükroz, glukoz ve fruktozun birleşmesi ile oluşan disakkarit bir moleküldür. Buradan da anlaşılacağı üzere monosakkaritler birleşerek disakkaritleri, onlar da birleşerek polisakkaritleri ve nihayetinde bizim "karbonhidrat" olarak bildiğimiz yapıları meydana getirirler.

Özetle, karbonhidrat dediğimiz şey aslında şeker yapılarının bir araya gelerek oluşturduğu genel moleküllerdir. Her ne kadar şeker kelimesi aklınızda tatlı bir şeymiş algısı yaratsa da aslında bir karbonhidrat olduğunu ve birçok gıdanın içerisinde bulunduğunu unutmayın. Tüm bu bilgiler ışığında, marketten alacağınız ürünlere ve etiketlerine daha fazla dikkat etmek, ilerleyen yaşlardaki sağlığımız açısından oldukça işimize yarayabilir. Mesela salça alacaksınız. Bir bakıyorsunuz içinde karbonhidrat var. Aynı şey yoğurt için de geçerli. Tuzlu kraker olarak yediğiniz şeyin içinde de karbonhidrat bulunmaktadır. Zira yediğiniz her karbonhidrat, şekerli olsun ya da olmasın, nihayetinde parçalanarak şeker moleküllerine dönüşecektir. Yani siz tuzlu kraker yeseniz de krakerin önemli bir bölümü sizin bağırsaklarınızdan şeker molekülü olarak emilecektir. Sonuç olarak şu bilginin altını özellikle çizelim. Karbonhidratlar çok geniş bir besin grubunun içerisinde yer aldığı için bu konuda çok daha dikkatli olmakta fayda var. Madem bu kadar karbonhidrata maruz kalıyoruz, o zaman, şeker beynimize tam olarak ne yapmaktadır, gelin ona bir göz atalım.

Sizin de tahmin edeceğiniz üzere, şekerin beyne gelmeden önce yapmak zorunda olduğu ilginç bir yolculuk vardır. O za-

Monosakkaritler

Disakkaritler

Polisakkaritler

man vücudumuza giren şekerin nasıl bir kaderi olduğuna bakalım. Diyelim ki fırından yeni çıkmış, taze, sıcacık bir ekmek aldınız. Sıcacık ekmekten burnunuza gelen kokunun cazibesine kapılıp ekmeğin ucundan kopardığınız parçayı ağzınızın içine atarsınız. Bildiğiniz üzere, ekmeğin yapısı çoğunlukla karbonhidratlardan oluşmaktadır. Sindirim sisteminin çeşitli bölgelerinde sindirime uğrayan o sıcacık ekmek parçasından geriye kalan şeker molekülleri ince bağırsağa ulaşır. Daha sonra bu şeker molekülleri ince bağırsağınızdan emilerek kan dolaşımına verilir. Tıpkı çaya şeker attığınızda olduğu gibi, dolaşıma geçen şeker, kan şekerinizi yükseltecektir. Normalde kanımızda şeker dolaşmasını pek istemeyiz. O nedenle, kan şekerindeki artışı fark eden pankreas, oldukça önemli bir hamle yaparak, insülin dediğimiz bir hormon salgılar. İnsülin çok önemli bir hormondur ve kanda dolaşan şekerin hücre içine girmesini sağlar. Çünkü şeker molekülleri çok önemli enerji kaynaklarıdır ve hücre içine alınması faydalıdır. Yukarıda özetlediğimiz bilgilerden tahmin edeceğiniz üzere, eğer çok fazla karbonhidrat tabanlı beslenirseniz, doğal olarak, bağırsaklarınızdan emilen şeker miktarı da artacaktır. Bu durumda, kan şekeri daha da yükseleceğinden, pankreas tarafından daha fazla insülin salgılanacaktır. Zira kanda ilgilenilmesi gereken şeker miktarı çok artmıştır. Fakat burada ilginç bir biyolojik fenomen ortaya çıkmaktadır. İnsülinin kanda artması sürekli hale geldiğinde, hücreler artık insülinle ilgilenmemeye başlarlar. Tıpkı gerçek hayatta olduğu gibi, bir şeyin miktarı ne kadar artarsa ona karşı o kadar duyarsızlık oluşur. Hücreler insüline karşı büyük bir vefasızlık örneği göstererek artan insülini görmezden gelir ve insülin duyarsızlığı dediğimiz bir durum oluşur. İnsülin duyarsızlığından dolayı kandaki şekerlerin hepsi hücrelere alınamaz. Bunun üzerine şekerin hücrelere alınmadığını gören ve duruma oldukça bozulan pankreas daha çok insülin salgılamaya başlar. Pankreasın bu çabası sadece kısır bir döngü yaratır çünkü hücreler insülini sallamıyorlardır artık. Özetle, hücreler insülin hormonuna karşı duyarsızlaşır ve biz tıp dilinde bunu "insülin direnci" olarak tanımlarız. Pankreas çok fazla çalışır ve azami miktarda insülin üretir ama hücreler bu insülin sinyallerine cevap vermez. Sonuç, "tip-2 diyabet" dediğimiz şeker hastalığıdır. Sistem tümüyle bozulmuştur ve kan şekerini dengede tutabilmek, artık sadece ilaçlarla mümkündür.

Gördüğünüz üzere çok fazla karbonhidrat temelli beslenme tarzı karşımıza önemli bir hastalık olarak çıkabilmektedir. Oldukça kıymetli olan ama değerini yalnızca bozulduğunda anlayabildiğimiz bu sistemin aksaması, beyin üzerine inanılmaz negatif etkiler göstermektedir. Ama konuyu daha iyi anlamak için bir kavrama daha açıklık getirelim. Sosyal medya sitelerindeki paylaşımlarda, gazetelerde veya televizyondaki kadın programlarının bir yerlerinde kesin karşınıza çıkmıştır. Beslenme uzmanlarının "glisemik indeksi yüksek olan yiyeceklerden uzak durun" diye sık sık hatırlattığı bir kavram söz konusudur. Peki, söylemesi epey bir zor olan "glisemik indeks" kavramının olayı nedir? Şöyle anlatalım;

Yukarıda özetlediğimiz şekilde vücudumuza aldığımız birtakım besinler kan şekerini yükseltmektedir. Peki, her besin kan şekerini aynı seviye de mi yükseltir? Yani yediğiniz muzun kandaki şekeri artırma miktarı ile ekmeğin artırma miktarı aynı mıdır? Bu sorulara cevap vermek için, bilim insanları tarafından geliştirilen glisemik indeks kavramına bir göz atalım: Değeri 0 ila 100 arasında değişir. Aldığınız besinin glisemik indeksi 0 demek, o besinin kan şekerinize hiçbir etkisinin olmadığını göstermektedir. Diğer taraftan, kan şekerini en fazla yükselten saf glukoz olduğu için, glukozun glisemik indeksi 100'dür ve üst sınırdır. Ondan daha fazla kan şekerini yükselten bir besin yoktur. O zaman gelin tüm bu bilgiler ışığında sizinle küçük bir test yapalım.

Sizce aşağıdaki gıdalardan glisemik indeksi en yüksek olan hangisidir? Yani bunlardan hangisini, birim miktarda yediğinizde kan şekeriniz daha fazla yükselir?

A) Elma
B) Toz şeker
C) Beyaz ekmek
D) Çikolata
E) Beyaz pirinç

Cevabı bir anda söylemeyelim ve biraz daha sizi merak içinde bırakarak glisemik indeksi en düşük olan seçenekten başlayalım. Hepinizin tahmin edeceği üzere yukarıdaki beş seçenek arasında en düşük glisemik indeks 38 ile elmaya aittir. Şimdi burası bazılarınızı şaşırtacak ama elmayı 55 ile çikolata takip eder. Beyaz pirincin glisemik indeksinin (64) çikolatadan yüksek olduğunu öğrenmek bazı pilav severleri üzebilir ama ne yazık ki durum böyle. Evet, gelelim lidere. Muhtemelen birçoğunuzun verdiği cevap toz şeker olmakla beraber üzülerek belirtmeliyim ki yanılıyorsunuz. Çünkü beyaz ekmeğin glisemik indeksi 72 olup, toz şekerden (68) bile yüksektir. Eminim şu an bu satırları okuyan ve pilavı ekmekle yeme alışkanlığı olan birçok insan, pankreasında ufaktan bir sızı hissetmeye başlamış olabilir. Bu arada şunu da özellikle belirtelim; sizin de gördüğünüz üzere tüm karbonhidratlar aynı değildir ve glisemik indeksler açısından farklılık göstermektedirler.

Glisemik indekslerdeki farklılığın nedeni, şeker moleküllerinin birbirleri arasında kurdukları bağlardan kaynaklanır. Örneğin, söz konusu beyaz ekmek olduğunda, şeker molekülleri arasındaki bağlar sindirim enzimleri tarafından oldukça kolay parçalanabilir bağlardır. O nedenle de hızlıca sindirilerek vücudumuz tarafından emilir. Ama zengin lifli meyve, sebze veya tahıl tükettiğinizde, buradaki şeker molekülleri arasındaki bağlar biraz daha farklı yapıdadır ve beyaz ekmeğe göre daha zor parçalanır. O nedenle, bu tarz lifli gıdaların glisemik indeksi biraz daha düşüktür. Eğer siz de ekmeksiz yiyemeyen ve ekmeğe çok fazla değer veren biriyseniz, bundan sonrasını biraz daha dikkatle okumanızı ilerideki beyin sağlığınız için ısrarla tavsiye ederiz.

Bir önceki bölümde, dopaminin beyin üzerindeki ödüllendirici etkisi ve bağımlılık konusuna kısaca değinmiştik. Söz konusu karbonhidratlar olduğunda, tehlike içeren bir diğer önemli konu, ekmek ve tatlıların ödül merkezimiz üzerine kuvvetli etkilerinin olmasıdır. O nedenle, istemeseniz dahi bu gıdaları tükettikçe daha bağımlı hale geliriz. Ekmek ile aranızdaki müthiş kuvvetli bağın bir nedeni de budur. Bunu hayatımızın her aşamasında deneyimleriz zaten. Örneğin, sabah kahvaltıda üşenmediniz ve kendinize menemen yapmaya karar verdiniz diyelim. Pişmeye yakın kısmında büyük bir dikkatle üzerine

yumurtaları kırarsınız. Bazı insanlar bu yumurtaları menemenin içine karıştırırlar. Bazıları için ise yumurtaların dağılmaması ve göz şeklinde kalması gereklidir. Çünkü yemeğe başlama ritüeli için bu çok önemli bir kavramdır. Fırından aldığınız taze ekmeğin ucundan koparıp gözünüze kestirdiğiniz yumurtalardan birine sert bir hamleyle vurup yumurtayı patlatırsınız. Yumurtanın menemenin üzerinde süzülürcesine yayıldığı, adeta dans ettiği o andan bahsediyorum. Daha sonra yumurta ile kavuşmuş ekmeğinizi menemenin geri kalan kısmına iyice banıp ekmeği ağzınızın içine postalarsınız. Şimdi sevgili insan, menemeni bir böyle yemek var bir de çatalla yumurtayı patlatıp yemek var. Arada ne kadar büyük fark olduğunu söylememe gerek yok. İşte arada fark olarak gözüken o zevkin adıdır dopamin. O nedenle ekmeğe bu kadar hastayız ve yemek yerken ekmeği vücudumuzun bir uzantısı gibi kullanırız. Hatta ekmeği o kadar benimsemişizdir ki bazıları ekmeği peçete gibi kullanıp dudaklarının kenarında kalanları bile yok edebilir. Çocukken sokakta salçalı ekmekle öğünlerini geçiren bizlerin, büyüdüğünde ekmek bağımlısı olmasından daha doğal bir şey olamaz zaten. Aslında ekmek bağımlısı olmamızın altında yatan ilginç bir neden daha vardır. Yaşı otuzun üzerinde olanların çok iyi hatırlayacağı üzere, bizim çocukluğumuzda tüm besinlere ulaşma durumumuz günümüzdeki kadar kolay değildi. Aslında toplum genelinde tam anlamıyla bir fakirlik söz konusuydu. Örneğin, köfte belki ayda bir yapılırdı ve tabağınıza ancak iki tane konurdu. Doğal olarak, siz o köfte bitmesin diye her kopardığınız parçayı koca ekmeğin içine gömerdiniz. O dönemlerde ekmek, doyma hissinin gelişmesi için olmazsa olmazlardandı yani. İşte, zamanında o kadar çok ekmek yiyince, şimdi de ekmeksiz bir şey yiyemez olduk. Aynı şeyi makarna için de çok rahat söyleyebiliriz. Böylece karbonhidratlar kendimizi iyi hissetmemiz için kullandığımız yegâne besinler haline geldi. Ama bunun altında yatan en önemli dinamik, beynimizin şekere olan ilgisidir. Mesela etrafınızda pırasa bağımlısı birini göremezsiniz çünkü pırasanın dopamin ile çok işi olmaz. Bunu en saf haliyle bebeklerde gözlemleyebilirsiniz. Çünkü bebekler asla yalan söylemez. En azından belirli bir yaşa kadar. Eline verdiğiniz çikolatayı büyük bir aşk ve şevkle kemiren bebek, ona yedirmeye çalıştığınız sebze çorbasını yüzünüze püskürtecektir. Yani bebekliğimizden beri hastası olduğumuz şeker, üzerinde gerçekten ciddi ciddi düşünülmesi gereken bir mevzudur. Zira işin içine girdiğinizde fark ediyorsunuz ki düşünüldüğünün aksine şekerle mücadele hiç de sandığınız kadar kolay değildir. Tıpkı diğer madde bağımlılıklarında olduğu gibi, şekerde de bir süre sonra aynı zevki alabilmek için tükettiğimiz miktarda artış yapmak kaçınılmaz olmaktadır.

Yukarıda da özetlediğimiz gibi, kan şekerinin artışı ve insülin direnci oluşması sonucu, şeker hastalığı olarak da bilinen diyabet hastalığı karşımıza çıkmaktadır. Diyabetin vücudumuzdaki birçok sistem ve organ üzerine etkisi olmakla beraber bizim bu kitapta değineceğimiz kısım sadece beyin. Diyabet beyine ne yapar? Aslında en özet haliyle ifade edersek, diyabet beyinde bunamayı tetiklemektedir. İnsülin direnci oluştuğunda, amiloid adlı proteinin beyinde yıkımı sekteye uğrayabilmektedir. Beyinde amiloid birikmesi Alzheimer'a bağlı demansın patolojik özelliklerinden biridir ve oldukça tehlikelidir. Yüksek kan şekeri sonucu birtakım enflamasyonların oluşumu ve damar sertleşmeleri görülebilir. Son dönem yapılan birçok çalışma, yüksek şekerin Alzheimer hastalığını tetiklediğini öne sürmektedir. Örneğin, Japonya'da yapılan bir araştırmada yaşları altmış civarı olan şeker hastalarında, Alzheimer hastalığının görülme riskinin şeker hastalığı olmayan kişilere göre iki kat fazla olduğu gösterilmiştir (Kiyohara, 2011). Bu arada, şeker hastalığının ne kadar erken başladığı da bilişsel bozukluk riski için çok önemli bir faktördür. Altmış beş yaş öncesinde şeker hastalığına yakalanmak, bu riski çok yüksek oranlarda artırmaktadır.

Özetleyecek olursak, karbonhidrat tabanlı beslenmenin beyin üzerinde doğrudan olumsuz etkileri olduğu gibi, şeker hastalığı aracılığıyla da çok ciddi sorunlar ortaya çıkardığı görülmektedir. Peki, yukarıda da anlattığımız "insülin direnci" kolay oluşan bir şey midir? Yani diyabet hastalığı kolay yakalanan ya da sık görülen bir hastalık mıdır? Şöyle söyleyelim, Amerika'da Tip-2 diyabetli hasta sayısında son kırk yıldaki artışın üç kat olduğu gösterilmiştir. Peki, ülkemizde durum nasıl? Yani etrafınızdaki arkadaşlarınızdan kaçında şeker hastalığı olabilir? Üzgünüm ama birazdan paylaşacağım sayılar canınızı biraz sıkabilir.

Son yayımlanan *IDF Diyabet Atlası*'na (International Diabetes Federation, 2013) bir göz atarsanız, oldukça can sıkıcı bir sonuçla karşı karşıya kalırsınız. Söz konusu diyabet hastalığının toplumdaki görülme sıklığı olduğunda, ne yazık ki güzel ülkemiz, Avrupa'nın bütün ülkelerinin açık ara önünde, en tepede yer almaktadır. Görünen o ki uzun yıllar boyunca da zirvedeki bu talihsiz yerini koruyacaktır. Diyabet ile ilgili birçok sıralamanın yapıldığı bu listede, diyabet hastalığında görülen en hızlı artışın Türkiye'de olduğu tescillenmiştir. Bu rapora göre Türkiye'de yetişkin nüfusun yaklaşık %15'i diyabet hastasıdır. Dünya ortalamasının %8,26 olduğunu özellikle belirtelim ki sorunumuz çok daha belirgin bir şekilde gözüksün. Aşağıda yer alan tabloda, Avrupa ülkelerinde diyabet hastalığının görülme sıklığı özetlenmiştir. Sizin de fark edeceğiniz üzere, Türkiye, Avrupa ülkeleri arasında açık ara birincidir. En yakın takipçileri Almanya, Rusya ve İspanya'dır. Gönül isterdi ki keşke bu sıralama gurur duyacağımız aktivitelere ait bir liste olsaydı ama ne yazık ki durum hiç de öyle değil.

Aslında tam sayı vermek gerekirse, Türkiye'de yirmi-yetmiş dokuz yaş arası yedi milyonu aşkın diyabet hastası bulunmaktadır. Konuyla ilgili yapılmış gerçekten çok kıymetli bir çalışma olan Türkiye Diyabet Epidemiyoloji Çalışması (TURDEP) sonuçlarına göre, on iki yıllık süre zarfında, diyabette %90 oranında artış görülmüştür (Satman 2002 ve 2013). Bu gerçekten de korkunç bir artıştır ve bu süre zarfında, ne kadar kötü ve sağlıksız beslendiğimizin en net göstergesidir. Aynı çalışma, bu süre zarfında, obezitedeki artışı ise %40 olarak vermiştir. TURDEP-II çalışmasında ülkemizde obezite görülme sıklığı %31,2 olarak belirlenmiştir (Satman 2013). Bu ne demek biliyor musunuz? Neredeyse ülkece her üç kişiden biri kilo olarak pek de istenen rakamlarda değil. T.C. Sağlık Bakanlığı'nca yürütülen, Türki-

Ülkelerdeki depresyon ve anksiyete görülme sıklığı
Dünya Sağlık Örgütünün (2015)

	Depresyon (%)	Anksiyete (%)
Avustralya	5,9	7
Brezilya	5,8	9,3
Yunanistan	5,7	4,9
Finlandiya	5,6	3,2
Rusya	5,5	3,1
Almanya	5,2	5,8
İspanya	5,2	4,1
Bulgaristan	5,2	4
İtalya	5,1	5
İran	4,9	4,6
Fransa	4,8	6,2
İsrail	4,6	2,8
İngiltere	4,5	4,2
Hindistan	4,5	3
Türkiye	4,4	4
Japonya	4,2	3,1
Çin	4,2	3,1

ye Çocukluk Çağı (yedi-sekiz yaş) Şişmanlık Araştırması (COSI-TUR)-2013 raporuna göre; ülkemizde, yedi-sekiz yaş grubu erkek çocuklarının %23,3'ünün, kız çocuklarının da %21,6'sının kilolu veya obez olduğu bildirilmiştir. Yani beş çocuktan birinin kilo problemi yaşadığı enteresan bir ülke haline geldik. Tüm bunların nedeni de son dönemlerde daha sık olarak karşımıza çıkan kötü beslenme alışkanlığımızdır. Üzülerek belirtmek gerekir ki bu sayılar ne kadar kötü bir durumda olduğumuzu gösterse de en iç karartıcı senaryo ile önümüzdeki yıllarda tanışacağız. Zira böylesine hızlı bir artış ile yakın gelecekte çok büyük sağlık sorunlarıyla karşılaşacağımız neredeyse kesin gibi durmaktadır. O nedenle, gerek kişisel gerekse de toplumsal olarak kırmızı alarm verip bu konuyu enine boyuna ele almamız gerekmektedir.

Bu yazıyı okuyanlar arasında, kilosu ile problem yaşayan varsa muhtemelen göbeğine bir göz atıp "şekerimde bir sorun olduğunu sanmam, benim asıl problemim şu fazla yağlar. Ah şu yağlardan bir kurtulabilsem" diye düşünüyor olabilir. İnsanların çoğu, vücutlarının belli bölümlerinde bulunan fazla yağların, yağ konusunda pek de dikkatli davranmamasından oluştuğunu düşünebilir. Ama akşam yatmadan önce yediğiniz çilekli pastanın içindeki şekerin de göbeğinizdeki yağa çok büyük katkısı olduğunu unutmayın lütfen. Yukarıda da belirttiğimiz üzere, kan şekeri yükseldiğinde, insülin enerji kaynağı olarak glukozun hücreler girmesini sağlar. Özellikle karaciğer ve kaslarda, kandaki şekerin glikojen formunda depolanmasını sağlar. Artık karaciğer ve kaslarda glikojene yer kalmadığında ise şekerin yağa dönüşümü başlar. Yani göbeğinizdeki yağların kaynağı düşündüğünüzden çok farklı olabilir. İlerleyen yaşlarda verimli kullanabileceğiniz bir beyin istiyorsanız, bilhassa glisemik indeksi yüksek olan karbonhidratlara karşı çok daha dikkatli olmanız gereken bir beslenme biçimi kaçınılmaz durmaktadır. Zira yukarıdaki rakamların hepsi, zaten çok iyi hissettiğimiz ama bir türlü görmek istemediğimiz gerçeğin acı bir özetidir. Çok kötü besleniyoruz ve acilen bunu düzeltmemiz şart.

Glutensiz beyin ve yapışkan gluten meselesi

Bu kitabın yazılma nedeni, bağırsaklarımızda yaşayan ve inanılmaz bir şekilde birçok davranışımızı yöneten mikroorganizmaları sizlerle paylaşmaktır. Yani önümüzdeki birkaç yıla oldukça ciddi damga vuracak olan "mikrobiyota" konusunda erkenden bir farkındalık yaratmaktır. Şu ana kadar yazılanlar sizi korkutmasın. "Hangi yiyecek sağlıklıdır, hangisinde ne kadar kalori vardır ya da mükemmel bir dış görünüş için yemeniz gereken brokoli miktarı nedir" gibi bilgiler bu kitabın üzerinde durmak istediği konular kesinlikle değildir. Ama bir önceki bölümde de vurguladığımız gibi, başta güzel ülkemizin insanları olmak üzere, son dönemde insanın şeker ile olan kuvvetli ilişkisi geri dönülemeyecek bir noktaya doğru gitmektedir. Görünen o ki, şekerin beynimiz üzerinde uzun vadedeki etkileri oldukça korkutucudur. Yakın dönemde yapılan çalışmalar, şekerin tahmin edildiğinden çok daha fazla tehlike içerdiğini ortaya koymaktadır. O nedenle, mikrobiyota meselesine girmeden önce, bu kitapta ayrılan yer açısından küçük ama insanlık adına oldukça büyük bir meseleyi daha ele almamız gerekmektedir. Bu meselenin adı da GLUTEN.

Gluten o kadar çok yerde bulunmaktadır ki bazı ürünler kendisinde gluten olmadığını, etiketinin üzerine yazmak suretiyle beyan etmeyi tercih eder. Marketten herhangi bir ürün alıp arkadaki etiketine baktığınızda "eser miktarda gluten içerir" gibi bir yazı görme ihtimaliniz oldukça yüksektir. Hatta sabah yayınlanan sağlık ya da kadın programlarını açıp ekran karşısında biraz sabredebilirseniz eğer, içinde gluten geçen bir cümle duyma ihtimaliniz hiç de az değildir. Peki, tam olarak nedir bu gluten? Katkı maddesi midir, yoksa ağaçta mı yetişir?

Gelin şimdi bunu konuşalım. Gluten bir proteindir ve kelime anlamı olarak "yapışkanımsı madde" gibi bir anlam taşımaktadır. Buğday başta olmak üzere, arpa, çavdar gibi çeşitli tahıllarda bulunan bir proteindir. Piyasadaki birçok hamur işi, pastane ürünleri, krakerler gibi gıdaların içinde yer alır. Çünkü yapısı sayesinde unu bir arada tutmakla ünlüdür. Pizza ve ekmek hamuru yapımı sırasında mayalanmada önemli bir rol oynar. İçinde yer aldığı ürünlerin spektrumu oldukça geniştir. Krem peynirlerden tutun da çeşitli bakım ürünlerine kadar oldukça geniş bir yelpazede raflarda yerini almıştır.

Eğer "gluten kelimesini bir yerlerde duydum ya da gördüm ama tam olarak ne iş yapar inan bir fikrim yok" diyebiliyorsanız ne mutlu size. Zira bu kelimenin ne olduğunu öğrenmek zorunda kalmış birçok insan vardır. Aslında sahip olduğu bağışıklık sisteminin birtakım negatif özellikleri yüzünden bazı besinleri tüketemeyen çok sayıda insan bulunmaktadır. Bu kişiler için, ağızlarından giren maddelerin ne olduğunu bilmek, bazı durumlarda oldukça önem kazanmaktadır. Örneğin, buğdaya karşı alerjisi olanlar vardır ve bu insanlar için buğday ürünleri tüketmek, birkaç saat içerisinde çeşitli sağlık sorunlarının ortaya çıkması demektir. Aynı şekilde fıstığa bile alerjisi olan insanlar vardır. Mesela bu kişilerin yanlışlıkla fıstıklı bir çikolata yemesi bazen çok ciddi sıkıntılara yol açabilir. Tekrar glutene dönecek olursak, gluten içeren gıdaları tükettiğinde de fizyolojileri açısından bir sürü sorunla karşılaşan insanlar bulunmaktadır.

Gluten hassasiyeti en net şekilde "çölyak hastalığı" adı verilen bir hastalıkta karşımıza çıkmaktadır. Çölyak hastalığını daha önce duymamış olanlar için kısa bir bilgi paylaşalım. Çölyak, Latince "coeliac" kelimesinden gelir ve karın ağrısı anlamına gelmektedir. Çölyak, kalıtsal bir hastalık olup, gluten proteinin ince bağırsaklarda yarattığı bir sorundan kaynaklanmaktadır. Karın ağrısı, ishal, kilo kaybı, deride dökülmeler, demir

yetmezliği, yorgunluk ve depresyon gibi birçok sorun yaşamanıza neden olur. Bu hastalıkla ilgili semptomlar milattan önceki dönemlerde de tanımlanmış olup, insanlık tarihi boyunca hastalığın birçok farklı isimle anıldığı zamanlar olmuştur. Hastalık hakkındaki farkındalık çok eskilere gitse de hastalığın nedeni hakkındaki bilgilerimiz yakın dönemde oluşmuştur.

Tarihsel süreç içerisinde, çölyak hastalığının nedeninin araştırıldığı dönemlerde, konuyla ilgili en etkili gözlem, Hollandalı bir doktor olan Willem Karel Dicke tarafından yapılmıştır. Dicke'in bu ilginç gözlemi 1940'lı yıllarda, Hollanda ve çevresinde oldukça önemli bir kıtlığın meydana geldiği dönemde gerçekleşmiştir. Yaşanan kıtlık nedeniyle, un ve buğday üretiminde çok büyük sıkıntılar olmuştur. Bu dönemden bahsetmemizi sağlayan sadece görülen kıtlık değildir. Dr. Willem Dicke'in de dikkatini çektiği gibi, ilginç bir şekilde çölyak hastalığı görülen çocukların sayısında çok ciddi bir azalma meydana gelmiştir. İlerleyen zamanla beraber, kıtlık günlerinin aşılmasından sonra çölyak hastalığı görülen çocukların sayılarında tekrardan bir artış meydana gelmiştir. Bu kapsamda, tahıllardan şüphelenen bir grup bilim insanın çabalarıyla, olayın ince bağırsaklardan ve glutenden kaynaklanan bir hastalık olduğu ortaya çıkmıştır. Günümüzde bu hastalık çeşitli kan testleri ve biyopsi aracılığıyla tespit edilebilmektedir. Tahmin edeceğiniz üzere, bu hastalığa karşı en etkin tedavi yöntemi glutensiz diyettir.

Çölyak hastalarıyla yapılan çalışmalarda elde edilen birtakım bulgular, glutenin aslında beyin için de zararlı olabileceğini ortaya koymaktadır. Örneğin, çölyak hastalarında yapılan bir çalışmada, hastalarda istemli kas hareketlerinde sorunların ortaya çıktığı, denge problemlerinin olduğu ve organlara giden sinirlerin zarar gördüğü gösterilmiştir (Hu, 2006). Yani, ince bağırsak sorunu gibi gözüken bu hastalığın, beyin ve sinir sistemimiz üzerine olan etkileri de göz ardı edilmemelidir. Bu arada, bir meselenin önemle altını çizelim. Glutenden zarar görmeniz için illaki çölyak hastası olmanıza gerek yok. Zira son dönem yapılan bir takım çalışmalar, aslında, birçok insanda farklı derecelerde olsa da gluten hassasiyeti olduğunu öne sürmektedir. Bazı kişilerde görülen baş ağrısı, karın ağrısı, sürekli yorgun hissetme hali, bilincin bulanık oluşu gibi birtakım sorunların gluten tüketimiyle ilgili olabileceği düşünülmektedir. Aslında, herhangi bir laboratuvar testine vs. ihtiyacınız yok sevgili okuyucu. Eğer yukarıdakilere benzer sorunlar yaşıyorsanız yapacağınız şey çok basit. Birkaç hafta boyunca beslenmenize dikkat ederek, glutensiz gıdaları tercih edebilirsiniz. Eğer zamanla şikâyetlerinizde bir azalma söz konusu olursa, yaşadığınız sorunların glutenden kaynaklandığını anlamış olur ve sizin için daha uygun bir beslenme programına geçersiniz. Kaybedecek bir şeyiniz yok yani. Tüm bunlara ilaveten, bazı bilim insanları, glutenden zengin gıdaların beyinde bağımlılıktan sorumlu yapıları etkilediğini öne sürmektedir. Bu gıdaları tüketmekten çok keyif aldığımız için, bu gıdalara karşı daha düşkün olduğumuzu düşünmektedirler. Açıkçası sabahları fırından yeni çıkmış zeytinli poğaçayı gördüğüm sırada beynimde gerçekleşen reaksiyonları hatırlayınca, bu bilim insanlarının haklı olabilme ihtimali hiç de düşük değil gibi görünüyor.

Beslenme alışkanlıklarına bakarsanız insanlık tarihi açısından en önemli değişiklik, avcılık ve toplayıcılıktan yerleşik tarım hayatına geçmektir. Zira insanlar tarım yapmaya başladığında, buğday ve un vazgeçilmez bir şekilde hayatımıza girdi ve neredeyse on bin yıldır hayatımızdaki yerini korumaktadır. Bu kadar uzun süredir hayatımızda olan tahıl ve glutenin insan fizyolojisi üzerine çok büyük etkilerinin olmaması, muhtemelen ürün ve tohumlardaki çeşitliliğin korunmasından kaynaklanmış olabilir. Yakın dönemi incelediğimizdeyse hiçbir şeyin eskisi gibi naif olmadığını görürüz. Bu kadar yüksek insan popülasyonunu geleneksel tarım yöntemleriyle doyurmak ne yazık ki imkânsız hale gelmiştir. O nedenle genetik ve biyomühendislik müdahalelerle iyice farklılaşan modern gıda üretimi, karşımıza oldukça ilginç sorunlar çıkarmaktadır. Bundan 20 yıl önceki tahıl ile şu anki tahıl arasında sadece gluten miktarı açısından bile önemli farklar bulunmaktadır.

Yağlı beyin mi yağsız beyin mi?

Eğer marketlerin kasap reyonlarının önünde biraz vakit geçirirseniz çok iyi bildiğiniz bir gerçeği tekrardan deneyimlersiniz. Müşteri et almak istediğini söyler, görevli kişi "yağlı mı yoksa yağsız mı" diye yarım ağız sorar çünkü verilecek cevabı biliyordur. Müşteri kendinden emin bir şekilde "yağsızdan ver bakalım" der. Çünkü o kadar çok vurgulandı ki bu mevzu, hepimiz öğrendik ki yağ çok zararlı bir şeymiş. Peki, durum gerçekten de anlatıldığı gibi midir? Gerek karbonhidrat gerekse de tahıllar üzerine bu kadar konuştuktan sonra, yağ ve protein konusunda da bir miktar bilgi paylaşarak bu bölümü sonlandıralım. Zira şu ana kadar çizdiğimiz tabloya baktığımızda, durum oldukça içler acısı duruyor. Muhtemelen kafanızdan şu cümleler geçiyordur: Ekmek yasak, tatlı yasak, ee zaten yağ yıllardır yasak. Ne yiyeceğiz o zaman. Geriye ne kaldı ki!

Açıkçası yazının çeşitli yerlerinde de belirttiğim gibi, söz konusu beslenme şekli olduğunda, net ve kesin çizgilerin çizilmesinin insan fizyolojisine aykırı olduğunu düşünen biriyim. "Asla ağzıma şunu sürmem", "şunu koklamam bile", "sağlıklı olmak için bunlara asla elinizi sürmeyin" gibi kısıtlayıcı yaklaşımların pek de sağlıklı olmadığını düşünürüm hep. Çünkü bilimsel mevzular sürekli gelişim içerisindedir ve bilim, bu kadar net konuşulması için kesinlikle uygun bir platform değildir. Aslına bakarsanız, benzer bir durum yağ için de söz konusudur. Yaklaşık 30 yıl önce sağlıklı yaşam konusunda, yağsız, daha doğru bir deyişle kolesterolsüz bir yaşamın temelleri atıldı. Özellikle kalp damar sisteminde yaptığı etkiler nedeniyle kolesterol, gerçekten de insanların çok korktuğu bir kâbusa dönüştürüldü. Besinlerden alınan yağın, kolesterolümüzü yükselterek kalp krizi ve felç riskini artırdığı ile ilgili birçok yayın bulunmaktadır. Peki, yağ gerçekten de bu kadar kötü müdür? Aslında bu konuda en ünlü örnek yumurtadır. Koskoca bilim dünyası ve bilim insanları basit bir yumurta konusunu bile bir türlü çözememişlerdir. Yumurta birkaç yıl kalbe zararlı olur, sonra bir anda birkaç kişi çıkar ve "Tüh, yanılmışız, aslında kalbe çok yararlıymış" der. Aslında bilimin hastası olmamızın en önemli nedeni de bu özelliğidir. Çünkü bilim o kadar dürüsttür ki kendi bulduğu bir bilgiyi yine kendisi çöpe atabilir. Bazen çöpten çıkarıp, beğenmeyip yine çöpe atabilir. Çünkü söz konusu olan bir çıkar ilişkisi olmadığı için sadece işine gücüne bakar. Bilimi ilgilendiren yegâne şey o an ki koşullarda gerçekleşme oranı en yüksek olan ihtimale yönelmektir. Gerisi hikâyedir. Tabii burada bahsettiğimiz, etik kurallara uygun çalışmaları içeren bilimdir. Zira bazı büyük firmaların tekelinde yapılan bilimsel araştırmaların objektifliği, yine bilim dünyasının kendi içerisinde de önemli bir tartışma konusudur. Tekrar yağ meselesine dönecek olursak; bilimin yağ ile olan ilişkisinde yeni çalışmaların ortaya çıkması, bazı önyargılarımızı tekrar gözden geçirmek için yeterli olabilir.

O zaman, yağın vücutta ne işe yaradığı kısmıyla başlayalım. Yağ sadece enerji deposu mudur? Yoksa kullanıldıktan sonra atılması gereken metabolik bir artık mıdır? Eğer bu konularla ilgilenmiyorsanız size biraz şaşırtıcı gelebilir ama yağ, vücudumuzun hemen her bölgesinde yapısal bir önem taşımaktadır. Örneğin, yıllardır çarmıha gerilmiş olan kolesterol, en küçük canlı birimi olan hücre için çok ama çok önemlidir. Zira hücre zarının yapısında bile yer alır. Östrojen ve androjen gibi çeşitli hormonların öncülüdür. D vitamini için gereklidir. Sinir hücrelerindeki miyelin kılıfların yapısına bile katılır. Yani, vücudumuzda birçok noktada hem yapısal hem de fonksiyonel önemi olan bir moleküldür yağ.

Tüm dünyada yağa karşı oldukça önemli bir savaş başlatıldıktan sonra, aslında yağın, özellikle de beyin için önemli olabileceği fikri, piyasada kullanılan birtakım kolesterol düşürücü ilaçların, hafıza ve çeşitli bilişsel işlevler üzerinde olumsuz etkiler göstermesiyle tekrar gündeme gelmiştir. Bunun üzerine, yağ konusunu tekrar gözden geçirmek için çeşitli araştırmalar yapılmıştır. Mesela Roberts RO ve arkadaşlarının 2012 yılında yaptıkları bir çalışmada, yaş ortalaması 79,5 olan yaşlı insanların takibi yapılmıştır. Yapılan gözlemler sonucunda ortaya çıkan sonuç gerçekten ilginçtir. Yüksek karbonhidrat diyeti uygulayan yaşlılarda, bunama ve birtakım bilişsel bozukluk görülme riskinin arttığı gösterilmiştir. İlginç bir şekilde, bu risk, yüksek yağ ya da yüksek protein diyeti uygulayan kişilerde düşmüştür. Bu çalışmanın sonuçlarına göre, hem düşük oranda yağ ve protein tüketimi yapıp hem de karbonhidrata yükleniyorsanız, beyniniz konusunda ileride bir sorun yaşama ihtimaliniz oldukça yüksektir. Huang ve arkadaşları ise yaptıkları ilginç çalışmada (2008), 3233 Asyalı erkek üzerinden kötü kolesterol olarak da bilinen LDL ve Parkinson hastalığının ilişkisini incelemişlerdir. Ekibin bulgularına göre, LDL seviyesinin düşmesi Parkinson hastalığı riskini artırmaktadır. Bir başka çalışmada da Lau ve arkadaşları ise elli beş yaş ve üstü 6465 Hollandalıyı yaklaşık 10 yıl boyunca takip etmişlerdir. Burada da benzer bir sonuç ortaya çıkmıştır. Bu çalışmalarda toplam kolesterol seviyelerinin yüksek olmasının Parkinson hastalığı riskini azaltan bir etken olduğu öne sürülmüştür.

Özellikle LDL ile ilgili olarak elde edilen bu bulgular, ilginç bir durumla karşı karşıya kalmamıza neden olmaktadır. Aslında bunlara benzer birçok çalışma var ve bu çalışmalar, özellikle yağ ve kolesterol tabanlı beslenmenin beyin üzerine pozitif etkileri olduğunu öne sürmektedir. Ama diğer taraftan, hepimizin bildiği üzere, yüksek kolesterol ve yağların kalp krizi ve felç riskini artırdığı ile ilgili olarak da bir sürü çalışma bulunmaktadır. Bu durum da insanlık olarak resmen ortada kaldığımızı göstermektedir. Bir tarafta çok kıymetli beynimiz, diğer tarafta ise asla vazgeçemeyeceğimiz kalbimiz. Adeta aile büyüklerinin istemediği bir aşk hikâyesinin içinde gibiyiz. Peki, böyle bir durumda hangisini seçmemiz gerekmektedir? Beyin sağlığımızı mı yoksa kalp sağlığımızı mı? Belki de böyle bir tercih yapmak zorunda kalmayabiliriz. Meseleye biraz daha yakından bakarsak, ilginç bir bilgi daha karşımıza çıkmaktadır. Şimdi hemen herkesin bir fikri vardır ama bilmeyenler için belirtelim. Yukarıda Parkinson hastalığında da bahsi geçen LDL, gerek tıp dünyasında gerekse de halk arasında kötü kolesterol olarak bilinir. Çünkü damar duvarlarında birikerek damarlarınızda sorun yaşatma ihtimali oldukça yüksektir. Burada asıl soru şu; LDL niye böyle bir şey yapar?

Şimdi gelin biraz biyokimya olaylarına girelim. LDL aslında taşıyıcı olan basit bir proteindir. Kolesterolü kanda taşıyan birçok taşıyıcı protein bulunmaktadır. LDL'ye "düşük dansiteli lipoprotein" denir. Bu proteinler yüksek konsantrasyonda kolesterol taşırlar. Mesela bir diğer lipoprotein olan HDL (yüksek dansiteli lipoprotein) -ki genelde "iyi kolesterol" olarak bilinir- oldukça düşük miktarda kolesterol taşımaktadır. Yani kanınızdaki LDL'yi tıka basa kolesterol yüklenmiş bir kamyon gibi düşünebilirsiniz. HDL ise arkasında az miktarda kolesterol taşıyan bir pikap gibidir. Doğal olarak, LDL demek, yüksek miktarda kolesterol taşınması demek olduğundan LDL'nin tehlikeli olduğu düşünülür.

Hepimiz yolculuğumuz sırasında tıka basa doldurulmuş kamyonlara rastlarız. Yanlarından geçerken hafif bir korku salarlar üzerimize. Gerçekten de tehlikelidirler. Ama asıl soru şu: Diyelim ki bu kamyon hiçbir kaza yapmadan taşıdığı ağır yükü ulaştırması gereken yere ulaştırdı. Bu durumda da bir tehlike söz konusu mudur? Tekrar damarlarımızın içerisine dönersek, asıl sorunun serbest radikaller tarafından tahrip edilmiş LDL molekülleri olduğunu görürüz. Yani kaza yapmış LDL molekülleri. "Serbest radikal" adını verdiğimiz bu yapılar LDL'nin oksidasyonunu hızlandırmaktadır. Yani burada LDL'yi tehlikeli hale getiren, oksidasyona girmesidir. Zira girmezse sorun olmayacak. Şimdi burada çok ilginç biyolojik bir bilgiyi sizlerle paylaşalım. Oksidasyon riskinin baş aktörlerinden biri de yüksek kan şekeridir. Çünkü şeker LDL'ye bağlanarak onun şeklini değiştirir ve LDL'nin okside olmasını kolaylaştırır. Yani LDL'nin oksidayonuna neden olabilecek koşullara karşı önlem almak oldukça önemlidir. Zira son dönemde yapılan çalışmalar, damar sertleşmelerinde kilit faktörün okside olmuş LDL olduğunu öne sürmektedir. Hatta yapılan çeşitli çalışmalarda, kalp damar hastalıklarına bağlı ölümlerle kolesterol seviyeleri arasında ilişki bulunmamıştır.

Gördüğünüz üzere bilim, meseleleri karıştırmaya bayılır. Bir gün düşman bildiğiniz ertesi gün dostunuz olur. En sevdikleriniz gün gelir sizi sırtınızdan bıçaklar. Peki, bu durumda ne yapmak gerekir? Sinirbilim fizyolojisi ve beyin çalışan, aynı zamanda yemek yemeyi de çok seven bir insan olarak "şundan bu kadar tüketin", "aman bunu ağzınıza hiç sürmeyin" gibi tavsiyelerde bulunmayacağım. İnsanların lokmalarını ve kalorilerini saymaya oldukça karşı olan, kendi yediklerine karışılmasından hiç hazzetmeyen biri olarak sadece şu tavsiyede bulunabilirim. Gördüğünüz üzere beslenme işi sadece zevk doğrultusunda kurgulanacak bir mevzu değildir. Sağlıklı bir kalp damar sistemi, fiziksel anlamda güzel bir görüntü ama hepsinden de önemlisi performansı yüksek bir beyin için elzemdir. Her şeyin etiketine bakan ve inceleyen insan olma fikri çok sıkıcı gelse de günümüzün yozlaşan modern teknolojisinde ağzınızdan içeri soktuğunuz şeylere bir miktar daha önem göstermekte fayda olabilir. Yapılan çalışmalar, gluten ve karbonhidratların aza indirildiği diyetlerde depresyonun gerilediğini, kronik yorgunluk şikâyetlerinin azaldığını ve birtakım bilişsel konularda iyileşmeler görüldüğünü öne sürmektedir. En azından şu anki bilgilerimize göre durum böyledir. Beslenme konusunda herkesin kendisine özgün bir davranış modeli vardır. Burada önemli olan size en uygun düzeni keşfetmek ve bu düzeni belirli bir dengede kurmaktır. Bu kitaptan yaptığınız çıkarsamalar doğrultusunda, deneme yanılma ile bunu çok rahat test edebilirsiniz. İşe yararsa da bu tarz beslenmeye devam edersiniz. Piyasada tek bir besin grubu üzerinden beslenme şekli oldukça popüler olsa da uzun vadeli düşünmenin ve beslenmemizi belirli bir denge üzerine kurmanın daha mantıklı olduğunu düşünüyorum. Eninde sonunda insanız ve tabii ki de canımızın istediği her şeyden yeme hakkımız var. Burada önemli olan, açgözlülüğe kaçmamak, dopaminin esiri olmamak ve belki de en önemlisi tam olarak ne yediğimizin farkında olmaktır.

Bölüm 4

İskenderin Uzun ve Karanlık Yolculuğu

Hepsine hükmedecek bir yüzük, hepsini o bulacak,
hepsini bir araya getirip, karanlıkta birbirine bağlayacak.

Yüzüklerin Efendisi, JRR Tolkien

Mükemmel bir beyne sahip olan Jules Verne'in *80 Günde Devriâlem* adlı kitabını okuyan her çocuk gibi, ben de hayatım boyunca içinde efsane yolculukların yapıldığı kitapların hastası oldum. En sevdiğiniz karakterlerin, hep beraber uzun ve gizemli yolculuklara çıktığı o güzel kitaplardan bahsediyorum. Sevgili Bran Stark'ın, Hodor'un sırtında dolaştığı toprakları hatırlayın. Ya da Jon Snow'un, Sur'un ötesine geçip Yabanıllaın arasında yaptığı o heyecan dolu keşifleri... Hepsinden de öte, hepimizin Khaleesi'si olan Daenery Targaryen'in saçlarını bıraktığı o uçsuz bucaksız çölün ortasında, halkı ile bilinmeze doğru çıktığı yolculuğu... Her ne kadar kıymetlimiz George R. R. Martin, *Buz ve Ateşin Şarkısı* serisinde bizleri mükemmel karakterlerle efsane yolculuklara çıkarsa da yolculuk denince en efsane anılar Ayrıkvadi'de başlar. Zira Elrond'un Yüce Divanı kurulmuş ve yüzüğün geleceği ile ilgili hüküm verilmiştir. Yüzük oldukça karanlık ve bir o kadar da tehlikeli bir yolculuğa çıkacaktır.

Gönül isterdi ki birazdan bizim çıkacağımız yolculuk da Sam ve Frodo'nun yolculuğu gibi olsun ve birkaç kitap sürsün. Ama gideceğimiz yol sadece 9 metre uzunluğunda. Üzerinden geçeceğimiz yerler bir Orta Dünya olmasa da sonunda varacağımız yer emin olun Mordor kadar ilginç topraklar olacaktır. Ve nihayetinde yolculuğumuzu tamamladığımızda karşımıza onlar çıkacak. Hepsine hükmedecek bir mikrobiyota. Hepsini o bulacak ve kalın bağırsakta birbirine bağlayacak. Eğer hazır-

sanız kendinize şöyle güzel bir kahve yapın ve bulabilirseniz bir "lembas" da kahvenin yanında hiç fena olmaz. Dokuz metre mesafe olduğuna aldanmayın sakın, yolculuğumuz oldukça uzun ve bir o kadar karanlık olacak.

Sindirim sisteminizde bir sürü özelleşmiş yapı ve birçok organ yer almaktadır. Bu yapılar arasında mükemmel bir iletişim ve etkileşim söz konusudur. Ama en basit tabiriyle anlatmak gerekirse, yetişkin bir insandaki sindirim kanalı yaklaşık 9 metrelik, yokuş aşağı giden ve çok fazla dönemeci olan bir borudur. Ortalama 1,70 metre boyu olan insanlar için ilginç bir uzunluk sayılabilir, zira neredeyse boyunuzun beş katından bahsediyoruz. Özetle, besin yukarıdan boruya girer ve borunun içerisinde birçok müdahaleye uğrar. Vücut kendisi için gerekli olanları aldıktan sonra geriye ne kaldıysa borudan dışarı çıkar.

Burada hem fizyolojik hem de felsefi bir soru karşımıza çıkmaktadır. Nihayetinde hem üstten hem de alttan iki ucu açık bir boru vücudunuzun ortasından geçmektedir. Bu durumda borunun içindekiler, sizin içinizde mi sayılır yoksa dışınızda mı? Yani şu an bağırsağınızda yolculuk eden materyal içinizde midir yoksa dışınızda mı? Ya da midenizin içindeki asidin içinde yüzen besin parçaları… Sizin konuyla ilgili düşüncenizi bilemeyiz ama teknik anlamda sindirim sistemini oluşturan bu tüpün içerisindekileri, vücudunuzun dışı gibi düşünebilirsiniz. Zira zamanı gelince göreceğiniz gibi, vücudumuz, bu boru içerisindeki işine yarayan şeyleri sindirim tüpünü oluşturan duvardan geçirerek vücut içine alacaktır.

En son sizi ağzınızda iskender lokması ile bırakmıştık. Hatırlayacağınız üzere iskenderi gördüğünüzde, hatta -bazılarınız için- bırakın görmeyi "iskender yemeye ne dersin" sorusunu duyduğunuzda bile ağzınızın suyu akmaya başlar. Ağzınızın suyunun akması aslında, tükürük bezlerinin, içerisindeki sıvıyı ağzınızın içine boşaltmasıdır. Bu arada sadece ağzınızın suyu

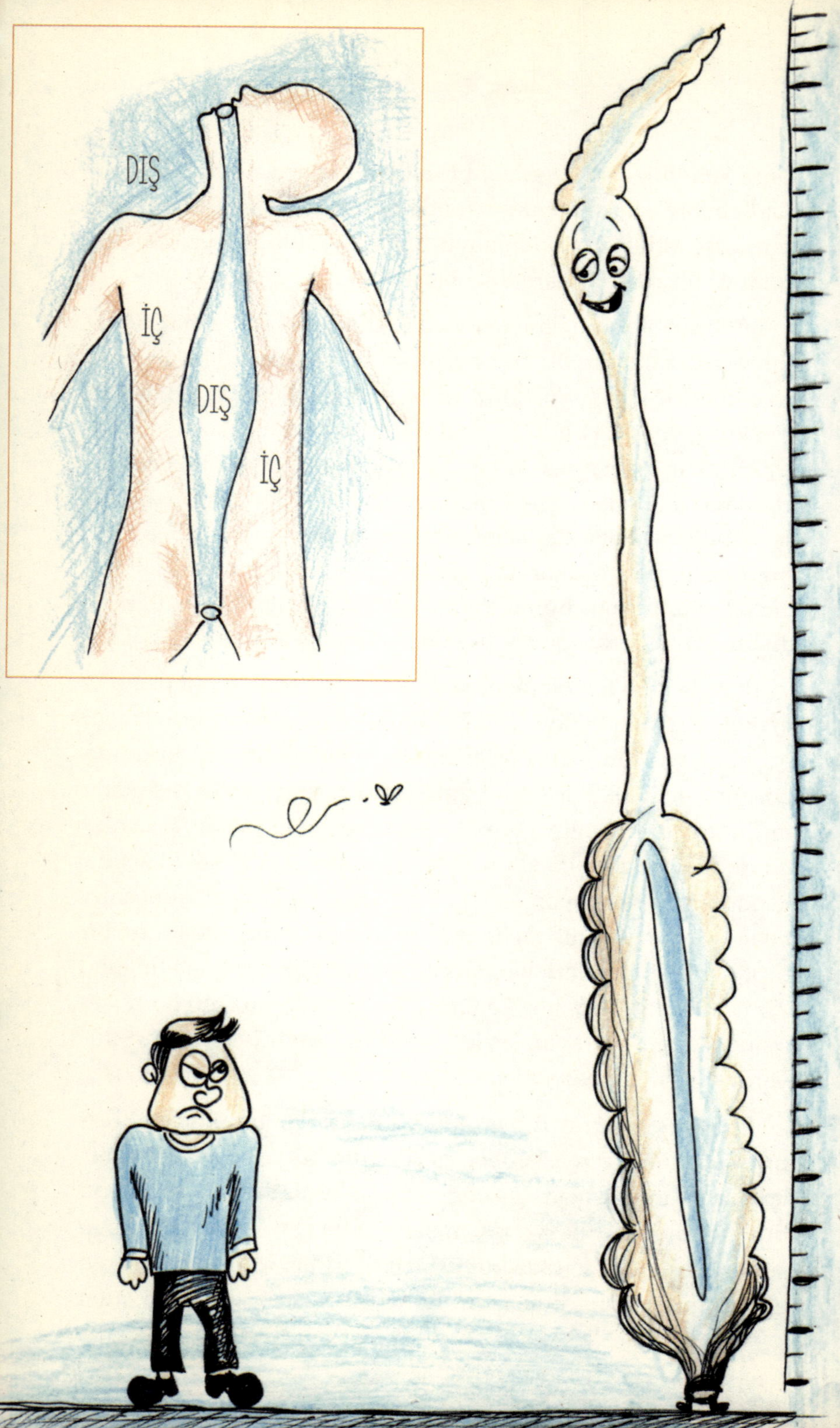
DIŞ
İÇ
DIŞ
İÇ

akmaz. Siz fark edemeseniz de midenizde ufaktan bir asit salgısı başlamıştır çoktan. Aslında söz konusu sindirim sistemi olduğunda, sindirim kanalı etrafında yer alan birçok organ, bu kanala, kendisine has yapıdaki sıvılarını boşaltır. Parçalanan besinlerin sindirilmesinde ve iletilmesinde bu sıvıların önemli bir rol oynadığını unutmayın lütfen. Örneğin, ağzımızın içinde yer alan tükürük bezlerinin bu kanala aktardığı tükürüğün günlük miktarı yaklaşık 1 litredir. Yine midenin kendisi neredeyse günlük 1,5 litre sıvı salgılamaktadır. Midenin salgıladığı sıvı ayrıca oldukça da asidik bir sıvıdır. Birçok şeyi oldukça rahat eritebilecek kuvvetli bir asit olan bu sıvının nasıl oluyor da midenin kendisini eritmiyor oluşunu ise kitabın ilerleyen kısımlarında ele alacağız. Tükürük bezleri ve mideye ilaveten pankreas, safra kesesi de bu kanala günde yaklaşık 1 litre sıvı akıtmaktadır. Yani bu tüpün içerisine sürekli bir sıvı salgılama söz konusudur.

Tükürürüm böyle yolculuğun içine

Tekrar ağzımızın içine dönecek olursak, burada dilaltı ve çene altı gibi çeşitli bölgelerde tükürük bezleri bulunur. Normalde ağzımızın içinde sürekli olmasına rağmen, ağzımızın dışında gördüğümüzde birçok insanın yüzünün ekşimesine neden olan, hatta bazılarının midesini dahi bulandıran garip bir sıvıdan bahsediyoruz. Peki, ne işe yarar tükürük? İçeriğine baktığımızda sindirim için oldukça önemli iki proteinle karşılaşırız. Bunlardan ilki nişastanın sindirimini sağlayan amilaz enzimi, diğeriyse kayganlaştırıcı ve yüzey koruyucu özelliklere sahip olan müsin içeren mukus salgısıdır. Yakın dönemde tükürük içerisinde ağrı kesici özellik gösteren opiorfin maddesi de keşfedilmiştir. Bu maddenin oldukça kuvvetli bir ağrı kesici olduğunu hatırlatalım. Ağrı kesici, mukus ve enzimin bir araya gelmesiyle oluşan, enteresan bir sıvı karışımıdır tükürük. Peki, bu üç maddeyi bir araya getiren sebep nedir? Çünkü ağzımız bir sınır kapısıdır. Sonuçta dış dünyadaki bir maddenin iç dünyanıza gireceği ilk yer ağızdır. Daha önce dışarıda bir yerlerde, dalında öylece duran ve sizinle hiçbir ilgisi olmayan armut, birazdan ağzınızın içerisinde parçalanacak ve sindirim borunuzda ilerleyerek sizin bir parçanız olmak üzere bağırsaklarınızdan emilecektir. Burada özellikle koruyucu ve ağrı kesici özellikleri bulunan maddelerin tükürükte olması, sizi savunmak adına önemli avantajlar sağlamaktadır. Müsin ağzımızdaki kötü huylu bakterileri öldürerek adeta bir anti bakteriyel görev üstlenir.

Çoğumuz müsinin ağzımızdaki bakterilerle ilgili savaşında ne kadar etkili olduğunu bilmesek de her sabah deneyimleriz aslında. Sabah yatağınızdan çıkıp ayaklarınızı halının üzerine koyduğunuz o anı hatırlayın. Yerçekimi denen fiziki kuvvetin vücudunuz tarafından en fazla hissedildiği yer ve saatten bahsediyorum. Beyninizden o an geçen tek şey, yerçekiminin tatlı kollarına kendinizi bırakarak yatağın içine geri dönmektir. Vücudunuz yatağa geri dönmek ya da ayaklarınızın üzerine kalkmak tercihi arasında gidip gelirken, ağzınıza yaklaşırsak, ağzınızın içinin oldukça kuru olduğunu görürüz. Fakat başka bir incelemeye fırsat kalmadan ağzınızdan gelen koku nedeniyle hemen uzaklaşırız. Ay'a ayak bastığına inanılan Neil Armstrong'un, herkesin bildiği bir cümlesi vardır; "benim için küçük, insanlık için büyük bir adım" diye. Sabahları ağızdan gelen koku da böyledir aslında. Sizin için oldukça küçük olan bu koku kimi zaman insanlık için çok büyük olabilir. Sanki daha çok modern hayatın bir problemiymiş gibi dursa da bu sorunun varlığı en eski insanlara kadar gitmektedir. Örneğin, milattan öncesinde bile, bazı toplumlarda kötü ağız kokusu boşanmak için geçerli bir neden olarak kabul edilmiştir. Bilimsel adı "halitosis"tir. Ağzı kokan birine laf sokmak isteyenler için kullanılabilecek oldukça uygun bir kelimedir. Ya da ağzı kokan bir tanıdığı gördüğünüzde etrafınızdaki insanları uyarmak için "hah işte, geldi bizim halitosis" gibi bir cümle oldukça kulla-

nışlı olabilir. Bu arada ağzı kokan birine çok kızmadan önce şu saçma sapan fizyolojik duruma bir açıklık getirelim. Bir kere ortada çok garip bir gerçek söz konusudur. Ağzınızın içinden çıkan kötü koku moleküllerinin, hemen dibinde yer alan kendi burnunuzda gerekli uyarıyı oluşturmayıp, karşısındaki insanın burnunda müthiş bir reaksiyon göstermesi de fizyolojimizin bize yaptığı ufak sürprizlerden birisidir. Bunun en önemli nedeni, burunda kokuyu algılayan reseptörlerin ortam koşullarına çok hızlı adapte olmasıdır. O nedenle burnunuz, hemen altındaki ağzınızdan gelen kokuya sürekli maruz kaldığı için alışmıştır artık. Yani insanın kendi ağız kokusunun farkına varması gerçekten zor bir iştir. Sırf bu yüzden, birleştirdiği avuçlarını ağzına yaklaştırıp, avuçların içine "hoh" yapmak gibi saçma sapan bir test yöntemi geliştirmiştir insanoğlu.

Ağzınızdan gelen koku, diyabet ya da karaciğer hastalığı gibi çeşitli sorunlardan kaynaklanıyor olabilir. Ama insanların çoğunda görülen asıl neden, ağzınızda yaşayan mikroorganizmalardır. İleride birçok yerde karşımıza çıkacak olan şu temel bilgiyi unutmamak lazım ki vücudunuzda size ait olmayan birçok kötü kokunun nedeni, vücudunuzda sizinle yaşayan mikroorganizmalardır. Bu kitapta asıl vurgulanacak olan, bağırsaklarımızda yaşayan mikroorganizmalar olsa da vücudumuzun birçok bölgesinde bu minik canlılar yaşamlarını sürdürmektedir. Derinizin üzerinde, sindirim sisteminin çeşitli bölgelerinde ve tabii ki ağzınızın içinde bir sürü mikroorganizma sizinle beraber hayatına devam etmektedir. Tahmin edeceğiniz üzere, bakteriler de biz insanlar gibi yemek yemeye bayılırlar. Normalde diş etlerinin üzerinde, dişlerinizin arasında ve dilinizin arka kısmında kendilerine bir yaşam alanı oluşturmuşlardır. Ağzınızın içerisinde sizin yediklerinizden arta kalanlar, bu bakteriler için ziyafet anlamına gelir. Bakterilerin yemekle olan reaksiyonları sonucu hidrojen sülfit ya da kadeverin gibi gerçekten çok kötü kokan birtakım kimyasal ürünler ortaya çıkar. İşte insanları ciddi anlamda rahatsız eden de bu kokulardır.

Peki, neden bu kokuyu en yoğun olarak sabahları hissederiz? Hatırlayacak olursanız, tükürüğün içinde anti bakteriyel maddelerin olduğundan bahsetmiştik. Sabah kalktığınızda ağzınızda oluşan kokunun sebeplerinden biri de uyku sırasında tükürük bezlerindeki aktivite baskılanmasıdır. Bu baskılanma nedeniyle gece boyunca çok az tükürük salgılanır. Gece uyurken sindirimle ilgili bir işle alakadar olmadığınız için bu durum çok da mantıklıdır. Tükürük salgısının azalmasından dolayı, ağız içerisinde bazı bakteriler daha hızlı bir şekilde ürerler. Unutmayın, yaklaşık uyku süreniz olan sekiz saat, basketbol ve bakteriler için oldukça uzun bir süredir. İşte tam da bu nedenle, yatmadan önce dişleri fırçalamak bir kez daha önem kazanır. Yemek yedikten sonra bile dişlerini fırçalamakta zorlanan insanlar için yatmadan önce diş fırçalamanın ne kadar zor gözüktüğünün farkındayım. Hatta bazı kişiler yatmadan önce dişlerini fırçaladıklarında uykularının kaçtığını bile öne sürebilmektedir. Fakat yaklaşık sekiz saat boyunca çok korunaklı olmayacak bir bölgeyi ne kadar temiz bırakırsanız, sabah kalktığınızda temiz ve kokusuz bulma ihtimaliniz bir o kadar yükselecektir. Çünkü sadece iki dakika sürecek bir diş fırçalaması sayesinde, siz uyurken sabaha kadar tek derdi ağzınızın içinde çoğalmak olan azgın bakterilerin sayısını oldukça azaltmış olacaksınız.

Bu kadar tükürük konuştuktan sonra bir konuya daha değinmezsek olmaz. Yaşı otuzdan büyük olanların çok iyi hatırlayacağı üzere, Şener Şen ve Perran Kutman gibi çok önemli isimlerin aslında ikinci rollerde olduğu *Ne Olacak Şimdi* filminde tükürükle ilgili klasik bir sahne vardır. Perran Kutman'ın ünlü repliği ile aktarırsak; "Tükür oğlum babanın suratına" Dönemi için konuşmak gerekirse, kadın-erkek ilişkileri üzerine olan senaryosu oldukça sağlam kurgulanmış, sevdiğimiz ve çocukluğumuzu hatırlatan güzel bir filmdir. Filmin en klasik

ve defalarca tekrarlayan sahnelerinden biri de Perran Kutman karakterinin, kocasını başka kadınlarla yakalayıp, oğlundan babasının suratına tükürmesini istediği sahnedir.

Toplumlar arasında farklılık gösterse de beğenmediğimiz ya da hoşlanmadığımız bir şeye karşı tükürme eylemi oldukça yaygın görülen bir davranıştır. İnsanlar tarafından büyük bir hakaret olarak algılansa da ağızdaki sindirimle ilgili bir sıvıyı dışarıya çıkarmanın ilk nasıl bir ortamda oluştuğu gerçekten de merak uyandıran konulardan biridir. Muhtemelen çok çok önceleri, bir mağara açılışında, çok önemli birinin yemek organizasyonuna katılan sıradan bir mağara adamının, ağzında çiğnediği şeyi beğenmeyip kabaca tükürerek çıkarması sonucu her şey başlamış olabilir. Daveti veren kişi de bu ilkel davranışı kendisine ve mağarasına yapılmış bir hakaret olarak algılamış olabilir. Belki de bu davranış zamanla yayılarak bir hakaret unsuruna dönüşmüştür. Muhtemelen doğrudan tükürme fikri de hakaret etmek istediği birini görüp ağzına atacak yiyecek bulamayan bir atadan kaynaklanmış olabilir.

Çiğneme; dil ve çene kasının muhteşem paso doblesi

Mordor'a doğru olan yolculuğumuza devam edelim. Hatırlayacak olursanız, iskenderimizi en son tükürük sıvılarına bulanmış bir halde bırakmıştık. Artık lokmamızı çiğneme zamanı geldi. Erkekler başta olmak üzere, insanların büyük bir çoğunluğu vücudundaki görünür kaslarla hava atsa da en işlevsel kaslarının ağzının içinde olduğunu hatırlatmak isterim. İstemli başlayıp refleks olarak devam eden çiğneme davranışı sırasında, vücudunuzun en güçlü kaslarından çene kası ile en hareketli kaslarından dilin muhteşem bir paso doble dansı söz konusudur. Eğer oturup izleme şansınız olsaydı, güç ve esnekliğin bu mükemmel dansı karşısında hepiniz hayranlık duyardınız.

Çiğnemenin istemli olarak başlayıp refleks olarak devam etmesinin en güzel örneği, çok aç olup da kendinizi iyice kaptırdığınız bir yemek anında dilinizi ısırmanızdır. Zira aramızda kimsenin istemli bir şekilde dilini ısırmayı düşüneceğini sanmıyorum. Dil ve çene kasının harika dansında, ufak bir dikkatsizlik sonucu partnerlerden birinin dengesini kaybetmesinden kaynaklanan ufak bir kaza gibidir bu olay. Çiğnemenin refleks olarak devam etmesinin hem iyi hem de kötü tarafları bulunmaktadır. *True Detective*'in ilk sezonunu izlerken yemek yemeyi seviyorsanız, çiğnemenin refleks olarak devam etmesi, Rustin Cohle'un hayat üzerine olan aforizmalarını takip ettiğiniz altyazıları okumanızı kolaylaştıracaktır ki bu hepimiz için oldukça iyi bir şeydir. Kötü olan ise bazen refleksin ritmine kendinizi kaptırıp lokmaları ardı ardına gömmenizden kaynaklanır.

Beslenme konusunda uzman olan iyi kalpli insanların sürekli dile getirdiği bir kavram vardır, "ağzınızdaki besini uzun uzun çiğneyin" diye. Bunu sizden istemelerindeki en önemli neden şudur. Siz ağzınıza bir şey atar atmaz başlayan, oldukça karmaşık bir hormon ve sinir sistemi etkileşimi sonucunda beyninize tokluk hissi ulaşmaktadır. İşin içine hormonlar girdiği için doygunluk hissinin beyne ulaşması biraz zaman almaktadır. O nedenle ağzınızdaki besinleri daha uzun süre çiğnemeniz yeme hızınızı yavaşlatacaktır. Doğal olarak, ilk tabağınızı bitirmeye yakın tokluk hissi de yavaş yavaş beyne geldiğinden, ikinci bir tabağı tercih etmeme şansınız oldukça yüksektir. Ama yemeği oldukça hızlı tüketen biriyseniz, bu durumda beyninize hiçbir sinyal ulaşmadan ikinci, belki de üçüncü tabağı gömmüş olacaksınız. Beyninize tokluk sinyali ulaştığında ise her şey için çok geçtir artık. Zira almanız gerekenden fazlasını yediğinizi, tokluk sinyalleri size çok net bir şekilde ifade eder. Yalnız siz bu sinyalleri etrafınıza "iyi yedik yalnız", "evet ya ne yedik arkadaş" gibi cümle kalıplarıyla ifade edersiniz. Bu sırada göbeğinizi sıvazlayan elleriniz, göbeğe bir-iki vurarak doluluğunu bir de bu şekilde test eder. O nedenle, bu kısmın altını özellikle çizmek isterim sevgili iyi yiyenler. Sadece yavaş yeme davranışını alışkanlık haline getirmeniz bile düzgün beslenme konusunda çok önemli bir adım olacaktır sizler için.

Hazır çiğnemeden söz açılmışken dişlerimizden bahsetmezsek gerçekten çok ayıp etmiş oluruz. Ağzımızdaki etin içinde gömülü taş-kemik benzeri bu yapılar, ağzınıza attığınız her şeyi sorgu sualsiz ciddi bir basınç altında paramparça ederler. Ama ne yazık ki dişlerimiz de vücudumuzdaki birçok organ gibi işini yaptığı müddetçe farkına varmadığımız ama bir sorun oluştuğunda kıymetini her hücremizle hissettiğimiz yapılarımızdan birisidir. Hatta belki de en önde gelenlerindendir. Muhtemelen hayatınızda, korkunç bir diş ağrısı çektiğiniz olmuştur. O ağrıyı hatırlamaya çalışın lütfen. Hiç dinmeyen, sürekli sızlayan ve kafanıza doğru yayılarak baş ağrısına dönüşen o korkunç hissiyattan bahsediyorum. Peki, dişlerimiz neden çürür? Aslında bu konu da ağız mikrobiyotamız ile ilgilidir. Ağzımızda yaşayan bir grup bakterinin bize verdiği kötü bir hediyedir.

Streptococcus mutans adı verilen bir bakteri grubu, ağızda oldukça dominant bir gruptur ve ağızdaki diğer türlerle de sürekli mücadele içindedir. Bilin bakalım bu organizmalar ile ortak olan en belirgin özelliğiniz nedir? Sizin kafanızdan tahmin olarak neler geçti bilmiyorum ama bu bakterilerle insanların en temel ortak özelliği, şekere olan aşklarıdır. Bu bakteri grubu da şekere bayılır. Ne zaman şeker tüketseniz onlar da sizin ziyafetinize ortak olurlar. "Aman canım bakterinin yediğinden ne olacak, o da yesin garibim" diye düşünebilirsiniz ama durum keşke bu kadar basit olsaydı.

Ağzınızdaki şekere ortak olan bu bakteri grubu, şekeri tükettikten sonra yan ürün olarak laktik asit gibi birtakım asit ürünleri ortaya çıkarmaktadır. İlginç bir şekilde kendileri aside karşı dirençli olduğundan, ortaya çıkan asidin yaratacağı zararlı etkileri çok önemsemezler. Tıpkı piknik yaptıktan sonra ortaya çıkan atıkların çevrede yaratacağı etkiyi umursamayan insanlar gibi. Bildiğiniz üzere, doğa her sorumsuzluğun faturasını keser, bu konuda asla acıması yoktur. *Streptococcus mutans* adlı bu bakteri grubunun ürettiği asidin faturası da ne yazık ki konuyla hiç ilgisi olmayan masum dişlere kesilir. Siz de bu bakterilerle adeta işbirliği içerisine girip şeker tüketimini artırdıkça, dişinizi koruyan mine tabakası aşınmaya başlar. Siz bu aşamada dişinizle ilgili herhangi bir problem yaşamazsınız. Ama bu bakteriler ve oluşan çürük, dişinizin içindeki sinir tabakasına ulaştığında, artık şeker çocuktan geriye eser kalmaz. Korkunç bir ağrı başlar ve bu ağrının artık tek bir çözümü kalmıştır. Neyse ki bilim ve teknoloji, şımarık çocuğun yardımına koşar ve en az acıyla problemini çözer. Bir diş hekiminin yeryüzündeki en önemli kahramanlardan biri olduğunu, en iyi, uzun

süre diş ağrısı çekenler bilir. Ağız gibi oldukça dar bir aralıkta sizi iyileştirecek tedavinin gerçekleştirilmesi oldukça önemli bir yetenektir. Bu yüzden, her ne kadar onları dişimiz ağrıdığında hatırlasak da tüm diş hekimlerinin hastasıyız.

Dilimiz ve tomurcukları

Başta da söylediğim gibi, her ne kadar yolculuğumuz 9 metre gibi kısa bir mesafe olsa da hâlâ ağzın içerisindeyiz ve yaklaşık 2-3 santimetrelik bir yolu ancak kat edebildik. Ağzı terk etmeden önce dil üzerinde yer alan, bizler için oldukça kıymetli yapılara kısaca bir göz atalım. Dilinizi çıkarıp aynada incelerseniz, üzerinde nokta gibi gözüken yüzlerce tomurcuk olduğunu görürsünüz. Bu tomurcukların içerisinde hayatın anlamını oluşturan ve tat reseptörleri dediğimiz yapılar bulunur. Normalde dilinizin üzerinde, tükürük içerisinde eriyen besinler kendileriyle ilgili reseptörleri uyararak beyninizde ilgili tadın oluşmasını sağlarlar. Örneğin, tabağınızda dondurma ile yan yana duran irmik tatlınızdan bir kaşık alıp ağzınıza attığınızda, şeker molekülleri dilinizdeki tatlı tomurcuklarını uyaracak ve burada oluşan elektriksel akım beyninizde bir bölgeye giderek o harika hissin oluşmasını sağlayacaktır. Yani teorik olarak ağzınızın içeresinde hiçbir şey olmasa da bu reseptörleri bir şekilde uyarabildiğimizi varsayarsak aynı hissin oluşmasını sağlayabiliriz. Düşünsenize, bir düğmeye basıyorsunuz ve fırından yeni çıkmış taze ekmeğin içine gömülü tereyağının oluşturacağı tadı ağzınızda hissediyorsunuz. Ne mükemmel olurdu değil mi? Sadece tereyağı kelimesini görmesiyle bile tükürük salgısı artacak kişileri, tereyağı gömülü ekmek hayallerinden çıkarıp gerçek dünyamıza döndürelim. Ağzımızın içerisinde temel anlamda beş tip tat reseptörü bulunduğunu görürüz. Bunlar tatlı, acı, tuzlu, ekşi ve umami tadını algılayıp beyne ileten yapılardır. "İlk dördünü anladık da umami nedir ki" diye soranlar varsa bu konuda birazdan bilgi paylaşımı yapacağımızı belirtelim. Tat tomurcuklarının sayısı genellikle 3.000-10.000 arasında olup, bu sayı çocuklarda daha fazladır. Kırk beş yaşından sonra tat tomurcuklarının birçoğunda bozulmalar meydana gelir. O nedenle yaşlılıkta tat duyarlılığı azalmaktadır. Yani vakti olanlar hâlâ vakitleri varken bazı yiyeceklerin tadını çıkarsınlar. Zira ileride buna pek de fırsatları kalmayabilir. O yüzden birçok yaşlı insan sürekli "ah, nerede o eski tatlar" deyip dururlar. Tamam, eski tatların çok daha iyi oluşunda besinlerin daha doğal olduğu gerçeği önemlidir ama tat tomurcuklarının sayısının azalması da bu meselede oldukça etkilidir.

Muhtemelen son tat reseptörü olarak belirttiğimiz umami kelimesini daha önce duymamış olabilirsiniz. Özetle söylemek gerekirse, umami aslında yemeğin ruhu ve tadın bizzat kendisidir. Mesela erimiş kaşarı düşünün. Üzerine konulduğu her şeyi yedirtebilen mükemmel bir bileşimden bahsediyoruz. Erimiş kaşarın öyle bir gücü vardır ki size bulaştığı peçeteyi bile yedirebilir. İşte umaminin durumu da biraz böyle aslında. Söz konusu umami olduğunda, her şey yenilebilir hale gelir. O nedenle umami, gıda endüstrisinin oldukça dikkatini çeken bir mesele haline gelmiştir.

Umami kelimesi Japonca kökenli olup "lezzetli" anlamına gelmektedir ve bu ismi sonuna kadar hak etmektedir. Aslında umaminin keşfi 1908 yılında Japon kimya profesörü Kikunae Ikeda ile başlamaktadır. Ikeda'nın en sevdiği yemeklerden biri, bir tür su yosunundan (*Laminaria japonica*) yapılan "dashi" adlı bir çorbadır. Zira Ikeda'ya göre, bu çorbanın dört tat duyusu ile açıklanamayacak bir tadı vardır. O nedenle bu çorba üzerinde çeşitli kimyasal analizler yaptığında "monosodyum glutamat" maddesini elde eder. Her ne kadar kendisi bu keşfi 1900'lerin başında yapmış olsa da dilimizin üzerinde bu maddeyi algılayan tomurcukların olduğu ancak 1980'lerden sonra keşfedilmiştir. Monosodyum glutamat doğrudan lezzet etkisi yarattığından, gıda endüstrisinde birçok önemli noktada "katkı

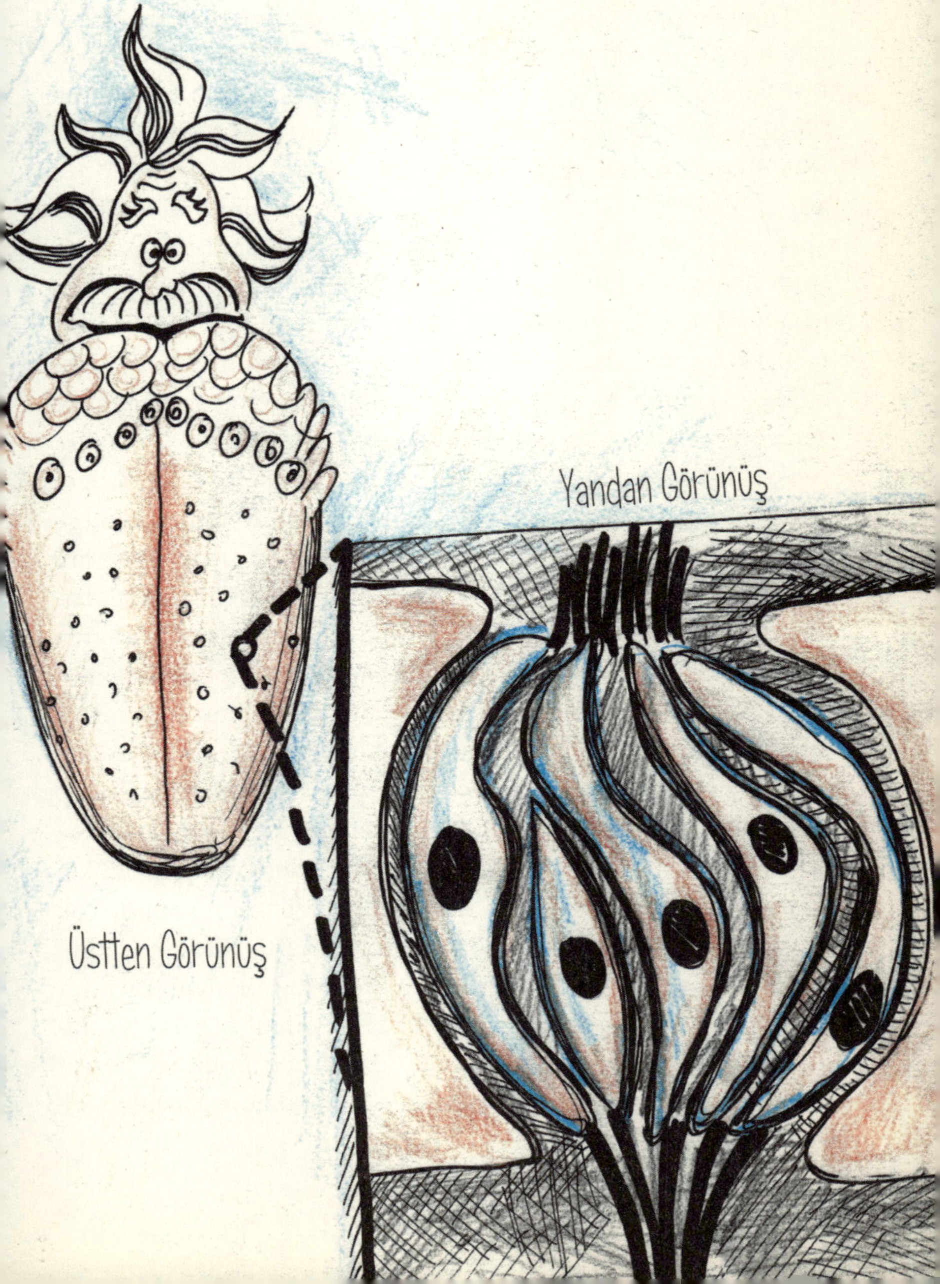
Yandan Görünüş
Üsttten Görünüş

gıdası" olarak kullanılmaya başlanmıştır. Böylece, yediğiniz yemek hem daha lezzetli hale gelmektedir hem de daha çok yeme isteği uyandırmaktadır.

Domates, iyi pişmiş et, mantar, parmesan, kabak çekirdeği gibi birçok gıdada glutamat bulunduğundan kişide lezzetli etkisi yaratmaktadır. Eğer umami kelimesini ilk kez bu kitapta görüyorsanız size ufak bir sürpriz yapalım. Zira 2015 yılı itibariyle literatüre çok yeni bir reseptör daha girdi. O reseptörün adı da "oleogustus". Bu reseptörün neyle ilgili olduğunu merak edenlere söyleyelim, hani kitabın önceki sayfalarında iskenderinin üzerine dökülecek tereyağını büyük bir sabırla bekleyen insanlardan bahsetmiştik ya... İşte olegustus bu kişilerin en favori reseptörlerinden biridir. Çünkü kendisinin yağ ile ilgili bir reseptör olduğu düşünülmektedir. Hani derler ya, "yemeğe lezzetini veren yağdır" diye. Belki de bu kişiler haklı olabilir. Açıkçası oleogustus ile ilgili yapılan çalışmalar henüz çok yeni olduğundan, tam anlamıyla altıncı tat olarak literatüre geçmese de muhtemelen yakın bir zamanda tat türleri arasında yerini alacaktır. Sizin de gördüğünüz üzere, beynin ilgili tadı algılamasında tat reseptörleri çok önemlidir. Ama bunun yanında koku duyusunun da bu tadın algılanmasında çok büyük katkısı vardır. Yemeğin kokusunun burnunuzda oluşturduğu his ve tat tomurcuklarının uyarılması ile beyinde oluşan his birleşerek aldığınız o garip hazzın oluşmasını sağlar. O nedenledir ki grip olup burnunuz tıkandığında yemekten o güzel tadı alamazsınız artık. Hatta "saman gibi bunun tadı" dersiniz. Yani koku, bir yemeğin baharatı ya da sosu gibidir. Bazıları bu konuda çok duyarlıdır. Örneğin, bir kişi, önündeki yumurtalı pidenin tadını doyasıya çıkarırken karşısındakinin açacağı kolonyalı mendilden gelen koku yumurtalı pidenin mükemmel büyüsüne atılmış sert bir tokat gibi algılanabilir. O nedenle, önünüze konan kolonyalı mendil paketlerini açarken zamanlamaya biraz daha dikkat edelim lütfen.

Kim acı çekmekten hoşlanır ki?

Farkındaysanız bu uzun yolculuk serüvenimizde ağzın içerisinde takılı kaldık ve bir türlü ilerleyemiyoruz. Çünkü şu an içinde bulunduğunuz bu muazzam mağara, gerçekten de birçok mucizenin gerçekleştiği mükemmel bir yapıdır. Buraya kadar yazılanlardan anladığınız üzere, hikâyemizi, iskenderin ağızda başlayıp, bağırsakta sonlanacak olan yolculuğu oluşturmaktadır. İnsanoğlunun neden yaptığını şu anki bilimsel olanaklarla bile tam anlamıyla çözemediğimiz ilginç bir davranış modelini de inceleyerek ağızdaki hikâyemizi bitirelim. İnsanların enteresan deneyimleri olabilir ve belki de bunlardan en çılgıncası "bungee jumping" denilen aktivitedir. Bir insan neden böyle bir deneyim yaşama ihtiyacı duyar ki? Diğer taraftan söz konusu ağzımızın içi olduğunda, bazı insanların acı bibere olan tutkusu da gerçekten incelenmesi gereken bir tercihtir. Az miktarda acıyı belki baharat gibi düşünebiliriz ama bazı insanlar, acının dozu çok fazla artmaktadır. Burada şu soruyu sormak ve buna bir cevap aramak gerekir: Neden bazı insanların acıya karşı böylesine bir ilgisi var? Zira adı üstünde, "acı"...

Acı biberi bilerek ve isteyerek yiyenler için söyleyecek çok şeyimiz olsa da bu kısma, acı olduğunu bilmeden ağzına attığı masum görünümlü biberi çiğneyen birinin hissettikleriyle başlayalım. Hepimiz yanlışlıkla acı biber yemişizdir. Bu kazaya uğrayanların hepsinin dile getirdiği ortak bir yorum vardır. Durumlarını anlatmak için "ağzım çok fena yandı" derler. Bu gerçekten çok güzel bir ifadedir çünkü meselenin fizyolojik kısmını istemeden de olsa çok güzel açıklar. Yani şöyle belirtelim. Kimse çok tuzlu ya da ekşi yediğinde "ağzım yandı" demez ama acı yediğinde der. Aslında pek de haksız sayılmaz.

Dilinizin üzerinde sadece tat reseptörleri bulunmaz. Örneğin, yediğiniz besinin sıcaklığını kontrol eden reseptörler de bulunmaktadır. Siz ağzınıza acı biber attığınızda, bu sadece tat reseptörlerini uyarmaz. Aynı zamanda "polimodal nosiseptör" adlı yapıları da uyarır. "Reseptör kelimesini öğrenemeden bir de karşımıza nosiseptör mü çıktı" diye hemen kızmayın. Aslında bu da bir reseptördür ve ağrılı uyaranları algılayan bir yapıya sahiptir. Zaten "nosi" eki Latincede zaralı uyaranları ifade etmekte kullanılan bir ektir. Yani nerenizde bir ağrı oluşursa bilin ki orada uyarılmış bir nosiseptör bulunmaktadır. Peki, bunun konumuzla ilgisi nedir? Dilimizde bulunan polimodal nosiseptörler sıcağa karşı duyarlı reseptörlerdir. Önünüze konan kaynamış çorbadan sabredemeyip bir kaşık aldığınızda dilinizde yanma hissedersiniz ya... İşte o yanmayı algılayan ve canınızı acıtan yapılar bu nosiseptörlerdir. Bu sayede sonraki lokmanızı üfleyerek daha insani sıcaklıkta yersiniz.

Acı bir biberi yediğinizde, biberin içerisinde bulunan "kapsaisin" adlı madde, çok ilginç bir şekilde normalde sıcağa duyarlı olan bu reseptörleri uyarmaktadır. Doğal olarak acı biber yediğinizde bu reseptörler de uyarıldığından, beyniniz, ağzınızın içerisinde sıcak bir madde varmış hissine kapılır. Kalp atışınız artar ve hızla terlemeye başlarsınız. Bol acılı yediğiniz sırada neden terlediğinizin cevabı da bu bilgide gizlidir. Zira kimse çok ekşi veya tatlı yediğinde terlemez. Acı yediğimizde ne diye terliyoruz o zaman? Çünkü beyin bu reseptörler aracılığı ile uyarıldığında ağzın içinde sıcak bir şey olduğunu farz eder ve ısıyı normale döndürmek için ısı kaybedecek tüm yolları dener. Terlemeye ilaveten burnunuz akar, gözlerinizden yaş gelir. Oysa ağzınızın içerisinde sıcak etkisi yaratacak bir madde yoktur ama beyin kendisine gelen reseptörler üzerinden cevap verdiği için böyle bir şey varmış gibi davranır. Aslında bu duruma çok benzeyen bir hissiyat, ağzınıza mentollü bir şeker attığınızda da ortaya çıkar. İlginç bir şekilde mentoldeki birtakım kimyasallar da dilinizin üzerinde soğuğu algılayan reseptörleri uyardığından, sadece şeker emmenize rağmen ağzınızın içi soğumuş gibi hissedersiniz. Çoğunuz bunu bir ferahlama gibi hissetse de beyniniz, ağzınızın içinde soğukluk olduğunu düşünür. Polimodal nosiseptörler sadece ağzınızın içerisinde bulunmaz. Burnunuzda ve derinizin üzerinde de yer alır. Mesela çok acı bir biberi derinizin hassas bir kısmına sürdüğünüzde, orada yanmalı bir acı hissedebilirsiniz. Hatta acı bir biber doğradıktan sonra yanlışlıkla gözlerinizi ovuşturursanız oldukça ilginç bir deneyimi hayatınıza katmış olursunuz.

Burada asıl sormamız gereken, acı biber neden ağrı ile ilgili bir reseptörü uyarmaktadır? Bu sorunun muhtemel cevabı, beynin biberi zararlı olarak görmesi ile ilgili olabilir. O zaman beynimizin zararlı gördüğü bir maddeyi biz neden ısrarla tüketmek istiyoruz? İnsanların hayatta çok merak ettiği ve bir türlü çözemediği çeşitli gizemler vardır. Örneğin, Metallica'nın diğer üyelerinin, yıllardır Kirk Hammet'a nasıl dayanabildiği konusu gerçekten gizemini koruyan oldukça ilginç bir meseledir. Bazı insanların acı bibere olan ilgileri de en az Kirk Hammet'a dayanmak kadar ilginçtir. Kimilerinin bu duruma cevabı oldukça basittir. Acı biberin, yemek yemenin bungee jumping'i olduğu düşünülür. Örneğin, bungee jumping sırasında vücudunuzda ciddi anlamda adrenalin üretilir ve bu adrenalin bazı kişilerin fizyolojilerinde enteresan bir tatmin hissi oluşturur. Nasıl ki bazıları bungee jumping yapıyorsa, bazılarımız da biberli yemeyi seviyor olabilir. Kimi çalışmalar ise aslında kapsaisin maddesinin birtakım bakterilere karşı etkili olduğunu öne sürmektedir. Nedeni ne olursa olsun, acıdan zevk almamız enteresan bir fizyolojik fenomendir.

Madem acı meselesine bu kadar girdik, son bir konuya daha açıklık getirelim. Doğaya bakarsanız, tüm çiçekler ve meyveler rengârenktir. Çünkü böceklerin ve hayvanların dikkatlerini cezbetmeye çalışırlar. Zira bu bitkilerin çoğalmasında böcek ve hayvanların rolü çok büyüktür. Bu sayede, tohumlar çok daha farklı yerlere ulaşabilirler. O zaman bu durumda şu soruyu sormakta fayda var. Acı biberlerin derdi ne ki o zaman? Meyvelere baktığımızda hem renk hem de tat olarak çekicidirler. Peki, acı

biberler neden acıdır? Yoksa onlar da bazı insanlar gibi çoğalmak mı istememektedirler. Aslında durum biraz farklı olabilir. Acı biberler ile ilgili sabredip biraz gözlem yaparsanız, memelilerin acı olduğu için bu biberleri tüketmekten kaçındığını görürsünüz. Bu da zaten beklediğimiz bir şeydir. Ama ilginç olan, kuşların acı biberleri tüketmede herhangi bir sorun yaşamamasıdır. Acıyı algılayan reseptörleri olmadığı için oldukça acı biberleri çatır çatır yiyebilirler. Aslında burada daha ilginç bir bilgi karşımıza çıkmaktadır. Eğer bu tohumlar memelilerin sindirim sistemine girerse, buradan zarar görerek çıkarlar. Oysa kuşların sindirim sisteminden sağlam bir şekilde çıkabilen tohumlar bu sayede yayılma şanslarını sürdürebilmektedir. Yani acı biberler kendilerini acı hale getirerek bir şekilde memelilerden korunmaya çalışmaktadırlar. Doğadaki tüm memelilerde bu savunma işe yarasa da söz konusu insan ve ilginç zevkleri olduğunda biberin kendini savunma girişimleri de başarısızlık ile sonuçlanmıştır. Zira garibim biber ne bilsin insan denen memelinin acıdan da zevk alabileceğini. Bu da acı biberin, acı sonundan başka bir şey değildir ne yazık ki.

Ağzınızın içindeki iskenderi dişlerinizle parçalayıp ilgili tat reseptörünün uyarıldığı an çok ama çok önemlidir. Zira filmi burada durdurabilirsiniz çünkü beyin için bu kadarı yeterli olabilir. Zira dilden çıkan uyarılar çoktan yola çıkmıştır ve beyinde ilgili tat merkezine sinyaller iletilmiştir. Beyninizdeki ödül merkezinde salgılanan dopamin de sizi ve nöronlarınızı coşturmuştur zaten. Bu arada beyninizde bunlar olurken ağzınızda çiğneme ve besinleri parçalama olayı sonlanmıştır. İyice küçük parçalara ayrılmış ve tükürükle bir arada tutulan parçacıklar artık yemek borusuna gönderilmeye hazırdır.

Yemek borusuna giriş mucizesi

Nihayet ağızdaki yolculuğumuz tamamlandı ve şimdi yeni topraklara gitmek için hazırız. Sıkı tutunun, çünkü birazdan yemek borusuna zorlu bir giriş yapacağız. Birazdan göreceğiniz gibi yemek borusuna giriş tam anlamıyla nefes kesen bir deneyim olacaktır. Hemen belirtelim, nefesinizin kesilmesi duyacağınız heyecandan değil, fizyolojik bir durumdan kaynaklanacaktır. Çok sık yaptığımız bir iş olmasına rağmen, yutma gerçekten de olağanüstü fizyolojik bir olaydır. Yutma hareketi için illaki bir şey yemenize gerek yok. Zira belli aralıklarla tükürüğümüzü yutuyoruz zaten. Ama sayılarla konuşmak gerekirse, günde yaklaşık olarak altı yüz kere yutkunmaktayız. Yaklaşık iki yüz yutkunma yeme içme sırasında gerçekleşir. Uyku sırasında yaklaşık elli yutkunma olur. Geri kalan yaklaşık üç yüz elli yutkunma da diğer durumlarda gerçekleşen yutkunmadır. Ama burada özetlenecek kısım, ağzınızda paketlenmiş iskendere ait lokmanın yutulmasını içermektedir. Baştan söyleyelim, yutmak aslında öyle yapıldığı kadar kolay bir iş değildir.

Resimde, ağız ve genel anlamda yemek borusu yapısının kesitsel halini görmektesiniz. Şu an kafanıza yandan bakıyormuşuz gibi düşünebilirsiniz. Yutma aşamasında ağız ve diğer yapılarda meydana gelen değişimler iki kısımda özetlenmiştir. A harfiyle gösterilen resimde yutma öncesi ağzın durumu gözükmektedir. İlk dikkatinizi çekmek istediğim nokta, boğaz seviyesinde görebileceğiniz, birbirine komşu duran iki borudur. Önde olan nefes borusu olup akciğerlere gitmektedir. Nefes borusunun hemen arkasında yer alan kısım ise birazdan içine gireceğimiz yemek borusudur. A harfiyle gösterilen resme dikkatli gözlerle bakan sevgili okuyucularımızın da hemen fark edebileceği gibi, yemek borusunun giriş kısmı diğer boruya göre daha kapalı durmaktadır. Zira burada yemek borusunun üst giriş kısmı hafifçe büzüşmüş gibidir. Bu kısımda küçük bir bilgiyi sizlerle paylaşalım. Yemek borusunun girişinde "sfinkter" dediğimiz bir yapı bulunmaktadır. Sfinkter borunun girişindeki deliğin çevresini, çember şeklinde saran bir kas dokusudur. Bu kas kasıldığı zaman borunun girişi büzüşerek kapanır. Bu kaslar gev-

A

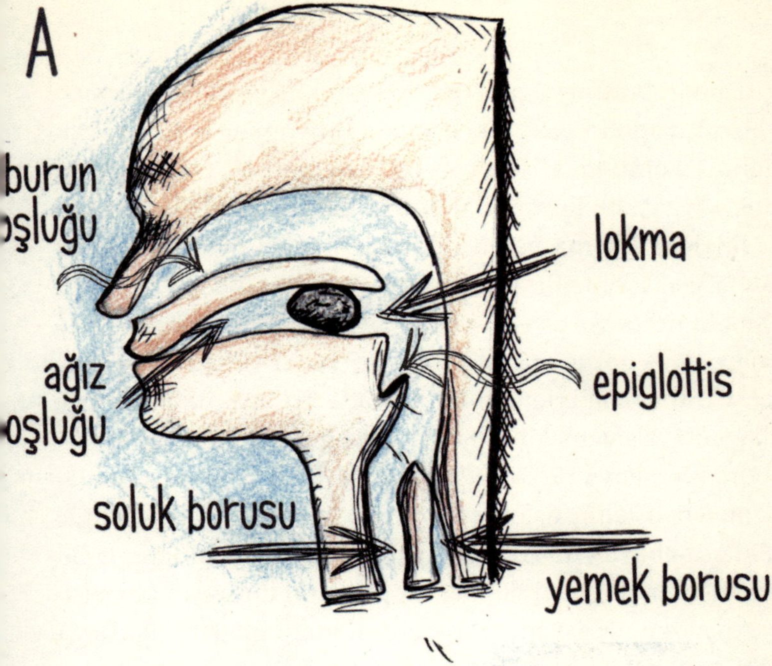

burun
oşluğu
ağız
oşluğu
lokma
epiglottis
soluk borusu
yemek borusu

B

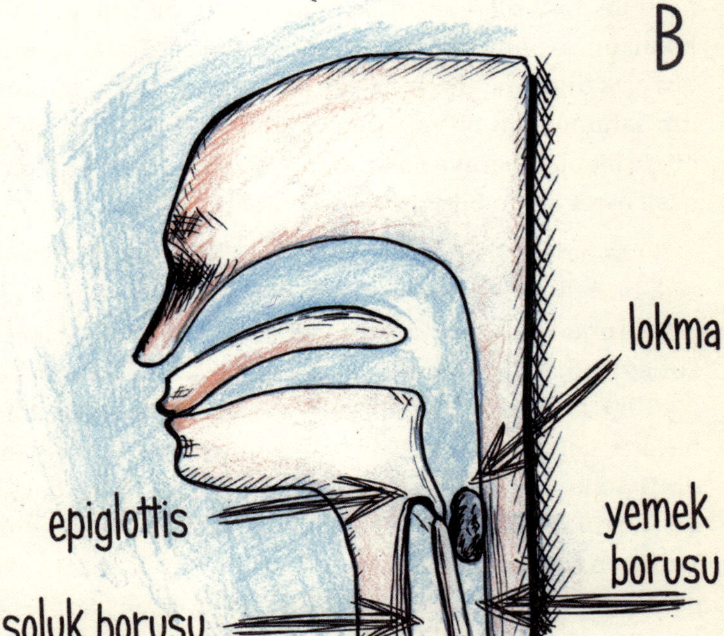

lokma
epiglottis
yemek borusu
soluk borusu

şediği zaman borunun girişi genişleyerek açılır. Vücudumuzdaki birçok yapının giriş ve çıkışında bu yapılar bulunmaktadır. Tekrar konumuza dönecek olursak, yemek yemediğimiz zamanlarda yemek borumuzun girişi hafifçe büzüşük durumdadır. Böylece ağzınız ve burnunuzdan gelen havanın yemek borusuna geçişi önlenir. Bu durum iki açıdan iyidir. Eğer burası öndeki nefes borusu gibi geniş olsaydı, aldığımız havanın bir kısmı nefes borusuna giderken bir kısmı yemek borusuna girecekti. Yani akciğerlere giden havada bir azalma olabilirdi. İkinci avantaj ise yemek borusuna hava girişini önlemektir. Yemek borusuna hava girmesinin ne önemi var diye düşünenler için hemen belirtelim, aslında biz yemekleri yutarken içerisinde bir miktar da hava yutarız. Peki, yemek borusuna aldığımız bu havaya ne olur? Bu havanın başına gelenleri birazdan paylaşacağız. Ama önce şu iskender lokmasını yutalım artık. Tekrar A harfi ile gösterilen resimdeki durumu ifade edersek, birazdan lokmamızı dilimizle boğazımıza göndereceğiz. Önümüzde de biri açık diğeri hafifçe büzüşük olan iki boru girişi bulunmaktadır. Tahmin edin ne yapacağız? Tabii ki de lokmayı giriş kısmı büzüşük olan boruya sokacağız. Zira zor olanı tercih etmezsek nasıl nefes kesen bir yolculuk yapabiliriz ki!

O zaman can alıcı soruya gelelim. Yani nasıl oluyor da orada açık bir boru varken ağzımızdaki lokmayı girişi daha zor olan bir borunun içerisine tıkıştırmayı başarabiliyoruz? Hem de hiç zorlanmadan. İşte burada yine bir başka adını bilmediğiniz gizli bir kahraman ile tanışacağız. Her yuttuğunuz lokmada, hayatta kalmanızı sağlayan mükemmel bir yapı. Ve karşınızda "epiglottis" ve muhteşem mekanizması. Yukarıdaki resimde A harfi ile gösterilen kısımları açıkladık ve artık lokmamızı yutmaya hazırız. En baştan söyleyelim. Şimdi okuyacaklarınız resimdeki A ve B harfleri ile gösterilmeye çalışılan kısımların bir özeti olacaktır. Okuyacaklarınız biraz uzun olsa da tüm bu olayların gerçekleşmesi için gereken sürenin bir saniyeden az olduğunu unutmayın lütfen. İlk olarak diliniz, üzerinde yer alan parçalanmış ve tükürüğe bulanmış iskenderi yemek borusuna göndermek için kürek gibi yukarı ve arkaya doğru hareket ettirir. Dilinizin üst çenenizde değdiği yere damak denir. Damağın ön tarafı sert, arka tarafı ise yumuşak damak dediğimiz kısımdır. Siz besini yutmak için dilinizi yukarı kaldırıp arkaya doğru hareket ettirdiğinizde, yumuşak damağınız yukarı çekilir, yutak ve damak kıvrımları içeri birbirlerine doğru hareket ederler. Bu hareket sayesinde besinin "nazofarenks"e girmesi önlenir ve yutağa doğru gidebilmesi için dar bir yol açılır. Bu kısım oldukça önemlidir. Eğer nazofarenks bu hareketle kapanmasaydı, yediklerinizin bir kısmı burnunuzdan gelebilirdi. Bu sırada nefes borunuz öne ve yukarı, yani kahramanımız olan epiglottise doğru hareket eder. Bu hareket sayesinde, yemek borusunun girişini büzüşük tutan sfinktere ait kaslar gevşer ve yemek borusunun girişi iyice açılır. Yutağın üst daraltıcı kasları da güçlü bir şekilde lokmayı aşağı doğru yemek borusunun içine gönderir. İşte, lokma aşağı inerken epiglottis dünyanın en basit hamlesiyle soluk borusunun girişini kapatır ve lokmanız epiglottis üzerinden kayarak zaten açılmış yemek borusunun girişine itilir. Lokmanız gevşemiş olan yemek borusunun girişinden içeri girer. Lokma yemek borusuna girer girmez epiglottis ilk haline döner, soluk borunuzun girişi açılır ve nefes almaya devam edersiniz. Yaklaşık bir sayfada özetlenmeye çalışılan tüm bu olayların bir saniyeden daha kısa bir sürede gerçekleştiğini tekrar hatırlatalım. Bu olayın gerçekleşmesinde birçok kasın mükemmel etkileşimi söz konusudur. Eğer bu etkileşimi bozmaya yönelik bir hareket yapmazsanız, dışarıdan çok zor gözüken bu iş, dünyanın en kolay işiymiş gibi yapılır. Ama bazen, yemek yerken konuşan insanlar yutma kısmında kendi halinde mükemmel olan sisteme dışarıdan müdahalede bulundukları için, bazı lokmalar epiglottise rağmen nefes borunuza kaçabilir. Hemen herkesin başına bir kere de olsa gelmiştir. Nefessiz kaldığımız o bir-iki saniyelik zaman oldukça uzun ve korkunç bir anı olarak hafızalarımıza depolanır. Çoğumuz şiddetli öksürükle bu parçayı geri gönderebilir ama bazı durumlarda bu da yetmez ve dışarıdan müdahale gerekebilir. O nedenle, yemeğinizi yerken sessiz kalmanızın, içeride yutmada rol alan kasların işini oldukça kolaylaştıracağının altını çizelim. Doğaya baktığımız zaman, yemek ve nefes borusunun yukarıda özetlediğimiz şekildeki yerleşimi insana özgüdür. Bu tarz yerleşimin ses çıkarmada önemli rol oynadığı düşünülmektedir. Mesela memelilerin önemli bir kısmında gırtlak, ses yolunun yukarısında yer alır. Bu durum sayesinde su içerken de nefes alabilirler. Aslında doğduğumuzda biz de benzer bir yapıya sahibizdir. O nedenle, bebekler süt içerken aynı anda nefes de alabildiğinden, boğulma tehlikesi yaşamazlar. Bebeklikteki bu yapı ilk üç aydan itibaren konuşma yeteneği geliştikçe değişip yetişkinlikteki halini almaktadır. Özetle, konuşma beceriniz arttıkça boğulma riskiniz de o derecede artmaktadır.

Yemek borunuza gönderdiğiniz lokma ile ilgili en son hissettiğiniz şey, lokmanın yemek borusunun dar girişinden girerken hafif zorlanmasıdır. Bazen büyük bir lokmayı yutmayı denediğimizde yemek borusuna girişi çok daha net hissederiz. Çok aç olduğunuz zamanları hatırlayın… Kocaman bir ısırığı sadece birkaç çiğnemenin ardından alelacele yemek borumuza göndeririz. İşte tam o sırada lokmanızın dar bir borudan zorla içeriye tıkıldığını hissedersiniz. Artık bu noktadan sonra geri dönüş yoktur. Parçalanmaya başlamış besin tek yönlü bir yola girmiştir. Yemek borusunun yetişkin bir insanda yaklaşık 25 santimetre uzunlukta, oldukça ilginç bir boru olduğunu hatırlatalım. Borunun duvarında yer alan kas tabakalarının mükemmel bir uyum içerisinde kasılmasıyla lokmanız yavaş yavaş mideye doğru ilerler. Yemek borusunun kasları tarafından oluşturulan bu harekete "peristaltik hareket" denir. Bu, sindirim sistemindeki hemen hemen tüm yapılarda görülen bir hareket biçimidir. Zaten bu sayesinde besinin ağızdan başlayan yolculuğu anüse kadar sürebilir. Bu harekette temel prensip çok basittir. Kanalın içerisindeki besin parçasının hemen önünde yer alan kas tabakası gevşerken hemen arkasında yer alan kas tabakasında bir kasılma gözlenir. Bu sayede, besinin tek bir yönde ilerlemesi söz konusu olur. Özellikle vurgulayalım, bu ilerleme yerçekiminden bağımsızdır. Zira kişi baş aşağı dursa bile lokma mideye doğru hareketini sürdürür. Ağzınızda çiğnediğiniz ve yutarak yemek borusuna gönderdiğiniz besinin yemek borusundaki yolculuğu yaklaşık beş-on saniye sürecektir. Yemek borusunun sonuna gelen lokmamız artık gizemli ve bir o kadar tehlikeli bir yer olan mideye geçmeye hazırdır.

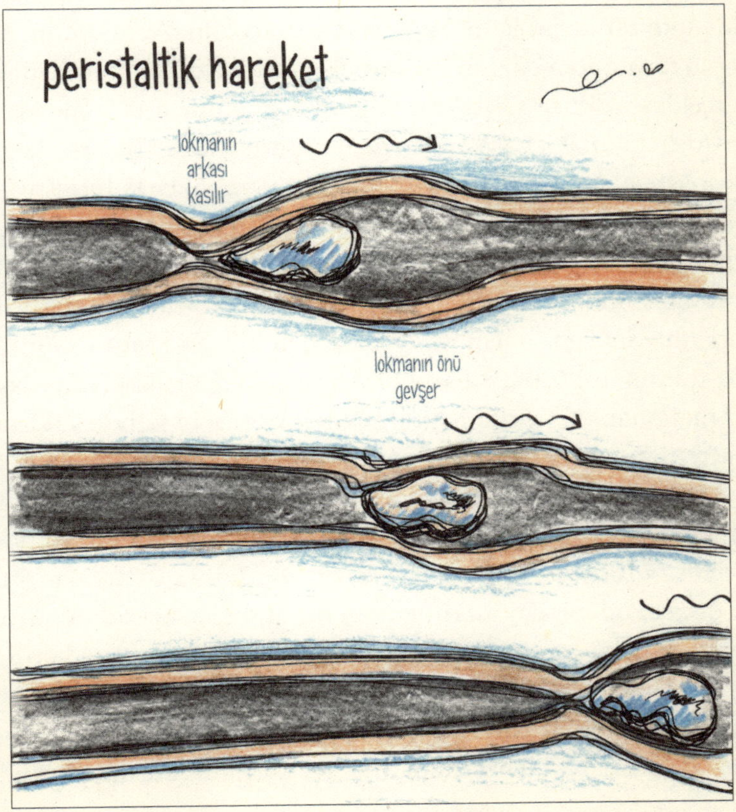

Mideye giriş yapmadan önce, yukarıda verdiğimiz sözü yerine getirelim. Yemek sırasında yemek borusuna giren bir miktar hava olduğunu belirtmiştik. Peki, yemek borusuna giren bu havaya ne olmaktadır? Sindirim enzimlerinin havayı parçalayabilme yeteneği var mıdır? Gelin kısa bir şekilde bu meseleyi özetleyelim. Sizinle ufak bir ipucu paylaşalım. Söz konusu tıp dünyası olduğunda, tüm isimler oldukça havalı bir hale bürünebilmektedir. Yeme ve içme sırasında bir miktar hava yutulmasına "aerofaji" denir. Yutulan havanın önünde çok az seçenek vardır. Yutulan havanın bir kısmı "regürjite" olur. Regürjiite kelimesinin "geri kaçmak" gibi bir anlamı vardır. Yani yutulan havanın bir kısmı regürjite olur demek, kişinin geğirmek dediğimiz eylemini daha nazik bir dille ifade etmektir. Havanın bir kısmı kalın bağırsaklara geçebilir. Ayrıca kalın bağırsakta yer alan bakteriler, karbonhidrat ve diğer maddeler ile gerçekleştirdikleri birtakım etkileşimler sonucunda; hidrojen, hidrojen sülfit, CO_2 ve metan gazı üretirler. Kalın bağırsağa gelen oksijen, bakteriler aracılığıyla üretilen gazlarla birleştirilerek "flatus" olarak dışarı atılır. Sanırım flatus kelimesinin ne anlama geldiğini açıklamama gerek yok. Flatusun kokusu büyük oranda sülfitlerden kaynaklanmaktadır. Normalde, sindirim kanalınızdaki gaz hacmi yaklaşık 200 mililitre kadardır. Günlük gaz üretimi ise 500–1500 mililitre arasında değişmektedir. Basit bir matematikle siz dâhil etrafınızdaki herkesin günde yaklaşık 1 litre flatus fazlalığı olduğunu unutmayın. Son kelimemiz de her anlamda çok havalı olan bir kelime; "borborigmus". İnsanı en çok utandıran kelimelerden biri de budur. Yeni tanıştığınız biriyle oldukça sessiz bir yerde oturduğunuzu varsayın. Siz ne güzel karşınızdakini dinlerken bir anda karnınızdan guruldama sonucu acayip sesler çıkar. Size, "acaba sadece ben mi hissettim, yoksa karşımdaki de duymuş mudur" karmaşasını yaşatan ilginç bir durumdur. Bu seslerin bazıları çok hafif olsa da bazıları gerçekten iddialıdır. İşte, karnınız guruldadığında çıkan seslere borborigmus denir. Bu durum bazılarında kramp şeklinde de ortaya çıkar.

İçi asit dolu et parçası, mide

Frodo, yakın arkadaşı Sam ve onları takip eden Gollum ile birlikte Mordor'a olan yolculukları sırasında birçok ilginç topraklardan geçmiştir. Bu topraklardan en ilginç olanlarından biri de Ölü Bataklıklar'dır. Bu topraklar, son ittifak güçleri ve Mordor ordularının kıyasıya savaştığı topraklardır. Savaşın sonunda her ne kadar iyiler kazanmış olsa da o kadar çok kayıp verilmiştir ki bu topraklar adeta bir mezarlığa dönüşmüştür. Kimsenin uğramadığı bu mezar topraklar uzun yıllar içinde bataklığa dönüşmüştür. O nedenle buraya Ölü Bataklıklar adı verilmiştir. Ölü Bataklıklar'da hiçbir krallık veya şehir yoktur. Burası hiçbir ülkenin sınırlarına bağlı değildir ve bu topraklarda kimse yaşamaz.

Söz konusu vücudumuz olduğunda benzer bir durum mide için söz konusu olabilir. Yemek borusunu geçtikten sonra ulaştığımız bu bölge, tıpkı Ölü Bataklıklar'da olduğu gibi, fani canlılar için oldukça tehlikelidir. Buradaki koşullar oldukça zorlu olduğundan bu bölgede pek bir canlıya rastlamazsınız. Çeşitli durumlarda ağzınızdan içeri giren mikroorganizmaların çoğu bu bölgeden geçerken yaşamlarını yitirir. Şanslı ve biraz daha inatçı olanlar ise bu bölgeyi olabildiğince hızlı terk ederek kalın bağırsağa doğru uzun yolculuklarına devam ederler. Mikroorganizma dahi olsalar, bu bölgede yaşamayı tercih etmezler. Ama bu durum tüm mikroorganizmalar için geçerli değildir. O zaman gelin bu tehlikeli organa daha yakından göz atalım.

Mideyle ilgili paylaşacağımız ilk bilgi, kendisinin vücudumuzdaki yeri olsun. Çünkü birçok insanın güzel bir yemek sonrasında ellerini göbeğinin üzerine koyup sıvazladığı yer, düşündüklerinin aksine mideleri değil bağırsaklarının olduğu bölgedir. Mide, bu bölgenin epey üzerinde bir yerde bulunmaktadır. Midenin en önemli özelliklerinden biri, depo görevi görmesidir. Yaklaşık 1,5 litrelik bir hacme sahip olduğunu belirtelim.

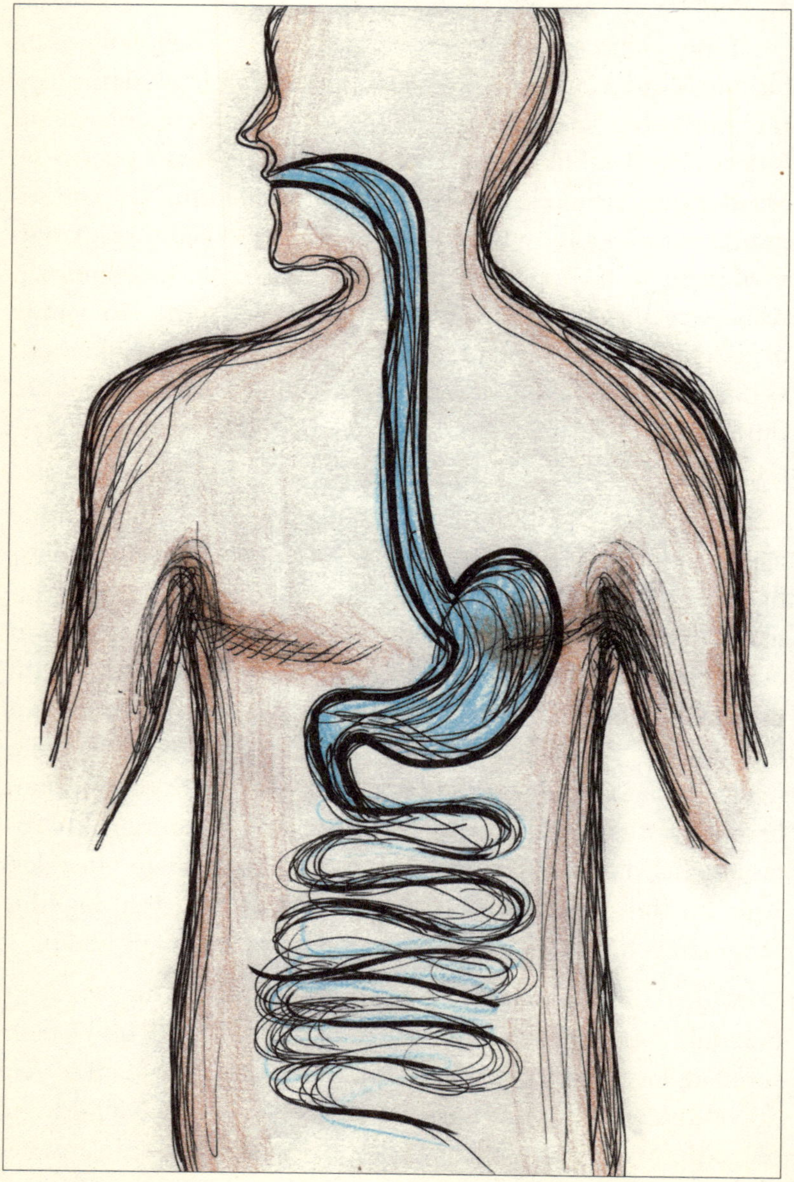

Ama bazı insanlar, mide istemese dahi bu hacme aldırmaksızın onu tıka basa doldurmak isterler. Tıpkı uçakta oturacağı koltuğun üzerindeki valiz konulacak yerin dolu olmasına aldırmayan, ısrarla valizini dolu bir yere sığdırmaya çalışan insanlar gibi. Uçak kabinlerinin aksine mide genişleyebilme yeteneğine sahip olduğundan, kendisini tıka basa doldurma girişiminde bulunan kişiler eğer yeterince inat ederlerse bunu başarabilirler. Depo görevinin yanında midenin bir diğer görevi de besinleri fiziksel anlamda karıştırıp parçalanmalarını kolaylaştırmaktır. Oldukça ilginç bir kasılma örüntüsüne sahip olup, tıpkı bir yayık gibi içindeki besinleri bir duvarından diğer duvarına gönderip durur. Bu hareket ne kadar ilginç olursa olsun, mideyi diğer tüm organlardan ayıran en önemli özelliği içinde asit taşımasıdır.

Midenin içerisinde bir sürü hücre tipi olmakla beraber hepsinin kendine has özellikleri ve ürünleri bulunmaktadır. Ama bu hücrelerden en havalı olanı kesinlikle "pariyetal hücrelerdir". Bu hücreler, vücudun başka hiçbir bölgesinde göremeyeceğiniz bir özelliğe sahiptir. Oldukça kuvvetli bir asit olan hidroklorik asidi üreterek midenin içine gönderirler. Olaya dışarıdan baktığınız zaman bu durum kesinlikle akıl alır bir şey değildir. Midenin kendisini bile sindirebilecek kadar kuvvetli bir asidi (pH değeri yaklaşık 1-2) kendi içine boşaltması gerçekten ilginç bir durumdur. Pariyetal hücreler tarafından günlük üretilen asit miktarı yaklaşık 2 litredir. Bu asit, hem besinlerin parçalanmasına katkıda bulunmaktadır hem de proteinlerin sindiriminde oldukça önemli bir rol oynayan pepsin enziminin aktifleşmesi için gereklidir. Aynı zamanda birçok bakterinin öldürülmesini de sağlar.

Peki, nasıl oluyor da büyük bir afiyetle yediğiniz ve midenize gönderdiğiniz et parçasını oldukça güzel bir şekilde sindiren mide kendisini sindirmiyor? Herhangi bir et parçasını kolayca parçalayabilecek kadar kuvvetli bir asidi, yine bir et parçasının içerisinde taşımak fikri oldukça ironik bir durumdur. Bu konu her ne kadar uzun felsefi tartışmalara konu olabilecek bir mesele olsa da asıl merak ettiğimiz soru, mideyi kendi asidinden koruyan şey tam olarak nedir? Bu sorunun cevabı için mide bariyerine bir göz atmamız gerekmektedir. Nasıl ki "Sur", Yedi Krallığı birçok tehlikelere karşı koruyorsa, mide bariyerinin yaptığı da tam olarak budur. Ama Sur'un aksine, midenin iç duvarı büyülerle dizilmiş taşlardan oluşmamaktadır. Mide duvarının iç kısmı oldukça koyu, yapışkan ve dayanıklı bir mukusla örtülüdür. Mukus, adeta asitle mide duvarı arasında sıkı bir bariyer oluşturarak mideyi kendi ürettiği asidin zararlarından korur. Bu gerçekten olağanüstü bir güzelliktir. Zira midenin, sadece tükürük benzeri bir sıvıyla iç duvarını kaplayarak aside karşı kendini koruması, tümüyle midenin sahip olduğu kadim bir bilgidir. Kitabın birçok yerinde değindiğimiz gibi, mukusun koruyucu özelliği vücudun birçok bölgesinde karşımıza çıkmaktadır. Peki, bu mukusu geçmek ve mide duvarına zarar vermek imkânsız mıdır? Eğer bu koruyucu duvarı delersek, midemizin başına neler gelir?

Hatırlayacak olursanız, mide bölümünün başında bu organımızı *Yüzüklerin Efendisi* adlı romandaki Ölü Bataklıklar bölgesine benzetmiştik. Doğal olarak mikroorganizmaların asit dolu bu bölgede kalmayı tercih etmeyeceğini sizinle paylaşmıştık. Lakin söz konusu mikroorganizmalar ise her türlü hikâyeye hazırlıklı olmalısınız. İşte şimdi anlatacağımız hikâye, bu mikroorganizmalardan biriyle alakalı. Tüm canlıların koşarak uzaklaştığı bu tehlikeli bölgede yaşamayı tercih eden bakterinin adı *helicobacter pylori*'dir.

Eğer midenizle ilgili bir probleminiz yoksa burada yazılanlar sizin için çok şey ifade etmeyebilir ama ülseri olan kişiler, mide mukozasının aslında ne kadar da kıymetli bir yapı olduğunu, ne yazık ki sık sık hatırlamak zorunda kalırlar. Bu rahatsızlığa sahip kişilerde ağrı, kazınma ve yanma gibi hisler oluşur ve bu durum oldukça can sıkıcıdır. Ülser dediğimiz bu rahatsızlık, koruyucu tabakanın zarar görmesiyle ortaya çıkan bir durumdur. Peki, bir insan neden ülser olur? Bazılarının dediği gibi aşırı stres veya üzüntü müdür bizi ülser yapan?

Yapılan çalışmalar ülser hastaların en az %75'inde mide mukozasında kronik bir enfeksiyon olduğunu göstermiştir. Bu enfeksiyonun nedeni de mide gibi bir bölgeye yerleşmeyi düşünen ve oldukça macera seven bir bakteri olan *H. pylori*'dir. Bu inatçı bakteri, hem fiziksel yetenekleri sayesinde hem de bariyeri eritebilen kimyasallar kullanarak mukoza içine geçer ve mideden hidroklorik asit sekresyonunu uyarırlar. Sonuçta, midenin güçlü asidik sıvıları, mide bariyerinde oluşan bu gedik nedeniyle midenin kendi duvarına çok fazla zarar verirler. Eğer çevrenizde ülser hastası bir tanıdığınız varsa kendisi size bu durumun ne kadar tatsız olduğunu en samimi hisleriyle ifade edecektir. Bu arada, tüm suçu *H. pylori*'ye atmadan önce ülsere zemin hazırlayan faktörleri de paylaşmak lazım. Sigara ve alkol kullanımının ülserle tanışmanıza ciddi katkısı olduğunu da belirtmek isterim.

Şimdi *H. pylori*'den bu kadar bahsettikten sonra, eğer bir kişiden bahsetmezsek dünyanın en büyük ayıplarından birini yapmış oluruz. Bu kişinin adı Barry Marshall'dır. Kendisi oldukça rockstar bir bilim insanıdır. Peki, kendisini rockstar yapan özellik nedir? Söz konusu sağlık olduğunda, hemen hepimizin çevresinde konu hakkında bilgisi olmasa da fikri çok olan insanlar bulunur. Bu insanlardan birinden de şöyle bir cümle duymuş olma ihtimaliniz oldukça yüksektir: "Aman bu kadar sıkıntı, stres yapma. Böyle giderse ülser olacaksın" Aslında bu ve benzeri cümleleri kurmamızın temeli 1980'lere kadar gitmektedir. Çünkü o yıllarda tıp fakültelerinde ülserin asıl nedeninin stres olduğu öğretiliyordu. Avustralyalı genç doktor Barry Marshall'ın bu konuyla ilgili gözlemleri ise oldukça farklıydı. Kendisi, yaptığı araştırmalar sonucunda *H. pylori* adlı

HELICO

bakteriden kuşkulanıyordu. Fakat gerek bu konudaki uyarıları gerekse de yayınladığı makaleler meslektaşları tarafından ilgi görmüyordu. Çünkü bakteri de olsa, bir canlının midenin içi gibi bir ortamda yaşamayı seçme fikri herkese çok saçma geliyordu. Kim asit içerisinde yaşamak isterdi ki? Tarih 1984 yılını gösterdiğinde, Marshall bu durumdan epeyce rahatsız olmaya başlamıştı. Zira *H. pylori* konusunda kendisinden çok emindi ama bu bakterileri kullanarak yaptığı hayvan çalışmalarında bir türlü başarılı sonuçlar alamıyordu. Söz konusu bilim olduğunda, insanlık tarihi çılgın bilim insanlarıyla doludur. Ne yazık ki bu cesur ve gözü pek kişilerin birçoğu, yaptığı çılgınlıkları hayatı ile ödediğinden, bu kişileri tanıma fırsatımız olmamıştır. Ama şanslı olanlar bilim tarihine adlarını altın harflerle yazdırmışlardır. İşte, bu altın harflerle yazılan isimlerden biri de Barry Marshall'dır. Çünkü kendisi hayvan deneyleri başarısızlığa uğrayınca, kendisinden önceki birtakım bilim insanları gibi büyük bir çılgınlık yapmıştır. Laboratuvarında *H. pylori* adlı zararlı bakterileri yetiştirdiği petri kabını kafasına dikerek kabın içindeki tüm bakterileri bir anda sindirim sistemine göndermiştir. Üstelik bunu yaptığı sırada evli olduğunu ve evinde onu bekleyen dört çocuğu bulunduğunu hatırlatalım. Marshall'in böylesine büyük bir riski almasındaki tek etken, içinde bir yerlerde hissettiği fikrine olan inancıydı. İçtiği bakteriler sonucu midesinde gelişecek ülserin yaklaşık bir yıl sonunda ortaya çıkacağını düşünüyordu. Fakat bakterileri içtikten sadece üç gün sonra ülserin ilk semptomları kendini göstermeye başladı ve sekizinci gün sonunda kendisine yaptığı biyopsi sonucunda ülser olduğunu ve bunun nedeninin de *H. pylori* denen bakteri olduğunu gösterdi. Marshall, bu cesur ve bilimsel olarak oldukça önemli keşfinin ödülünü ancak yıllar sonra alabilmiştir. Kendisine, 2005 yılında ülser hastalığı konusunda yaptığı keşiften dolayı Nobel Tıp ve Fizyoloji Ödülü verildi.

Bir bilim kahramanının hikâyesiyle midemizdeki yolculuğun da sonuna gelmiş bulunmaktayız. Birazdan Türkçesi on iki parmak bağırsağı olan duodenuma gireceğiz. Kendisi ince bağırsağın girişi olmaktadır. Buraya kadar olan yolculuğumuza bir göz atacak olursak, ağızda geçirdiğimiz süre yaklaşık beş-on saniyeydi. Daha sonra yaklaşık bir o kadar da yemek borusundaki yolculuğumuz sürdü. Yani ağzımızdaki besinin mideye ulaşması yarım dakika bile sürmedi. Peki, bu besinler midede ne kadar vakit geçirecektir? Normalde midedekilerin ince bağırsağa geçmesi için yaklaşık üç saat gereklidir. Ama burada karşımıza ufak bir fark çıkıyor. Söz konusu mideden ince bağırsağa geçiş olduğunda asıl önemli olan konu, midenize hangi tip besini gönderdiğinizdir. Önceki bölümlerde de vur-

guladığımız üzere, temel anlamda besinleri, karbonhidrat, protein ve yağ olmak üzere üç ana grupta inceliyoruz. Mide için protein ve yağların sindirimi biraz daha önemli olduğundan, onlarla daha fazla vakit geçirir. Yani paraya kıyıp da kendinize şöyle güzel bir et ziyafeti çektiğinizde, yediğinizin etin midede geçireceği süre daha uzundur. Yaklaşık altı saat boyunca midenin bir duvarından diğerine gidip gelir. Muhtemelen mide de kendisine gelen etin tadını çıkarmak istediğinden onu kolay kolay bırakmak istemiyordur. Aynı şey yağlar için de geçerlidir. Karbonhidratların sindirimi kısmen ağızda da başladığı için midede, protein ve yağ kadar kalmayıp ince bağırsağa daha hızlı bir geçiş yaparlar.

Önceki bölümlerde uzun uzun incelediğimiz gibi, ince bağırsaktan emilen besinler kana karışarak çeşitli bölgelere gidiyorlardı. Hatta buradan emilen bazı besinlerin kan şekerimizi yükselttiğinden de bahsetmiştik. Kan şekerini yükseltmede en etkin maddelerin karbonhidratlar olduğunu hatırlıyorsanız, hayatınıza dair küçük bir sırrı daha sizinle paylaşalım. Hani köftenin kilo ile pişirilip satıldığı mekânlar vardır ya, diyelim ki öyle bir yere gittiniz. En az sizin kadar macera sever arkadaşınızla ortaya istediğiniz bir kilogramlık köfte tabağını kısa sürede silip süpürdüğünüzü varsayalım. Son köfteyi yuttuğunuzda, artık midenizden gelen sinyallerle beraber doygunluk hissi tavana ulaşır. Tam bu sırada midenize bir mikrofon uzatacak olursak, size söyleyeceği kelimeleri buraya yazamayacağımızı tahmin edebilirsiniz. Muhtemelen en son cümlesinin sonunda, "içine girecek tek bir lokmaya dahi tahammülü olmayacağını" açık bir söylemle ifade edecektir. Her ne kadar mideniz konuşamazsa da siz bu durumu "çok yedim, üzerime bir ağırlık çöktü" gibi daha kullanılabilir kalıplarla ifade edersiniz. Tam burada filmi durduracak olursak, sizinle ilgili beklentimiz şudur. Az önceki yaptıklarınızdan pişman olmak ve uzun bir süre bir şey yememek. Zira midenize ve diğer organlarınıza bu köfteleri sindirmeleri için biraz fırsat tanımak lazım değil mi? Her ne kadar bizim ve sindirim organlarının beklentisi bu yönde olsa da az önce koca bir tabak dolusu köfteyi gömen adamımız ne yapacaktır? Yine elleriyle göbeğini sıvazlayıp biraz da arkaya doğru gerinerek "Abi canım acayip tatlı çekti ya, ne yapalım şu fıstıklı baklavalardan ortaya isteyelim mi bir tabak" diye sorar. Bu anlamsız soru cümlesinin midede yaşatacağı hayal kırıklığını ben bile buradan hissederken, adam hissedemez ve önüne gelen fıstıklı baklavayı da büyük bir afiyetle gömer. Aslına bakarsanız burada adama kızmaya gerek yoktur. Zira bu çok sık bir şekilde hepimizin başına gelen ilginç bir durumdur. Sindirim işlemini gerçekleştirmiş bir vücutta beynin beklentilerinden biri de kan şekerinin yükselmesidir. Hatırlayacağınız üzere, protein ve yağ ağırlıklı besinler midede daha fazla vakit geçirecektir. Ayrıca kan şekerine, karbonhidratların yaptığı gibi bir etkide bulunmayacaktır. O nedenle beyniniz hiç risk almayıp midenizi daha kısa sürede geçecek ve kan şekerinizi daha hızlı yükseltecek bir karbonhidrat tüketmeniz için sizi içten içe motive edecektir. Takdir edeceğiniz üzere bu karbonhidrat, genellikle en çok sevdiğimiz tatlılar olarak karşımıza çıkmaktadır. İşte bu nedenle mideniz tıka basa köfte dolu olsa bile canınız bir miktar tatlı çekecektir.

Karanlıklar diyarı bağırsaklar

Hiç bağırsak gördünüz mü ya da elinize alıp inceleme şansınız oldu mu? Yeni nesil birçok konuda şanslıyken bazı konularda şanssızdır. Şu an bahsedeceğim mevzuda şans mı yoksa şanssızlık mı denir bilmiyorum ama benim kuşağımdaki insanların, çocukluklarında bağırsak hakkında yaşadıkları ufak da olsa bir deneyimleri bulunmaktadır. Daha önce de belirttiğim gibi, bizim zamanımızda besin ve yiyeceklere ulaşmak günümüzdeki kadar kolay değildi. Cümleye öyle bir girdim ki sanırsınız çocukluğum İkinci Dünya Savaşı yıllarında geçmiş ve kamplarda büyümek zorunda kalmışım. Öyle değil tabii ki ama seksenlerde çocuk olanların iyi hatırladığı bazı gerçekler vardır. O dönemde bazı besinler lüks kategorisine girdiğinden, o besinlerle bir araya gelmek pek de mümkün değildi. Mesela, söz konusu et tüketimi olduğunda, Kurban Bayramlarının bizim kuşağın çocukluk yıllarında vazgeçilmez bir yeri vardır. Zira Kurban Bayramı, kısa bir süre içerisinde etin birçok formunu tüketebileceğiniz anlamına gelmekteydi. İnsanlar da ellerindeki eti daha uzun vadede tüketmeyi düşündüklerinden, farklı koşullarda saklamaya eğilim gösterirlerdi. Bunların en popülerlerinden biri de sucuk yapmaktı. Günümüzde gidip marketten parasını verip aldığınız kangal sucuklar, benim çocuk olduğum yıllarda evlerde de yapılıyordu. Belki de sadece bizim evde yapılıyordu, bize özgü bir durumdu bilmiyorum ama aktar ve baharatçılarda kurutulmuş bağırsak satıldığına göre öyle olamazdı. Etin bir kısmı mükemmel kokular eşliğinde kavurma yapılırken, bir kısmı kıymaya dönüştürülürdü. Kıymanın bir kısmı da birtakım baharatlarla iyice yoğrularak hamur kıvamında bir karışım elde edilirdi. Daha sonra bu karışım, kurutulmuş bağırsakların içine doldurularak kangal sucuklar hazırlanırdı. Çocukken yapacak pek bir şey olmadığından ve zaman da sonsuz uzunlukta olduğundan bu kısmı hep severek hatırlarım. Kurutulmuş bağırsağın ağız kısmına 1,5 litrelik pet şişenin üst kısmı kesilerek yerleştirilir ve onun içine konulan yoğurulmuş kıyma, bağırsağın içine itilirdi. Daha sonra o sucuklar kurumaları için balkonun iç kısmında, duvarın önüne asılırdı. Sucuklar asıldıktan sonra balkona çıkmanın çok ayrı bir tadı vardı biz çocuklar için. Her balkona çıktığınızda harika bir koku karşılardı sizi. Beyin o kadar ilginç bir organdır ki o günleri hatırlamaya çalışırsanız bahsettiğim koku burnunuzun ucuna gelebilir bile. Özetle, şu an bu kitabı okuyan kişi olarak sizin yaşınız kaçtır bilmiyorum ama bağırsağa sucuk doldurarak büyüyen çocuklardık biz. O nedenle de bağırsaklar hakkında epey bilgimiz var. Ama meseleyi bilmeyenler için bağırsaklarımızı daha kapsamlı ele almak gerekecek. Zira mikrobiyotamız ile ilgili tüm hikâyemiz bu karanlık ve bir o kadar gizemli bölgede geçecek. O nedenle mekâna hâkim olmak, konuyu anlamada önemli bir avantaj sağlayabilir.

En son mide içerisinde bıraktığımız yolculuğumuza, midenin pilor denen bölgesinden geçerek devam edelim. Bu bölgeyi geçtiğimizde resmen bağırsak topraklarına girmiş bulunuyoruz. Bu arada şunu belirtmekte fayda var; midenin hem girişinde hem de çıkışında sfinkterler bulunmaktadır. Bu sfinkterlerin fonksiyonları oldukça önemlidir. Örneğin yemek borunuzun midenize girdiği yerdeki sfinkter siz herhangi bir yiyecek yutmadığınız müddetçe kapalı durur. Böylece mide içerisinde sindirilen besinlerin yemek borusuna geri kaçması önlenmiş olur. İşte bu büzüşük duran sfinkter sayesinde, siz yatağınızda güzelce uzanıp bir yandan da kitabınızı okurken, midenizdekilerin yemek borusuna geri kaçışı önlenmiş olur. Midenin çıkışındaki pilor bölgesindeki sfinkter de çok önemlidir. Çünkü mide içindekileri sindirirken besinleri midenin bir duvarından diğerine mekanik olarak gönderilip parçalamaktadır. Pilor midenin bu hareketleriyle uyumlu bir halde çalışır ve içerisindeki besini kontrollü bir şekilde ince bağırsaklara geçirir. Piloru geçip mideye "hoşça kal" diyerek nihayet ulaşmak istediğimiz bölgeye giriş yapmış olduk. Artık burada göreceklerinizden sonra hiçbir şey eskisi gibi olmayacak. Yolculuğumuzun en karanlık kısmına hazır mısınız?

Mideden sonraki tüm kısmı bağırsak diye adlandırabiliriz. Birazdan içinde ilerledikçe göreceksiniz ama baştan söyleyelim. Bağırsakta gezeceğimiz bölgeler birbirinden farklılık gösterdiği için bu bölgelerin kendilerine özgü isimleri bulunmaktadır. Bu oldukça uzun ve kıvrımlı tüp gibi yapıyı iki ana kısımda inceleyeceğiz. Mideden sonra girdiğimiz bölüm "ince bağırsak" dediğimiz kısımdır. Zira bu kısımda ilerleyeceğimiz kanalın çapı daha küçük olduğundan buraya ince bağırsak denir. Hem küçük çaplıdır hem de çok fazla kıvrımlı bir yapıya sahiptir. Bu arada ince bağırsak derken toplam uzunluğu yaklaşık 3-4 metre olan bir tüpten bahsettiğimizi unutmayın lütfen. Karın boşluğu kadarlık bir hacme 3-4 metrelik bir hortum nasıl sığdırılacaksa bağırsaklardaki durum da buna benzerdir. İnce bağırsak, bu bölgedeki dar alana sığmak için çok fazla kıvrılan bir yerleşim göstermektedir. Bu dar ve kıvrımlı tünelde ilerledikten sonra yolun bir anda genişlediği ve keskin kıvrımların azaldığı bir kısma geleceğiz. Daha geniş çaplı olduğundan buraya "kalın bağırsak" denmektedir. Bu kısım da yaklaşık 1,5 metrelik uzunluğa sahiptir. Boyu ince bağırsaktan daha kısa olduğu için çok fazla kıvrılma ihtiyacı duymaz.

Eğer karın boşluğunu açıp bakarsanız, kalın bağırsağın, ince bağırsağın üç tarafını çevreleyen bir yapıda olduğunu görürsünüz. Özetle, bağırsağı kanalın çapı ve kıvrılma özelliklerine göre ikiye ayırırız. Kalın bağırsak boyunca çok fazla bölgesel bir fark olmadığından burası bir bütün şeklinde adlandırılır. Ama ince bağırsak için durum böyle değildir. İnce bağırsak daha uzun olduğu için bazı kısımlarının kendilerine özgü özellikleri bulunmaktadır. O nedenle de ince bağırsağı üç ayrı kısımda inceleriz. Biraz önce belirttiğim gibi mideden çıkan kısım, on iki parmak bağırsağı olarak da bilinen "duodenum" adlı kısımdır. Kalın bağırsağa geçişin öncesindeki kalan ince bağırsak bölgesine de "ileum" denir. Duodenum ve ileum arasında kalan kısım ise ince bağırsağın "jejenum" adını verdiğimiz bölgesidir. Tüm bu bölgeler gerek anatomik pozisyonları gerekse de fizyolojik farklılıkları nedeniyle kendilerine özel isimlerle anılmaktadır.

Burada yolculuğumuzu biraz hızlandırmamız gerekmektedir artık. Zira sadece bağırsağın bu kısımlarında olanları özetlemeye çalışırsak buradan çıkmamız günler sürebilir. Ufacık bir alan olan ağızda ne kadar zaman geçirdiğimizi hatırlarsak, benzer bir hız ile birkaç metrelik bağırsaktan kolay kolay çıkamayacağımız anlaşılmıştır muhtemelen. O nedenle, bundan

Bağırsak

sonraki yolculuğumuzda bağırsaklarımızda yer alan birtakım genel özelliklerden bahsedip hızla asıl konuşmak istediğimiz mesele olan mikrobiyota ve kalın bağırsaklarımızla ilgili konulara geçebilelim. Zaten mikrobiyota konusundan bahsederken bağırsaklarımızın birçok özelliğini de ele almış olacağız.

İnce ve kalın bağırsak arasındaki tek fark sadece çapları değildir. İnce bağırsağın iç duvarı üzerinde bol miktarda bulunan ama kalın bağırsağın iç duvarında yer almayan bir yapıdan bahsedelim. Bu yapının adı "villus"tur. Villus kelimesi, her ne kadar Demir Taht'ı koruyan Kral Muhafızları'ndan birinin ismiymiş gibi dursa da Latince karşılığı "ince, uzun kıl" demektir. Peki, ince bağırsağın iç yüzeyini oluşturan bu yapılara neden böyle bir isim verilmiştir. Acaba ince bağırsağın iç yüzeyi kıllarla kaplı olabilir mi?

İnce bağırsağa yakından baktığınızda bu yapılar gerçekten uzun ince kıllar gibi gözükse de mikroskopla daha ayrıntılı baktığımızda şekillerinin daha çok parmaklara benzediğini görürsünüz. O nedenle bu kısımlar kıldan daha çok "parmaksı çıkıntılar" olarak bilinir. İnce bağırsağa dışarıdan baktığınızda, kıvrımlı bir yapıda göründüğünden birçok kez bahsetmiştik ama ince bağırsağın iç yüzeyindeki kıvrımlar söz konusu olduğunda dışarıdaki birkaç kıvrılmanın hiçbir anlamı olmadığını göreceksiniz. Zira ince bağırsağın iç yüzeyinde birçok katlantı, villus ve "mikrovillus"lar bulunmaktadır. Mikrovillusların durumu da tıpkı matruşka bebeklerdeki gibi bir durumdur. İnce bağırsağın iç yüzeyinde boşluğa doğru uzanmış, yan yana duran milyonlarca parmak olduğunu düşünün. Daha sonra bu parmakların her birinin ucunda da milyonlarca minik parmak olduğunu hayalinizde canlandırmaya çalışın. İşte, bağırsağın yüzeyinde de benzer bir mantık söz konusudur. Bu sayede ince bağırsak, yüzey alanını altı yüz kat artırmış olur. İnsanın ince bağırsağının toplam yüzey alanı yaklaşık 250-300 metrekarelik bir alana sahiptir. Bu alan yaklaşık bir tenis kortu büyüklüğünde bir alana karşılık gelmektedir. Göbeğinizi sıvazlarken bu mükemmel durumu gözünüzün önüne getirmeye çalışın lütfen. Ellerinizin üzerinde gezdiği bu gizemli bölgede, özenle katlanmış bir tenis kortu bulunmaktadır.

Yapıları az çok kafamızda oluşan bu parmaksı çıkıntıların görevi nedir? Buradaki asıl görev, emilim yüzeyini artırmaktır. İnce bağırsak sindirim işleminin devam ettiği bir yapıdır. Gerek kendi enzimleri gerekse de karaciğer ve pankreastan bir kanal aracılığıyla bağırsağın içine boşalan enzimler aracılığıyla sindirim işlemine devam eder. Bu arada bağırsak içerisinde besin, yavaş yavaş kalın bağırsağa doğru ilerlerken, parçalanan besinden işe yarayacak yapıtaşları ince bağırsaktan vücuda alınır. "İnce bağırsaktan emilme" denen bu işin verimini artırmak için villus ve mikrovillus şeklinde bir yapılanma söz konusudur. O nedenle bu kısım çok önemlidir. Sonuçta sindirdiğiniz besinleri, önemli mineral ve vitaminleri vücuda sokamadıktan sonra sindirimin hiçbir anlamı olmaz. O nedenle bağırsaklardaki emilimin, sindirimin en önemli kısmı olduğunu unutmayın lütfen. Aslında villusları anlamak için banyoya gidip elinize bir havlu almanız oldukça öğretici olacaktır. Havluya yakından bakarsanız, üzerinde iplik gibi binlerce yapının olduğunu görürsünüz. Bu iplikler de tıpkı villus gibi görev yaparak emilim yüzeyini artırmaktadır. Bu sayede herhangi bir havluyu kısa aralıklarla peş peşe kullanmak durumunda kaldığınızda sizi rahatsız etmez.

Sayılarla konuşacak olursak; günde birkaç yüz gram karbonhidrat, yaklaşık 100 gram yağ ve 50-100 gram arası kadar da aminoasit ince bağırsaktan emilir. İnce bağırsakta gerçekleşen su emilimi de çok ama çok önemlidir. Hatırlayacak olursak, ağızda başladığımız yolculuktan bağırsaklara gelene kadar sindirim tüpünün içerisine hemen her organdan çeşitli içerikte sıvılar gönderildi. Bu sıvı kimi zaman tükürük oldu kimi zaman da karaciğerden gelen safra. Ama sindirim süresi boyunca ciddi miktarda sıvının sürekli bu kanala aktarıldığını gördük.

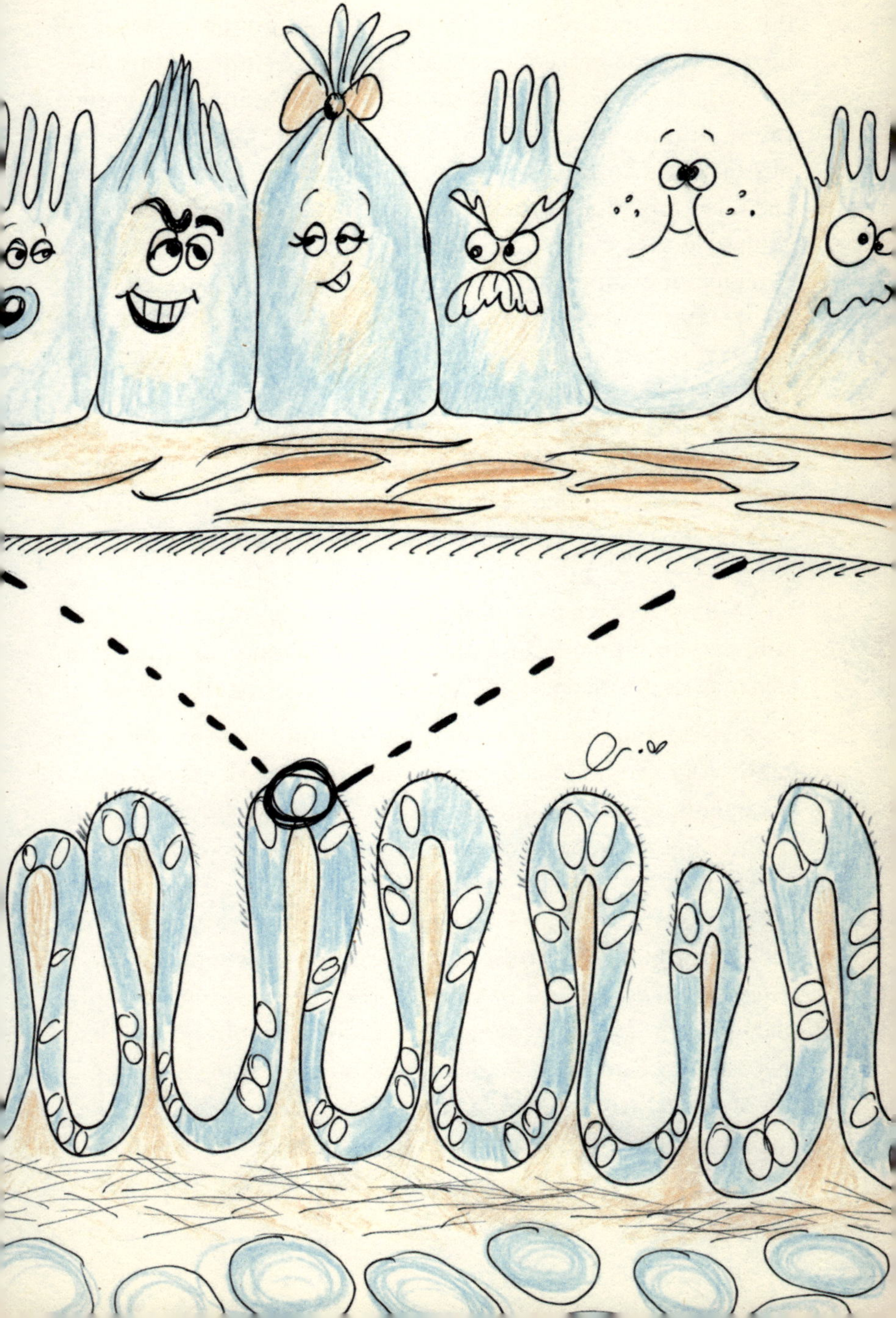

Bu sıvıların vücuda geri kazandırılması çok ama çok önemlidir. Bunun bilincinde olan ince bağırsaklardan günde yaklaşık 7-8 litre su, vücuda geri emilmektedir. Bu arada şunu da belirtmekte fayda var: İnce bağırsak normal kapasitesinin çok altında çalışarak bunları gerçekleştirmektedir. Sonuçta çok iyi katlanmış bir tenis kortundan bahsediyoruz. Eğer isterse günde birkaç kilo karbonhidrat, 500 gram yağ ve yaklaşık bir o kadar da protein geri emebilir. Su emilimi açısından 20 litre ve üzerinde su emebilme kapasitesi vardır. Sizin de gördüğünüz gibi ince bağırsaklar sindirim ve emilim açısından çok önemlidir. Aslına bakarsanız hem sindirim hem de emilimin büyük bir kısmı ince bağırsakta tamamlanır. Bu durumda şu soru aklınıza gelebilir: "Eee, o zaman bir de neden kalın bağırsağımız var?" Bu soruyu cevaplamadan önce mikrobiyotamızın çok büyük bir kısmının kalın bağırsaklarımızda olduğunu tekrar hatırlatalım. Mikrobiyotanın vücudumuzu ve bizi nasıl yönettiğini birazdan detaylarıyla göreceğiz zaten. Ama kalın bağırsağa haksızlık etmeyelim. Mikrobiyotaya ev sahipliği yapmak dışında da çok önemli görevleri bulunmaktadır. Kalın bağırsak aslında vücudumuzun çalışma felsefesini en iyi anlayabileceğiniz çok özel bir organdır.

Şöyle anlatalım... Normalde ağzınızdan giren besin, kalın bağırsaklara kadar fena olmayacak bir hızda ilerler. Kalın bağırsağa gelindiğinde de sindirilmesi gereken besinler sindirilmiş, emilmesi gerekenler de çoktan emilmiştir. Lakin kalın bağırsak ince bağırsağın performansıyla ilgilenmez. Çünkü kalın bağırsak hem cimri hem de kuşkucudur. İnce bağırsak konusunda her zaman şüpheleri vardır ve o nedenle de işini her zaman sağlama alır. Belki de ince bağırsağın çok yoğun olduğu bir gün, vücuda alınması gereken önemli maddelerden biri gözden kaçmış olabilir. Yani kalın bağırsağımız pimpirikli bir ihtiyar gibi davranmaya bayılır. Aslında hepimizin çevresinde bu tarz akrabalar vardır. Bu akrabaların arşivleme geleneği mükemmeldir. Diyelim ki su faturasıyla ilgili bir sorun çıkmıştır. Size yedi yıl önce ödenmiş bir faturanın orijinalini ve banka dekontunu şeffaf bir dosya içerisinde getirebilir. Hatta bu akrabanızla biraz daha sohbet etmeye karar verirseniz, faturanızın üzerinde yer alan bir sürü sayının ne anlama geldiğini açıklamaya bile kalkabilir. İşte kalın bağırsağın yaptığı da aynen budur. O nedenle kalın bağırsakta ilerleme hızı oldukça düşüktür. Sonuçta hiç acelemiz yok. "Hem trilyonlarca bakteri güzel güzel beslenedursun hem de şu yığının içerisine bakıp atılmaması gereken bir şey araya karışmış mı ona bakalım" modunda çalışır. Kalın bağırsak, ince bağırsaktan kendisine gönderilen içerik üzerinde neredeyse bir gün boyunca çalışır. Bu incelemenin bazı durumlarda uzayıp bazı durumlarda kısalabileceğini de sizinle paylaşalım.

Yine sayılarla konuşmak gerekirse; bir günde ince bağırsaktan kalın bağırsağa 1500 mililitre sulu içerik geçer. Bu içerikte sindirilip emildikten sonra geriye kalan artıklar vardır. Kalın bağırsak burada çok ama çok ince çalışarak 1,5 litrelik karışımın içindeki su ve elektrolitlerin çoğunu geri emer ve dışarıya sadece 100 mililitre sıvı atar. Yani ince bağırsağın atılması için gönderdiği şeylerin çoğunu bir şekilde vücudumuza kazandırır. Aslına bakarsanız kalın bağırsağa kalsa, o 100 mililitre sıvıyı da atmak istemez ama tüm sıvıyı çektiğinde oldukça katı bir hal alacak olan dışkıyı dışarı atmak biraz cesaret ve özgüven isteyebilir. Zira hepimizin başına gelmiştir. Artık kalın bağırsağın aşırı titizliğinden mi yoksa sizin yanlış beslenme politikanızdan mı fark etmez ama bazı dışkılar neredeyse içerisindeki tüm sıvıyı yitirip oldukça katı bir hal aldığında, kendisiyle vedalaşmak oldukça zorlu bir sürece dönüşüverir. O nedenle son 100 mililitre sıvı, dışkının içeriğini daha yumuşak tutmak için size yapılmış bir kıyaktır aslında. Bunun için kalın bağırsağınıza bir teşekkür borçlusunuz. Çünkü kendisi normalde 5-8 litreyi geri alabilecek kapasitedir. Bu arada su ile beraber birçok mineral ve vitaminin de yine kalın bağırsaklardan emilerek vücuda kazandırıldığını belirtelim.

Bu arada besinler ve su için sürekli "geri emilir" ifadesini kullanıyoruz. Bazı okuyucular için "emilme" kelimesi tam netlik kazanmamış olabilir. Şöyle anlatalım. Bu bölümün girişinde aslında sindirim kanalının iç kısmının, vücudumuzun dışında bir yer olduğunu belirtmiştik. Doğal olarak vücudumuza almak istediğimiz maddeleri bağırsak duvarından geçirerek içeri almamız gerekir. Buna da emilim denir. Peki, bu maddeler bağırsak duvarından emilince nereye gidiyorlar. Yani bağırsak duvarının arkasında ne var? Her ne kadar bu konu biraz karışık olsa da en basit haliyle şöyle ifade edebiliriz. Bağırsağın etrafında yoğun bir damar ağı bulunmaktadır ve bağırsak duvarından emilen besinler damarların içine gönderilerek kan dolaşımına katılır. Tahmin edeceğiniz üzere burada da mükemmel bir düzen söz konusudur. Zira dışarıdan baktığımız zaman damarların vücudumuzun hemen her bölgesine gittiğini görürsünüz.

O nedenle damarlarımızın içerisinde neyi dolaştırdığımız çok önemlidir. Bu önemin oldukça farkında olan vücudumuz, bağırsağın etrafındaki damarlardan gelen kanı doğrudan ana dolaşıma sokmaz. Zira bu bir miktar tehlikeli bir hamle olabilir. Bağırsaktan ne emildiğinin iyi bir kontrolünün yapılması gerekmektedir. Belki de ince ve kalın bağırsağın hatası sonucu istenmeyen bir madde yanlışlıkla geri emilmiş olabilir. O nedenle bağırsaktan toplanan kan, portal yolla önce karaciğere getirilir. Aslında bu durumu bir çeşit havaalanı güvenliği gibi düşünebilirsiniz. Zira uçakla yurt dışına yolculuk yaptığınızda birçok güvenlik kapısından geçersiniz. Gitmek istediğiniz ülkeye vardığınızda ise geçeceğiniz tek bir nokta kalmıştır artık. O nokta da pasaport kontrol noktasıdır. Zira pasaport memuru size onayı verdiği an, ülkenin bütün sokak ve caddeleri sizin için erişilebilir olacaktır. Karaciğer vücudumuz için çok önemli bir organdır ve yaptıklarını anlatabilmek için bir kitap dolusu bilgi yetmeyebilir. Burada vurgulamak istediğimiz göreviyse dolaşım ile kendisine gelen içeriği ince eleyip sık dokumasıdır. Bu görevi bir nevi arıtma işlemi gibi düşünebilirsiniz. Zira kanda toksin benzeri maddeler varsa karaciğerde arıtılır ve arındırılmış kan genel dolaşıma öyle verilir.

Bağırsaktan emilen besinlerin karaciğerde arıtıldıktan sonra vücudun genel dolaşımına katıldığı bilgisini paylaştıktan sonra, sizi çocukluğunuza götürecek ilginç bir anıdan bahsedelim o zaman. Baştan söyleyelim, bu anıyı hatırlamak birçoğunuzun hiç hoşuna gitmeyecektir. Aslında bebek ve çocuklarda sık kullanılan bir yöntemden bahsedeceğiz. Bebeğin ateşi çok yükseldiğinde veya benzer bir problem yaşadığında, bebeği iyileştirmek için fitil kullanıldığını görmüşsünüzdür. Sonuçta fitil kullanımı dediğimiz tedavi uygulaması çeşitli durumlarda şahit olduğumuz bir yöntem olduğundan, bu durumu pek yadırgamayız ama soruyorum size, hiç düşündünüz mü neden böyle bir şey yapılır? Zira birçok ilaç ağızdan kullanılırken bu

ilaç neden böyle bir kullanım yöntemine sahiptir? Aslına bakarsanız burada da kalın bağırsağın sahip olduğu ilginç bir anatomik özellik karşımıza çıkmaktadır. Kalın bağırsağın en son kısımlarında emilim söz konusu olmadığından, buranın etrafında pek bir damarlanma göremezsiniz. Ama bağırsağın vücut dışına açıldığı nokta olan anüste, son birkaç santimetrelik alanda birtakım damarlar bulunmaktadır. Bu damarların, bağırsağın önceki kısımlarında yer alan damarlardan önemli bir farkı vardır. Bu damarlar, karaciğere uğramadan doğrudan ana dolaşıma katılan bir yapıdadırlar. Bunu bir güvenlik zafiyeti gibi düşünebilirsiniz ama vücudumuzun bakış açısından, anüse bu kadar yakın bir kısımda kalın bağırsağın emeceği bir şey kalmamıştır artık. O nedenle, herhangi bir emilim söz konusu olmayacağından, "buradaki damarlar karaciğere uğramasa da olur" gibi bir mantık söz konusudur. Ama siz bebeğe fitil verdiğinizde, kalın bağırsağın aklı iyice karışır. Normalde emilim yapılmayan bir yerde emilmesi gereken bir maddeye rastlamıştır. Kalın bağırsak, çöpte değerli bir eşya bulmuş gibi fitilden emilebilecek materyali alır ve hızla genel dolaşıma verir. İşte bu sayede, ağızdan alınan bir ilaçtan çok daha düşük seviyede içerik barındırmasına rağmen, fitiller çok daha hızlı ve güçlü etki gösterirler. Çünkü bu ilaç ağızdan verilseydi, sindirim sistemi boyunca gidecek, emildikten sonra bir de karaciğerden geçmek zorunda kalacaktı. Karaciğer de arıtma işlevini yaparken bu ilacın etkinliğini iyice azaltacaktı. Ama tek bir fitil sayesinde tüm bu süreç geçilip çok hızlı bir şekilde etkili hamleler yapılır. Oldukça uzun olan bağırsaklarımızdaki yolculuğumuzu biraz hızlı yapacağımızı söylemiştik. O nedenle birçok önemli sayılabilecek bilgiye değinmeden geçtik. Ama asla görmezden geçemeyeceğimiz bir yapı var. Zaten yıllardır göz ardı edilmiş, oldukça garip bir yapıdan bahsedeceğiz şimdi.

Bir garip yapı: Apendiks

Hayat çok acımasızdır ve kendinizi apendiks gibi hissetmenize neden olur bazen. Normalde oldukça önemli olmanıza rağmen, insanlar bir işe yaramadığınızı düşünür durur ya. İşte apendiksin kaderi de budur. Muhtemelen bu yapının adını duymayan yoktur. Bazıları ona apandis der. Günlük dilimizde hem apendiks hem de apandis kullanılmaktadır. Bu yapının orijinal ismine baktığımızda *vermiform appendix* olarak anıldığını görürsünüz. "Appendix" kısmının Türkçe söylenişinden kaynaklanan ufak bir fark söz konusudur sadece. Bu arada Latince bilmeyenler için "vermiform" kelimesinin ne anlama geldiğini hemen belirtelim. Vermiform kelimesi aslında "solucan şeklinde" demektir. Peki, bu yapıya neden böyle bir isim verilmiştir. Bunu öğrenmek için apendiksin gösterildiği herhangi bir anatomi kitabına bakmanız yeterlidir. İnce bağırsağın kalın bağırsağa bağlandığı yerde bulunan bu yapıya baktığınızda solucan gibi bir uzantı görürsünüz. İşte bu görünümünden dolayı apendikse bu isim takılmıştır ve inanın bana adını fazlasıyla hak etmektedir. Peki, vücudumuzda çok daha havalı yapılar varken, mesela *substantia nigra*, neden bu ufacık solucan görünümlü yapıyı hemen herkes bilir? Çünkü apandisit dediğimiz ve birçok kişinin korkulu rüyası olan bir durum söz konusudur. Normalde yaklaşık 5-10 santimetre uzunlundaki bu yapıda bazı durumlarda iltihaplanma gelişebilir. Bu iltihaplanma sonucu, kişide, karnın sağ alt tarafında ağrı, bulantı, iştahsızlık gibi durumlar görülür. Bu iltihaplanma ilerlediğinde halk arasında "apandisit patlaması" denilen durum gerçekleşir ve apendiks delinir. Bu durum birçok sıkıntıya neden olabilir. Peki, apendiks gerçekten de ne işe yarar?

Hiç de sürpriz olmayacak bir şekilde, uzun yıllar bilim insanları apendiksin aslında bir işe yaramadığını düşünmüşlerdir. Onlara göre bu yapı, bizim eski atalarımızdan bize kalan bir mirastır. Belki atalarımızda bir işe yarıyordu ama bu küçük

solucanın modern insan için bir önemi yoktu. Zaten bilim tarihine baktığınızda, anlayamadığı meseleleri açıklamakta zorlanan bilim insanlarının, topu evrimsel sürece atmaları çok geçerli bir taktik olmuştur hep. Söz konusu binlerce yıllık bir mevzu olduğunda meseleyi yorumlamak, nedense daha kolay bir hal almaktadır. Bu mantıkla bizde herhangi bir işe yaramayan bir parça tabii ki de atalarımızın aktif kullandığı bir yapı olabilirdi. Söz konusu binlerce yıl olunca neden olmasın ki zaten. Günümüzde bile olayın hâlâ böyle olduğunu düşünen insanlar olsa da aslında apendiks düşünüldüğü gibi işe yaramayan bir yapı değildir. Apendiksin hem fetüste hem de yetişkin bireyde önemli rolleri bulunmaktadır. Anne karnındaki gelişimin 11. haftasında insan fetüsünde apendiks bölgesinde bazı endokrin hücrelerin bulunduğu saptanmıştır. Bu hücrelerin ürettiği hormonların, vücudun iç düzenindeki dengeyi sağlamada önemli rol oynadığı gösterilmiştir. Ayrıca bu yapının lenf sistemiyle iyi bir iletişim içinde olduğunu gösteren çalışmalar da bulunmaktadır. Bazı beyaz kan hücrelerinin bu bölgede olgunlaştığı düşünülmektedir. Özetle, apendiks bağışıklık sistemiyle oldukça yakın bir ilişki içerisindedir.

Duke Üniversitesinden William Parker ve arkadaşları apendiks ile ilgili oldukça ilginç bir bilgiyi ortaya çıkarmışlardır (Randal Bollinger R, 2007). Bu ekibe göre apendiksin bir önemi de bağırsaklarımızdaki "yararlı bakteriler" için sığınılacak bir bölge olmasıdır. Örneğin, ishalde olduğu gibi, bağırsaklarımızla ilgili bir sıkıntı olduğunda, yararlı bakterilerin tehlike geçene kadar bu bölgeye sığındıkları gösterilmiştir. Aynı ekip ayrıca ilginç bir istatistik bilgisini de bizimle paylaşmaktadır. Gelişmiş ülkelerde insanların yaklaşık %6'sında apandisit dediğimiz durum görülmesine rağmen, fakir ülkelerde bu durumun görülme riski daha azdır. Yani söz konusu bilim olduğunda, bazen fakir olmak bile avantaja dönüşebilmektedir. Hatta bu avantajlardan en ilgincini, bir sonraki "Hijyenik Almanlar" adlı kısımda daha detaylı göreceğiz.

Mezenter Bey diyeceksin...

2017 yılının başında, muhtemelen gazete, sosyal medya veya televizyonlarda görmüşsünüzdür. Her yerde çok ilginç bir başlık vardı:

İnsan vücudunda yeni bir organ keşfedildi.

İnsan vücudunun yıllardır her milimetrekaresini mikroskoplarla incelemiş bilim insanları nasıl oldu da böyle bir organı görmediler. Böyle bir şeyin olabilmesi mümkün müydü? Yoksa yine medyanın uydurduğu ya da abarttığı bir haberle mi karşı karşıyaydık?

Nasıl ki apendiksin gerçek işlevinin yeni yeni farkına varıyoruz, burada da benzer bir durum söz konusudur. Haberi görmeyenler için belirtelim, keşfedildiği söylenen organın adı "mezenter"dir. Bu kelimeyi daha önce duymamış birisi için bir heavy metal grubu ismi gibi dursa da sağlık bilimleri ile ilgilenen herhangi bir öğrencinin çok iyi bildiği sıradan bir isimdir mezenter. Aslında bilim insanlarının keşfettiği şey, zaten yıllardır farkında olduğumuz bu yapının aslında bir organ olduğu gerçeğidir. Mezenter kelimesinin Latincesine baktığımızda *mesenterium* kelimesindeki *mesos* kelimesi orta, *enteron* kelimesi ise bağırsak demektir. Kelimenin Latincesine baktığımızda "bağırsağın ortası" gibi bir anlam taşıdığını görmekteyiz. Derslerde öğrencilere, genellikle bağırsağı, karın duvarına bağlayan yapı olarak anlatılır.

Eğer insanın karın bölgesini açarsanız oldukça ilginç bir görüntüyle karşı karşıya kalırsınız. Karın bölgesinin görünümü biraz kadın çantasını andırır. Zira içi tıka basa doludur ve çok garip nesnelerin bir araya geldiği ilginç bir düzen söz konusudur. Karın bölgesindeki bu karışık görünüm nedeniyle mezenter parça parça gözükür ve bir nevi bağırsak askısı gibi düşünülürdü. Lakin 2012 yılında mezenterin düşünüldüğü gibi parça parça olmadığı, aksine tek bir parçadan oluştuğu İrlandalı bilim insanı J. Calvin Coffey tarafından keşfedilmişti. Coffey ve ekibi, 2016 yılının Kasım ayında yayınladıkları çalışma ile mezenterin organ statüsüne geçmesini sağlamışlardır (Coffey, 2016). Ekip, önümüzdeki çalışmalarda bu organın tam olarak işlevini çözmeyi planladıklarını belirtmişlerdir. Aslında mezenterin bulunduğu bölgeye baktığımızda, ileride oldukça ilginç sonuçlar ile karşı karşıya kalabiliriz. Zira kalın bağırsaktaki mikrobiyotayı düşününce çok ilginç ilişkilerin ortaya çıkabilme ihtimali hiç de az değildir.

Ağızın içinde başlayan yolculuğumuzda nihayet bağırsaklara gelmiş bulunuyoruz. Sizler bu yolculuğu tam olarak ne kadar zaman içerisinde okudunuz bilmiyorum ama normalde bu yolculuk aşağı yukarı bir günde tamamlanmaktadır. Yani yediğiniz iskenderin ağzınızdan girip vücudunuzdan dışarı çıkması ortalama bir gün sürse de bazen daha hızlı gerçekleşir bazen de üç gün gibi uzun bir döneme yayılabilir.

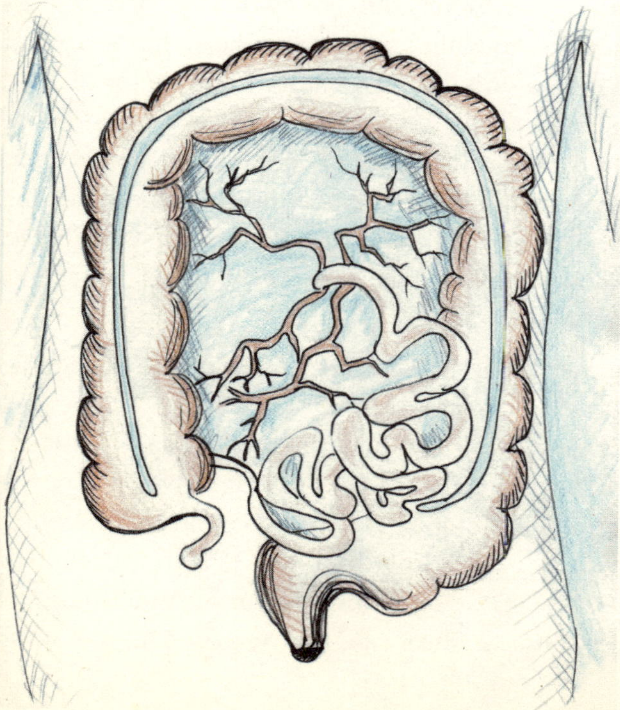

Bölüm 5

İkinci Beyin Bağırsak

Bazen kendini, Şahin marka arabanın arka camına yazılmış
Dante'den bir dörtlük gibi hissedersin.
Ya hissettiğin yanlıştır ya da olduğun yer.

Muhtemelen bir yerlerde görmüş ya da duymuşsunuzdur. Sosyal medyada, bir köşe yazarının yazısında ya da bir kadın programının herhangi bir yerinde karşınıza çıkmıştır. "Bilim insanlarını şok eden gelişme. Meğerse bağırsaklarımız ikinci beynimizmiş" gibi açıklamalar giderek daha sık duyacağımız ifadeler olacak gibi duruyor. Aslında açık konuşmak gerekirse, bağırsaklar şu an için kesinlikle altın çağını yaşıyorlar. Yani, eğer organlarla ilgili bir ödül töreni olsaydı, bu yıl kırmızı halıda ikinci beyin olarak anılan bağırsakların, beynin bizzat kendisinden daha çok ilgi göreceği kesindir. Hatta fotoğraf çekimlerinde yanına mezenteri de aldı mı çok sağlam bir malzeme çıkacağından şüphemiz yok. Çünkü bu yıl birçok dalda ödülü hak etmiştir ve bunun için de akademiye minnet borçludur.

Benim açımdan ise ne zaman ikinci beyin lafını duysam aklıma hep "Krang" gelir. Krang kim mi? Şöyle söyleyelim. Krang benim yaşımdaki birçok insanın çocukken hastası olduğu bir çizgi filmin kötü karakteridir. O kadar çok severdik ki bu çizgi filmi, daha Rönesans'ın ne olduğunu bilmeden Rönesans'ın en ünlü ustalarının ismini hafızalarımıza kazımıştı bu çizgi film. Niye bilmiyorum ama benim favorim açık ara Michelangelo idi. Bahsettiğim çizgi film olan *Ninja Kaplumbağalar,* nasıl bir hayal gücü ile yazıldığını şu an bile anlayamayacağınız karışıklıkta bir senaryoya sahip ilginç bir yapımdı. Karate yapmayı bilen bir farenin, kaplumbağa gibi oldukça naif hayvanları ninjaya dönüştürdüğü bir maceradan bahsediyorum. Kanalizasyonda

yaşayan ve pizza hastası dört adet kaplumbağa! İşte böyle bir dünyanın kötü kalpli karakterlerinden biridir Krang. Aslına bakarsanız kendisi tam anlamıyla bir beyindir ama kendisi için yaptığı vücutta, vücudun kontrol odasını karın bölgesine yerleştirerek günümüze bilmeden de olsa müthiş bir selam çakmıştır. Her çocuk gibi, kötü karakterlerden hazzetmeyen birisi olarak, Krang'e karşı ufaktan da olsa hep bir saygı ve sempati duymuşumdur. Belki de beyne olan ilgimin temelleri o ilginç dönemde atılmış olabilir.

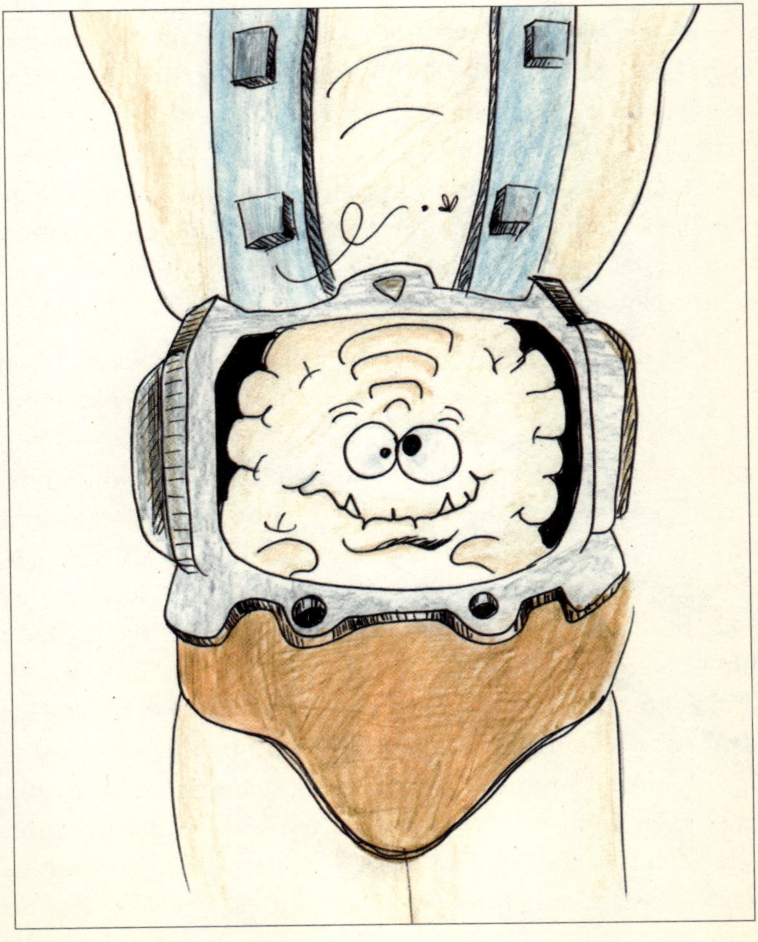

Tekrar konumuza dönecek olursak, neden bağırsaklar için ikinci beyin gibi bir benzetme kullanılmıştır? Aslına bakarsanız bunun temel nedeni, bağırsak ve tüm sindirim sistemimizde çok fazla sayıda sinir hücresi bulunmasından kaynaklanır. Peki, o zaman şu soruyu soralım; sindirim sisteminde niye bu kadar fazla sinir hücresi var? Cevap çok basit, çünkü sindirim sistemi sizin kontrolünüze bırakılmayacak kadar önemli bir sistemdir. Düşünsenize, şu an midenizde duran yarı parçalanmış pizza dilimini sindirme işleminden bizzat sorumlu olduğunuzu... Sonrasında parçalanmış besinleri uzun bir bağırsak boyunca ilerletmeniz gerektiğini... İnsanlardaki erteleme alışkanlığını düşündüğümüzde, böyle bir durumun oldukça ilginç sorunları karşımıza çıkaracağına hiç şüphe yok. Ama ne şanslıyız ki beynimizde bunu bizim için yapacak, tabiri caizse bir "otomatik pilot" bulunmaktadır. Sindirim sisteminin temel yapısını algılayabilmek için, öncelikle sinir sisteminin mantığını algılamak lazım. Bu nedenle, tekrardan bağırsağa döneceğimize söz vererek merkezi sinir sistemimize kısaca göz atalım.

Merkezi sinir sistemi; beyin, beyincik ve omurilikten oluşan bir sistemdir. Tüm temel karar alma ve değerlendirmeler burada yapılır ve vücuda iletilir. Adı üstünde, burası sinir sisteminin merkezidir. Söz konusu merkezi sinir sistemi olduğunda, bilmeniz gereken çok önemli bir bilgi vardır. Beyninizde aslında iki patron oturmaktadır. İlk patron bu kitaba para verip alan, okuyan ve değerlendiren kişi, yani sizsiniz. Diğer patron ise siz bu kitabı rahat bir şekilde okurken, vücudunuzun içinde idare edilmesi gereken onlarca işi sessizce yöneten kişidir. Yani şöyle anlatalım. Diyelim ki karşınızda sizi heyecanlandıracak bir insan var ve onunla tokalaşmak istiyorsunuz. Elinizi o kişiye doğru hareket ettirmeniz istemli bir davranıştır ve ilk patron olarak sizin kontrolünüzdedir. Ama o kişi ile tokalaşma sürecinde gerçekleşen kalbinizin hızının artması, ellerinizin hafifçe titremesi, avuç içinizin terlemesi gibi birçok fizyolojik durum sizin kontrolünüzden bağımsız gerçekleşir. Merkezi sinir sisteminde isteğinizden bağımsız bir şekilde vücudunuzdaki olayların çok büyük bir kısmını düzenleyen sisteme otonom sinir sistemi denmektedir. Yani aynı beyni paylaştığınız diğer patron. Şimdi bu patron ile tanışmanız çok önemli. Çünkü otonom sinir sistemi dediğimiz bu patron oldukça mütevazıdır ve sadece işinde gücündedir. O kadar işinde gücündedir ki sıklıkla size kullandığınız beynin bir ortağı olduğunu unutturur.

Çoğu zaman tek patron olduğunuzu sandığınız davranışlarda bulunursunuz. Açıkçası otonom sinir sistemi sizin tek patron gibi davranmanıza çok da takılmaz. Çünkü kullandığınız beyne ait hisselerin çoğunluğu ondadır. O nedenle gelin hep beraber, beyninizin mütevazı ortağı olan otonom sinir sistemini biraz tanıyalım. Öncelikle kendisinin adını ezberleyelim. Uzun adı otonom sinir sistemi olsa da biz ona kısaca OSS (**O**tonom **S**inir **S**istemi) diyelim. Şimdi bir şeyin başında oto (*auto*) varsa zaten "kendi kendine" demektir. Bu durumda OSS de kendi kendini idare eden sinir sistemi demektir aslında. Siz sürekli göz önünde olup tek patronmuş gibi takılırken, OSS arka planda sizin adınıza çok fazla olayın yönetilmesinden sorumludur ve siz fark etmeseniz de vücudunuz için hayati önem taşıyan birçok kararı OSS verir.

Mesela, gözbebeklerinizle ilgili bir örnekle durumu açıklamaya çalışalım. Akşam olmadan önce hava yavaş yavaş kararmaya başladığında, odanın içerisinde etrafı daha iyi görebilmek için perdeleri açarsınız. Böylece dışarıdan odanıza giren ışık miktarını artırırsınız. Ya da diyelim dışarıda çok fazla güneş var ve sizi rahatsız ediyor. Bu durumda da odaya gelen ışığı azaltmak için perdeleri kapatırsınız. Aslında gözümüzdeki mantık da aynıdır. Tek fark, gözümüzde perde yerine bunu yapan birtakım kasların olması. Loş ve karanlık bir ortamdasınız diyelim. OSS siz daha iyi görün diye gözbebeklerinizi genişletir. Bu sayede içeriği giren ışığı artırır. Ya da öğle güneşinin altında yürüdüğünüzü varsayın. Bu durumda da gözbebekleriniz daralır ve içeri giren ışığı azaltır. Bunu da gözbebeğinizin etrafında bulunan kaslar sayesinde yapar. Halka şeklinde olan bu kas, kasıldığı zaman gözbebeğiniz daralır, gevşeyince genişler. Burada asıl vurgulamak istediğimiz nokta, OSS tüm bu işleri sizden bağımsız bir şekilde yapmaktadır. Dilerseniz bir aynanın karşısına geçip, gözbebeklerinizi küçültüp büyütmeyi deneyin. Üzgünüm ama yapamazsınız. Düşünsenize ne acayip değil mi? Göz sizin, beyin sizin, gözbebeğinizdeki kaslar sizin... Ama ayna karşısında kol kaslarını şişirip böbürlenen insanların göz bebeğini bile daraltamayacak durumda olması aslında oldukça ironik bir durumu gözler önüne sermektedir. Ama biz gözler önünde olan bu gerçeği görmemekte çok ustayız.

Aslında bu konudaki örneklerimiz artırabiliriz. Mesela kalbiniz. Dakikada ortalama seksen kez atarak yaklaşık 5 litre kanı vücudunuzun damarlarına gönderen pompayı düşünün. Mesela şu an, kitabı okumaya biraz ara verin ve kalbinizi yaklaşık

on saniye falan durdurmayı deneyin. On saniyecik de olsa biraz dinlensin, yazıktır. Üzgünüm ama bunu da yapamazsınız. Patronun kim olduğu ile ilgili olarak sizinle son bir örnek paylaşıp bu tatsız kısmı bitirmek istiyorum. OSS mütevazı olduğu kadar kontrol manyağıdır aynı zamanda. Sürekli ama sürekli her şeyi kontrol eder ve eğer siz yolunda gitmeyen bir şey yaparsanız tüm kontrolü ele alarak size bile karşı çıkabilir. Aslında bununla ilgili en güzel örnek "kusma" eylemidir. Sonuçta ne yiyip ne yemeyeceğinize karar vermek sizin kontrolünüzdedir. Doğal olarak istediğinizi yiyebilirsiniz. Ama o yiyeceğin vücudunuzda kalıp kalmayacağına karar veren asıl patron OSS'dir. Diyelim ki OSS'nin onaylamayacağı bir şey yediniz ve yutup midenize gönderdiniz. Mide ve dolaşımda bulunan birtakım algılayıcılar sizin yaptığınız saçmalığı anında beyne iletir. Bunu fark eden OSS oldukça hızlı şekilde birkaç kası organize eder. Siz ne olduğunu anlamadan önce başınız dönmeye başlar. Hafif bir öğürme oluşur ve başınıza ne geleceğini bildiğiniz için midenizdekileri çıkarabilecek uygun bir yer bulmak dışında yapabileceğiniz hiçbir şey yoktur. OSS ve işbirliği yaptığı sinir ve kaslar midenizi öyle bir sıkıştırır ki neredeyse midenizin içindeki tüm içeriği ağzınıza geri gönderir. Söz konusu vücudunuzun çıkarları olduğunda, OSS'nin şakası ve tahammülü yoktur. Hatta OSS o kadar obsesiftir ki siz hiçbir şey yememiş olsanız da kusan birini gördüğünüzde ya da duyduğunuzda bile sizin kusmanızı sağlayabilir. Çünkü eğer yakınlarınızdaki biri kusuyorsa muhtemelen yediği bir şey dokunmuştur. O kişinin yakınlarında olduğunuza göre aynı şeyi yemiş olma ihtimaliniz olabilir. Bu kadarlık bir ihtimal bile OSS için yeterlidir. O nedenle, kusan birini gördüğümüzde ya da duyduğumuzda otomatikman midemiz bulanır. Çünkü kusmak eylemi bulaşıcı bir eylemdir. Sonuç olarak tüm bu örneklerin hepsi bize çok net bir şekilde göstermektedir ki; vücudunuzdaki tüm sistemler, beyninizin içinde sizinle beraber yaşayan ve yönetimde daha büyük bir hisseye sahip olan OSS'nin kontrolündedir. Peki, diyelim ki tüm bu anlattıklarımız sizi gıcık etti ve OSS'nin şirketteki payını alıp onu kovmak istediniz. Acaba böyle bir şansınız olabilir mi? Üzgünüm sevgili insan, OSS sizi kovar ama siz onu kovamazsınız!

Buraya kadar olan kısmı özetlersek, beyninizde iki kısım vardır. Biri sizin istediklerinizi yapan, diğeri ise siz isteyin ya da istemeyin sizin adınıza vücudunuzu idare eden yapı. OSS tüm hayati organları ve sistemleri çok ince bir şekilde kontrol etmekten sorumludur. Çünkü bu kontrol, sizin bilinçli kısmınıza emanet edilemeyecek kadar kıymetlidir. Aslına bakarsanız sindirim sisteminiz için de böyle bir çalışma mekanizması söz konusudur. Ama burada size bir kötü haberim daha var. Sindirim sisteminizi idare eden sinir sistemi de oldukça özel bir yapıya sahiptir. O kadar özeldir ki kendi ismi bile vardır. Kendisine "**E**nterik **S**inir **S**istemi" denir. Siz ona kısaca ESS diyebilirsiniz. Bilin bakalım ESS'nin arası kiminle çok iyidir. Evet, tam da tahmin ettiğiniz gibi ESS'nin arası OSS ile mükemmeldir. O nedenle merkeze işi düştüğünde, sizi çok rahatsız etmeyip sorunlarını OSS ile halleder. Şöyle anlatalım. Diyelim ki siz, kendi özgür iradenizle kutunun içinde durmakta olan bir tulumba tatlısını ağzınıza attınız. Lokmanızı yuttuktan sonra artık bir şeye karışmanız gerekmez. Lokmanız bu arada mideye iner. Mideniz çeşitli asitleri salgılar. Daha sonra birtakım hareketler yaparak besini parçalar. Daha sonra bu besin bağırsaklarınızda ilerleyerek parçalanmaya devam eder. İçerisindeki besin değeri bulunan yapılar bağırsaklar aracılığıyla emilerek kan dolaşımına katılır. Dolaşıma giren besinler kan aracılığıyla vücudun çeşitli organlarına giderek enerji metabolizmasını düzenler. Yani bilinçli kısım olan "siz"in tatlı ile olan süreniz 5-6 saniye sürmüşken geri kalan zamandaki tüm kontrol OSS ile ortak çalışan ESS'dedir. ESS'nin en yoğun olduğu bölge bağırsaklarımız olduğundan, bağırsaklara "İkinci Beyin" denmesi de kaçınılmaz olmuştur. Yani en özet haliyle konuşacak olursak; birinci beyin dediğimiz beyin, SİZ ve OSS'nin ortak yönettiği bir beyindir. Bağırsaklarınızın etrafındaki ESS, yani bağırsaklarınız da ikinci beyindir. ESS birçok işini OSS'nin gözetimi altında kendi halletmektedir.

Umarım bu garip ve karışık ilişki kafanızı çok karıştırmamıştır. Zira durup dururken kendi vücudunuzda küçük payı olan ortak konumuna düştünüz. Ama emin olun durum bununla da kalmayacak. Şimdi biraz da beyin ve bağırsak arasındaki iletişimin nasıl gerçekleştiği konusunu ele alalım. Normalde beynimiz ve bağırsaklarımız arasındaki etkileşim iki yönlüdür. Biz sinirbilimciler bugüne kadar hep beynin bağırsak üzerine etkilerine yoğunlaşmıştık. Ama son dönem çalışmalar, bağırsakların beyin üzerine çok daha etkili olduğunu göstermektedir. Bağırsaklarımız ve merkezi sinir sistemimiz arasında birçok etkileşim yolları bulunmaktadır.

Hatırlayacak olursanız, bu yazının giriş bölümünde kısaca değindiğimiz gibi, merkezi sinir sistemi beyin ve omurilikten oluşur. Beyni biliyoruz zaten; bilinen evrenin en gizemli nesnesi. Peki ya omurilik? Hemen sırtınızda, omurganızın içerisinde bulunan omurilik de çok önemli bir yapıdır. Zira beynin vücudumuzla olan iletişimi, bu yapı aracılığıyla sağlanır. Yani omuriliği, beyne giden veya beyinden gelen birkaç şeritli bir yol gibi düşünebilirsiniz. Mesela omurilikte herhangi bir hasar olduğunda, felç dediğimiz durum ortaya çıkmaktadır. Felç dediğimiz durum aslında omuriliğin ne kadar önemli bir yapı olduğunu gözler önüne sermektedir. Örneğin, beyninizde sağ kolunuzu hareket ettiren merkez sağlamdır. Sağ elinize ait tüm kaslar da sağlamdır. Ama omurilikte sağ elinize gidecek uyarıları taşıyan sinir liflerinde bir sorun olduğunda elinizi hareket ettiremezsiniz. Yani merkez ile yaşanabilecek en ufak bir kopukluk tüm sistemin çökmesi için yeterlidir. Omurilik o yüzden merkezi sinir sisteminin çok önemli bir bileşenidir. Peki, şimdi durup dururken niye omurilikten bahsettik? Sonuçta merkezi sinir sisteminin bir parçası olduğundan, omurilikte çok fazla sinir hücresi bulunmaktadır. Sindirim sisteminin kendi sinir sistemi olan ESS'nin nöron sayısı omurilikten daha fazladır. Bu da ESS'nin ne kadar önemli bir sistem olduğunu bize göstermektedir.

ESS o kadar önemlidir ki beyin bu sistemle doğrudan iletişim halinde olan özel bir sinir yoluna sahiptir. Bu yola daha doğrusu sinire "vagus" denir. Şimdi olayı şöyle özetleyelim. Resimde de görüldüğü üzere beyinden vücuda giden ya da vücuttan beyine gelen sinirler omurilik aracılığıyla vücuda dağıtılmaktadır.

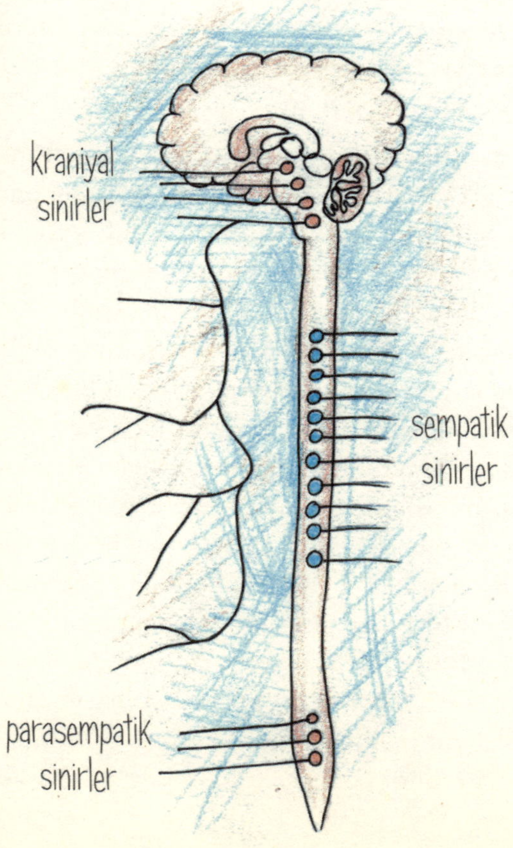

Omuriliği, birçok kabloyu içerisinde barındıran bir boru gibi düşünebilirsiniz. Bu boru içerisinde binlerce sinir kablosu gideceği noktaya ulaşmaktadır. Fakat bazı sinir kabloları vardır, bunlar vücuda giderken omuriliği kullanmaz, doğrudan hedef organa giderler. Bu sinirlere "kraniyal sinirler" denir. Bu sinirlerin sayısı sadece on ikidir. Yani doğrudan beyinle iletişim kuran on iki çok özel yoldan bahsediyoruz. Beyin ile hedef organ arasında doğrudan bağlantıda olan bu sinir yolları daha çok göz, burun, kulak gibi yapıların işlevlerinde önemli rol oynamaktadır.

Bu sinirlerin hem özel isimleri hem de numaraları vardır. İşte bu on iki sinir yolundan on numara olanın adı vagustur. Ne güzel bir isim. Türkçe karşılığı başıboş, gezgin gibi anlamlara gelmektedir. Peki, bir sinire neden böyle bir isim konulur? Çünkü diğer kraniyal sinirler doğrudan hedef organa gidip gelirken, vagus, başta sindirim sistemi olmak üzere birçok organla önemli bağlantılar halindedir. Beynin sindirim sistemi ve bağırsaklarla olan etkileşiminde önemli bir rol oynar. Vagusu beyne giden bir otoban gibi düşünebilirsiniz. Beyne giderken birçok organa da yan yol veren bir otoban. ESS ve beyin arasında yaklaşık 100 milyondan fazla nöronu birbirine bağlar. Vagus siniri bağırsaklara gittiği gibi akciğerlere, kalbe, hatta ses tellerine bile gider. O nedenle stresli olduğunuzda sesiniz çatallaşır, kalp atışınız hızlanır, nefesinizin hafif daraldığını hissedersiniz ve sanki bağırsaklarınızda bir şeyler düğümlenmektedir. Vagus siniri hem OSS hem de ESS'nin ortak kullandığı önemli bir bağlantı yoludur. Örneğin bir araştırmaya göre vagusun bloke edilmesi kilo kaybına neden olurken, uyarılması farelerde aşırı yeme davranışına neden olmaktadır. Bunun anlamı şudur. Bağırsaklarımız vagus aracılığıyla beyne sinyaller göndererek yemek yeme düzenimizde söz sahibidirler. Yemeğin eninde sonunda gideceği yeri düşündüğünüzde, bu konuda çok da haksız sayılmazlar.

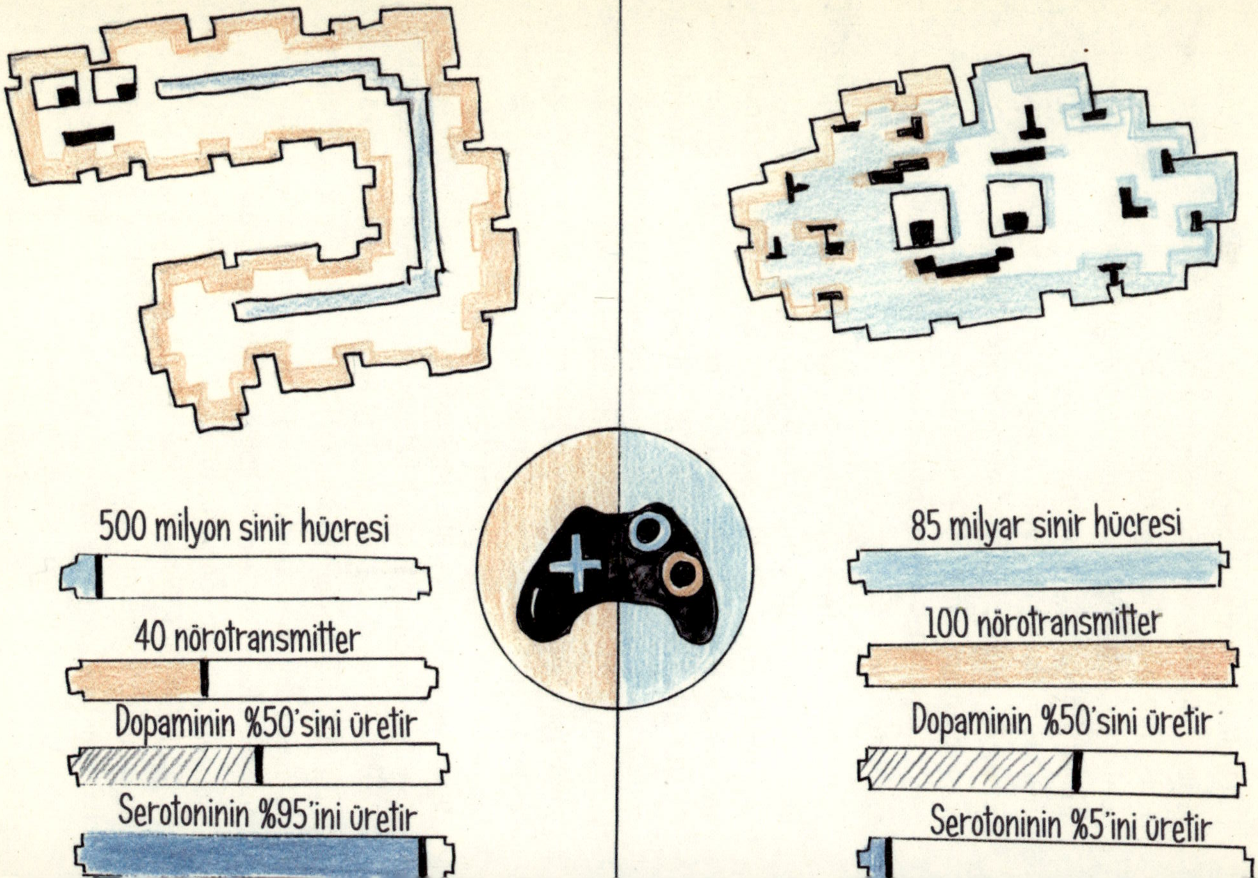
500 milyon sinir hücresi
40 nörotransmitter
Dopaminin %50'sini üretir
Serotoninin %95'ini üretir
85 milyar sinir hücresi
100 nörotransmitter
Dopaminin %50'sini üretir
Serotoninin %5'ini üretir

Bu arada sadece vagus ve diğer sinir yolarından bahsetmemiz kafanızı karıştırmasın. Zira bağırsak ve beyin arasındaki etkileşim sadece sinir yolları ile olacak diye bir şey yoktur. Bağırsaktan salgılanan birçok hormon kan dolaşımı aracılığıyla beyne gider ve buradaki hedeflerine bağlanarak etkileşim gösterir. Örneğin yemek yediğiniz zaman, besin midenize ulaştığında bazı bağırsak hormonları salınır. Bağırsaktan çıkan bu hormonlar, beyin sapı ve hipotalamusa giderek yiyecek tüketiminizi durdururlar. Yani bu hormonlar beyninize gider ve der ki "yeter artık, yemeyi durdur" Peptid YY ve kolesistokinin iştah baskılayıcı hormonlardan en popülerleri olarak karşımıza çıkmaktadır.

Tüm bu bilgiler bağırsaklara neden ikinci beyin dendiğini bize göstermektedir. Aşağıdaki resimde beyin ve bağırsak karşılaştırmasının güzel bir özeti bulunmaktadır. Şu ana kadar okuduklarınız daha çok her iki sistemin yapısal etkileşimini karşılaştıran bilgilerdir ve uzun dönemdir bilim insanları tarafından bilinmektedir. Ama bu kitabın en önemli sanatçısı olan "mikrobiyota" henüz sahne almamıştır ve nihayet final sahnesi için birazdan karşınıza çıkacaktır. Bağırsak ve beyin arasında doğrudan etkileşim halinde olan hem sinirsel hem de hormanal birçok etkileşim yolu bulunmaktadır. Yani, bağırsakta olan bir şey beyni doğrudan etkileyecek demektir. Madem bağırsakta olanlar bu kadar önemli, o zaman bağırsakta yaşayanlar da bizim için bir anda çok önemli hale gelmektedir.

Bir sonraki bölümde göreceğimiz gibi, bağırsaklarınızda yaşayan bu minik canlılar, ödül merkezinizde doğrudan etkili olan kimyasalları salgılayabilmektedir. Ayrıca arzularınızı ve yemek yeme davranışlarınızı çok rahat etki altına alabilmektedirler. Diyelim ki onların hoşuna gitmeyen bir diyet yapmaya başladınız. Hemen vagus aracılığıyla beyninize sinyaller göndererek bırakmaya çalıştığınız yemekleri size yeniden yedirtirler. Özetle, bağırsağınız birçok noktada beyniniz üzerinde oldukça kuvvetli bir kontrole sahiptir. Çünkü yukarıda da defalarca özetlediğimiz gibi beyne doğrudan bağlanan özel yollara sahiptir. Burada gözden kaçan ufak bir ayrıntıya da değinerek bir sonraki bölüme geçelim. Bağırsaktan gelen uyarılar OSS ile beraber çalıştığından, daha çok limbik sistemi etkileyen iletişimler söz konusudur. Yani bağırsaklarınız, beyniniz için oldukça derin olan yapılar ile ilişki içerisindedirler. Zaten bu yüzden bağırsakların beyin üzerine etkisi çok büyüktür. Çünkü limbik sistem demek, duygularınız demektir. Sizi duygusal anlamda etkileyebilen insanların üzerinizde nasıl kuvvetli etkileri olduğunu hatırlayın lütfen. Bağırsaklarınız, dolayısıyla da burada yaşayan bu minik canlılar, sizinle limbik sistem aracılığıyla iletişim kurduklarından, onlara duygusal anlamda bağlısınız. Mesele bu kadar basit aslında.

Bölüm 6

Eyvah Vücudumda Mikrop Var

Bir kimse acı duyabiliyorsa canlıdır;
lakin o kimse başkasının acısını da duyabiliyorsa insandır!

Rus atasözü

Hiç kimsenin izlemediğini bile bile bazı şeyleri yapmak zorunda kalmak ne acı diye düşündü adam. Karşısında omuzlarına az önce yerleştirdiği sarı bir yelek ile duran kadına baktı. Yelek otomatik olarak şişmezse borulara nasıl üflenerek şişireceğini anlatıyordu. Muhtemelen otuzlu yaşlarında olan kadın, bu işi o kadar çok yapmıştı ki gülümseyen dudaklarının üzerindeki acı çeken gözlerine yakından bakarsaniz, bıkkınlık kelimesinin her harfini rahatça okuyabilirdiniz. Tabii ki de kadını kimse dinlemiyordu. Sadece uçağa ilk kez binen birkaç yolcu, başlarına nelerin gelme ihtimali olduğunu pür dikkat dinliyordu. Bir de hostesi güzel bulup, kadını süzen adamlar vardı. Yani birkaç kişi dışında kimsenin umurunda değildi kadının uyarıları. İşin ilginç tarafı, kadının da umurunda değildi. Adam yüzlerce kez izlediği bu ritüeli bırakıp gözlerini uçağın diğer taraflarına doğru kaydırdı. İzlenildiğinin farkında olmayan insanları izlemek, adamın çok sevdiği şeylerden biriydi. Günümüzde bu tarz anları yakalamak dünyanın en zor işiydi. Zira o kadar çok göz önündeydik ki artık, her saniye etrafta bir kamera varmışçasına hareket ediyordu insanlar. Ama uçağın kalkmadan önceki gerekli duyuruların yapıldığı o an, ilginç bir şekilde birçok insanın içindeki gerçek kimliği ortaya çıkaran garip bir andı. O nedenle adam da bu en sevdiği anın tadını çıkarıyordu. Gözü ilk olarak sol çaprazında oturan ve muhtemelen elli-altmış yaşlarında birine takıldı. Telefonunun koca ekranına gözlüklerinin üzerinden bakan adamın dudaklarında, garip bir haz aldığını gösteren bir gülümseme vardı. Koca ve yaşlı parmakları ekrana "aşkım" yazmaya çalışıyordu. Bu yaşta bir adamdan böyle bir kelimeyi muhtemelen telefon ekranı da beklemediğinden, adam ancak iki-üç denemede tamamlayabildi kısacık cümlesini. Zor bela yazdığı kısacık aşk dolu cümleye o kadar hızlı ve uzun bir cevap geldi ki muhtemelen bu yaşlı adamın karşısında henüz 20'li yaşlarında ve ne olduğunun farkında bile olmayan genç bir kız vardı. Bir an yaşlı adama karşı derin bir öfke yükseldi içinde. Kendisini bu öfke hissinden çıkaran yanında oturan kadının dirseği oldu. Adamın yanında günümüz instagram annelerinden biri oturuyordu. Oldukça genç ve güzel olan kadın, bir yandan kontrol etmekte zorlandığı dört yaşındaki oğlu ile uğraşırken diğer taraftan yanındakinden özür dilemeye çalışıyordu. O yaştaki birçok çocuk gibi bu çocuk da tam anlamıyla bir bilinmeyendi. Her an ağlayabilir, bağırabilir ve fenomen adayı genç annesini derin bir utanca sürükleyebilirdi. Anne, önündeki masayı açıp elleriyle silip süpüren çocuğunu sert bir dille uyarıyordu. "Oğlum dokunma lütfen şu masaya. Bak buralar çok pis" Bir yandan konuşup bir yandan da çantasının asla vazgeçilmezi olan kolonyalı mendille oğlunun ellerini sildi. "Adacığım rahat durur musun oğlum... Lütfen elini ağzına götürme" gibi cümleler Ada'nın umurunda bile değildi. Zira kendisi ısrarla uçağın en pis olabilecek yerlerinde gezdirdiği ellerini sürekli ağzına götürüyordu. Annesinin kriz dolu bakışları altında parmakları ile gözlerini ovuşturduğunda annesi ikinci bir kolonyalı mendil için çoktan çantasına girişmişti. Kadının çocuğunu mikroplara karşı koruma çabası bir anda adamı çocukluk yıllarına götürdü. Karanlık, soğuk ve her türlü pisliğin olduğu sokaklarda geçen çocukluğu geldi gözlerinin önüne. İşte o günlerde insan denen yaratıktan nefret etmeye başlamıştı. Hemen yan koltuğunda oturan Ada'nın silinen parmaklarına baktı. Sonra gözleri istemeden kendi parmaklarına gitti. Ada'nın yaşındayken eline bulaşan çamur, ne yaparsa yapsın otuz beş yıldır gitmemişti. Ve gitmeyeceğini çok iyi biliyordu. Ama kendisi bu kadar güçlü yapanın da o çamur olduğunun farkındaydı. Çocuğunun derisinin üzerinde tek bir mikrop bırakmamaya kendini adamış olan bu anneye çamurun gücünü anlatabilseydim diye geçirdi aklından. Keşke...

(...devam edecek)

Buraya kadar olan bölümde, yediklerimizin beynimiz üzerine olan etkilerini inceledik. Bunu yaparken temel aldığımız eksen, yediklerimizin besin özellikleri ve değerleriydi. Mesela büyük bir zevkle ısırdığınız çikolatalı kek ile tabağınızda başka bir yiyecek olmadığı için dişlerinizin arasına isteksizce bıraktığınız haşlanmış brokolinin beyinde aynı etkiyi göstermediğini öğrendik. Ama şimdi kitabın başından beri adı geçen ama bir türlü başlayamadığımız bölüme nihayet geldik. Henüz çok popüler olmasa da önümüzdeki birkaç yıla damgasını vuracak çok ama çok önemli bir konu; "mikrobiyota". Peki, tam olarak nedir bu mikrobiyota? Her ne kadar siz göremeseniz de vücudunuzda bir sürü mikroorganizma yaşamaktadır. Halk arasında bu küçük canlılara "mikrop" da denir. Mikrobiyota ise bir arada yaşayan bu bakteri, mantar ve çeşitli mikroorganizmaların hepsini birden ifade eden genel bir terimdir. Yani tam anlamıyla söylemek gerekirse bildiğiniz mikrop yuvası işte. Peki, bu mikrop yuvaları ile insan arasındaki temel ilişki nedir?

Vücudunuzdaki bu mikrop yuvalarına çeşitli bölgelerde rastlayabilirsiniz. Örneğin, aynaya yaklaşıp derinize yakından baktığınızda, oldukça düzgün bir cilt görseniz de aslında derinizin üzerinde binlerce mikroorganizma bulunmaktadır. Eğer çok yüksek çözünürlüklü gözleriniz olsaydı ve ağzınızın içine bir göz atsaydınız, uzun bir süre kendinize gelemezdiniz muhtemelen. Birbirinden ilginç minik minik canlıların ağzınızın içinde oradan oraya takıldıklarını görürdünüz. Burada önemli olan ve öğrenmemiz gereken mevzulardan biri de şudur. Her bölgenin kendine özgü bir mikrobiyotası vardır. Yani deride yaşayan bakterilerle ağzınızın içerisinde yer alan bakteri sayısı ve çeşidi aynı değildir. Bu minik canlılar vücudunuzda kendileri için en faydalı bölgeleri bulur ve o bölgeye yerleşirler. Aslında kitabın bu bölümüne kadar olan kısmında çeşitli mikroorganizmalarla tanışmış olduk zaten. Ağız mikrobiyotasında yaşayan hangi bakterilerin diş çürüklerine neden olduğundan tutun da

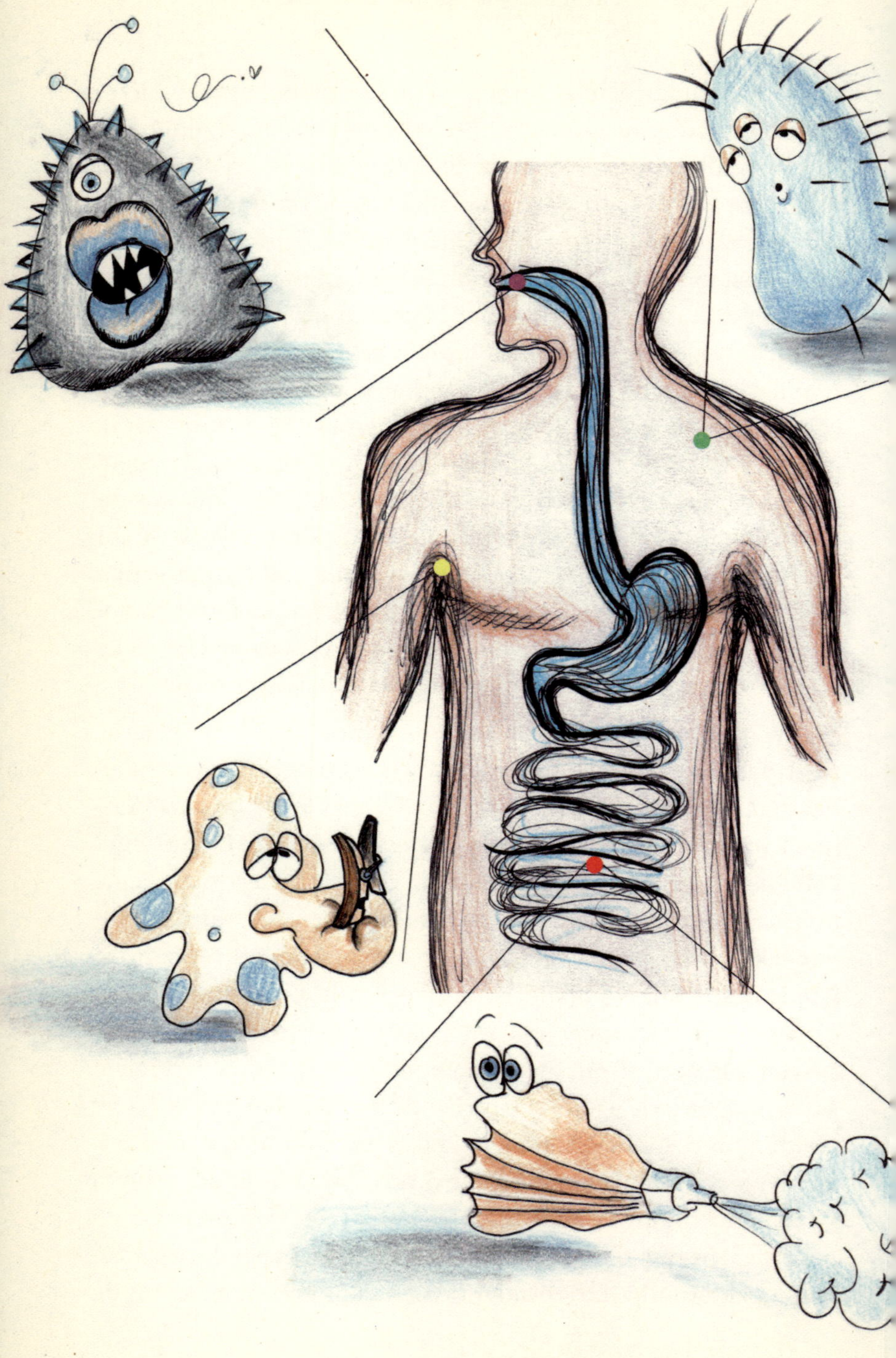

midede yaşayan bir grup bakterinin nasıl ülser yaptığına kadar çeşitli konulara değinmiştik. Ama kitabın bundan sonraki kısmında, bağırsaklardaki mikrop meselesini iyice ele alıp, vücudumuza olan etkilerini inceleyeceğiz.

Öncelikle bir konuda anlaşalım. Zira ne zaman bir yerde mikrop kelimesi geçse, insanların aklına oldukça çirkin ve bir o kadar da zararlı canlılar gelmektedir. Sanki bu canlıların tek derdi "ne yapsam da insana zarar versem" imiş gibi bir algı söz konusudur. Bundan sonraki kısımda defalarca vurgulayacağız ama en baştan söyleyelim. Tüm mikroplar kötü değildir. Aksine bu minik canlıların büyük bir kısmının bize çok önemli faydaları bulunmaktadır. Ama her faydalı şey gibi bu iyi mikroorganizmaların da kıymeti insanlar tarafından pek bilinmez. İnsana göre bu minik canlıların hepsi düşmandır ve görüldüğü yerde öldürülmelidir. Peki, insanlar neden bu konuda bu kadar önyargılılar? Aslında her şey mikroskopun keşfiyle başladı. Bu enteresan alet sayesinde birtakım küçük canlıların dünyasına çok daha yakından bakma şansı bulduk. Gördüklerimiz de haklı olarak biz insanları epey bir şaşırttı. Bu konuda şaşıranlardan biri de Alman bilim insanı Antonie Van Leeuwenhoek'tur. Kendi yaptığı mikroskopla etrafındaki objeleri incelemeye oldukça meraklı olan Leeuwenhoek, kumaşların üzerinde birtakım minik canlıların olduğunu gözlemlemişti. Günümüzde mikrobiyoloji biliminin kurucusu olarak anılan Leeuwenhoek, 1683 yılında, ağzının içinden aldığı sürüntünün içerisinde bir sürü bakteriyi gördüğünde, insanlık için çok değişik bir maceranın başlamasına neden olacaktı. Faydalı mikroorganizmalar genel anlamda işlerini çok güzel yaptıkları için fark edilmeleri ancak eksikliklerinde olmuştur. Ama kötü bakteriler her defasında sorun çıkardıkları için bilim insanlarının gözüne ilk onlar takılmıştır. Bu da neredeyse tüm mikroorganizmalara kötü gözle bakılmasına neden olmuştur. Mikrop kelimesi zamanla o kadar kötülük sembolü bir kelime olmuştur ki etrafımızda sevmediğimiz ve bize zararı olan insanlara bile bu ismi takmışızdır. Mikroskobun keşfiyle insanoğlunun bu minik canlılara açtığı savaş başlamış ve günümüzde de hâlâ devam etmektedir. İnsanoğlunun bu savaştaki en büyük gücü antibiyotikler ve temizlik malzemeleridir. Bugüne kadar da bunları oldukça etkin kullanmışlardır. Ama yakın dönemde oldukça net fark ettiğimiz üzere, gerek aşırı temizlik gerekse de yanlış antibiyotik kullanımı çok önemli sorunların ortaya çıkmasına neden olacaktır. Aslında insanlık tarihinde bu konuyla ilgili en güzel örnek, Almanya'da yakın sayabileceğimiz bir zamanda yaşanmıştır. Literatürdeki adıyla "hijyen hipotezi" olarak bilinen bu olay mikroplara çok daha farklı bir açıdan bakmamıza vesile olmuştur. Peki, tam olarak nedir bu hijyen hipotezi?

Hijyenik Almanlar

Anne ve baba olmak dünyanın en zor işlerinden biridir. Zira tümüyle sizin bakımınıza muhtaç bir bebek söz konusudur ve artık tümüyle onunla ilgilenmek zorundasınızdır. Düzenli beslemesinden tutun da sağlığına kadar her ihtiyacı ile bizzat ilgilenmeniz gerekmektedir. Özellikle, bebekler hareketli hayata geçtikleri zaman sağlık kısmı daha da bir önem taşır. Birçok ebeveyn tertemiz çocuklarının, yine kendileri gibi temiz ve steril bir ortamda büyümesi için çok büyük çaba gösterir. Özellikle ailenin ekonomik gelir düzeyinin yüksek olması bu noktada çok daha titiz olunmasına neden olmaktadır. Eve bütün etkili deterjanlar alınır. Zira mikropların kökünü kurutmak gerekir. Reklam dünyasında konuyla ilgili tonlarca reklam görebilirsiniz. Her yeri ovalayan süper görünümlü anneler, kirden ve mikroptan eser bırakmayan harika temizlik malzemeleriyle bir günü daha kurtarmaktadırlar. Artık çocukları güvendedir, hiçbir mikrop çocuklarına yanaşamaz çünkü. Reklamlarda böyle bir hava oluşturulsa da bu durum gerçekten de böyle mi olmaktadır? Yani "bir ortam ne kadar steril olursa, o kadar iyi-

dir" anlamına mı gelmektedir? Bu tip reklamlar hâlâ televizyon kanallarında sıklıkla döndüğüne göre genel kanı buymuş gibi gözükmektedir. Oysa durum düşünüldüğünden epey bir farklıdır.

Tarih 1989 yılını gösterdiğinde, Londra'daki St. George's üniversitesinde halk sağlığı uzmanı olan David Stratchan ortaya oldukça ilginç bir fikir attı. Stratchan'a göre, kirliliğin azalması insanları alerjiye daha yatkın hale getiriyordu. Evet, yanlış okumadınız. "Kirliliğin azalması insanları alerjiye daha yatkın hale getiriyor" Günümüzde hijyen hipotezi olarak oldukça popüler olan bu fikrin babası her ne kadar Stratchan olsa da kendisinin "hijyen hipotezi" diye bir terim kullanmadığını özellikle belirtelim. Peki, Stratchan neden böyle bir şey söylemişti? İkinci Dünya Savaşının ardından endüstriyel olarak gelişen toplumlarda su temizliğine dikkat edilmesi, aşıların geliştirilmesi ve tıbbın ilerlemesi ile birçok hastalıkta gerileme meydana gelmiştir. Lakin alerjik hastalıklara baktığımızda, ortam koşulları iyileşmesine rağmen bu toplumlarda hastalık görülme sıklığı ilginç bir şekilde daha da artış göstermiştir. Bunun neden böyle olduğunu anlamak için Almanya'ya kısa bir ziyarette bulunmakta fayda var. İkinci Dünya Savaşı'nı kaybeden Almanya, savaşı kazanan müttefikler tarafından dört parçaya bölünmüştü. Bu bölgelerin yönetimlerini Fransa, Birleşik Krallık, Birleşik Devletler ve Rusya tarafından sağlanmaktaydı. İlerleyen yıllarla beraber benzer yönetim biçimlerine sahip olduklarından; Fransa, Birleşik Krallık ve Birleşik Devletler bölgelerini birleştirip Batı Almanya'yı kurdular. Rusya'nın elinde olan topraklar ise Doğu Almanya olarak kaldı. Tarihsel süreç içerisinde batı, ekonomik açıdan hızlı bir gelişim gösterirken, Rusya'nın kontrolündeki doğu bölgesi yaşam standartları açısından çok kötü durumdaydı. Zamanla bu fark o kadar bariz bir hale gelmişti ki insanlar daha kaliteli bir hayat sürmek ve iş bulabilmek için Doğu Almanya'dan Batı Almanya'ya kaçmaya başlamıştı. Çünkü Doğu Almanya'da gerek ekonomik gerekse de çevresel şartlar açısından durum oldukça içler acısıydı. Zamanla sınırdan kaçmalar o kadar çok arttı ki bu kaçışları önlemek için Batı ve Doğu Almanya arasına 1961 yılında bir duvar örülmesine karar verildi. Daha sonralarında "utanç duvarı" olarak da adlandırılacak olan Berlin Duvarı bu nedenle inşa edilmiştir. Bu duvar sayesinde sınırdan kaçışların çok büyük

bir oranda engellendiğini belirtelim. Yani, Berlin Duvarı istenen başarıya ulaşmıştır. Ama bu duvar sonucunda doğu ve batı arasındaki farklılık giderek daha da artmıştır. Bunu anlamak için tarih fotoğraflarından ilgili dönemdeki çocuklara bir göz atmanız yeterlidir. Batı Almanya'da temiz kıyafetli çocuklar oldukça temiz evlerde yaşayıp steril okullara giderken, Doğu Almanya'daki fakir çocuklar ise deyim yerindeyse tam anlamıyla çamurun içerisinde büyüyorlardı. Şimdi, "bağırsaklarımızda yaşayan mikroplardan bahsediyorduk niye durup dururken Almanya'nın tarihine girdik ki" diye soranlara hemen şunu belirtelim. Bizi ilgilendiren kısım, 1989 yılında bu utanç duvarının yıkılmasına karar verilmesi ve sonrasında Doğu ve Batı Almanya'nın tekrar birleşmesiyle başlıyor.

Münih'te bir çocuk hastanesinde alerji uzmanı olan Erika Von Muitis, Doğu ve Batı Almanya'nın birleşmesinin ardından, duvarın her iki tarafında farklı koşullarda büyüyen kişiler üzerinde birtakım araştırmalarda bulunmuştur. Bu çalışmalarının sonucunda da oldukça ilginç bir sonuca ulaşmıştır. Yüksek oranda çevre kirliliğine maruz kalan ve yaşam standartları çok daha düşük olan Doğu Almanya'da büyümüş çocuklarda astım ve diğer alerjik rahatsızlıkların görülme sıklığı, Batı Almanya'ya göre daha düşük bulunmuştur. Oysa Batı Almanya, ekonomi, çevre ve yaşam koşulları açısından doğuya göre çok daha iyi durumdaydı. Söz konusu çocuklar olduğunda, çok daha düzgün ve steril koşullara sahipti. Ama daha iyi ortamlarda yetiştirilen çocuklar oldukça ilginç bir şekilde ilerleyen yıllarda daha çok hasta olmuşlardı.

Bilenler bilir, "köy çocuğu" diye bir tabir vardır. Köy çocuğu denince gözümüzün önüne kırmızı yanaklı, üstü biraz kirli ve oldukça sağlıklı bir çocuk gelmektedir. Ama klasik, "şehir çocuğu" denince bunun tam tersi, soluk yüzlü, oldukça temiz görünümlü ve bir o kadar yılgın görüntüsü olan bir çocuktan bahsedebiliriz. Yapılan çalışmalar, Avrupa'nın birçok bölgesinde, köy ve çiftlik evlerinde büyüyen çocukların, şehirlerde büyüyen çocuklara göre belirgin hastalıklar açısından daha dayanıklı olduklarını göstermiştir. Strachan'a göre, ailenin büyüklüğü ile alerjik hastalık arasında da bir ilişki bulunmaktadır. İngiltere'de yaptığı çalışmada, 1958 yılında doğmuş olan 17 bin çocuğun yetişkinlikte geçirdiği hastalıkları inceleyerek ilginç bir sonuca ulaşmıştır. Buna göre, aynı evde yaşayan kişi ve çocuk sayısı ne kadar fazla ise o çocuklarda ileride görülecek astım ve alerji gibi rahatsızlıklar daha düşük sayıda görülüyordu. Bunun en önemli nedeni, evde yaşayan daha büyük çocukların gerek hamile kadına gerekse de yeni doğmuş çocuklara mikrop bulaştırmada oldukça belirgin bir rol üstlenmesiydi. Eskiden aile kavramı çok daha genişti. Şimdiki modern ailelerde olduğu gibi birey sayısı az değildi. Kalabalık evler demek, çeşitli mikroplar demekti. Mesela, kendi kültürümüze baktığımızda yemek seansları şimdiki gibi değildi. Günümüzde herkes yemeğini bilgisayar ekranı karşısında yiyor artık. Bir önceki kuşakta ise gözümüzün önüne bir masa gelmektedir. Masanın dört bir tarafında çekirdek ailemiz bulunur ve her bir ferdin tabağı önünde yer alır. Ama daha da önceye gidersek, ailelerde yemek yeme seanslarının ortada bulunan büyükçe bir kaptan yendiğini görürsünüz. İşte o günlerde, herkesin ağzındaki mikrobiyota ortadaki tencerenin içinde birleşir, daha sonra yemeği yiyen kişilere yayılırdı. Bulaşıcı mikroorganizmaları işin dışında tutarsak, mikrobiyota çeşitliliği açısından bu beslenme şekli oldukça işe yaramaktaydı. Stratchan'ın ve benzer araştırmacıların ulaştığı nihai sonuç şudur. Erken dönemde mikroplara maruz kalmak, çocuğu, ilerleyen yaşlarda astım ve alerji gibi konularda daha dayanıklı kılmaktadır. Son on beş yılda dünyadaki astım görülme oranlarına bakıldığında gelişmiş ülkeler olan İngiltere (%15,3), Avustralya (%14,7), Kanada (%14,1) ve Amerika'da (%10,9) oranların yüksek olduğunu görürsünüz. Neredeyse her 10 kişiden birinde astım görülmektedir. Diğer taraftan, daha az gelişmiş olan Meksika (%3,3), Endonezya (%1,1) gibi ülkelerde ise bu oran oldukça düşüktür. Yine doğu blok ülkeleri olan Çin (%2,1) ve Rusya'da da (%2,2) benzer bir durum söz konusudur.

Oklahoma Üniversitesinden Cecil Lewis ve ekibi üç farklı topluluğu analiz ederek yaşam biçimlerinin mikrobiyota ile olan ilişkilerini incelemişlerdir (Obregon-Tito, 2015). Amazon'daki Peruvian Bölgesinde yaşayan Matses Kabilesine ait yirmi beş kişi, And Dağlarında yer alan Tunapunco Köyünden otuz bir çiftçi ve Oklahoma'da yaşayan yirmi üç şehir sakini mikrobiyotaları açısından incelenmişlerdir. Bu sayede geleneksel avcı-toplayıcı bir topluluk, köyde yaşayıp tarım ürünleri tüketen bir topluluk ve şehirde yaşayan bir topluluk beslenme şekilleri ve mikrobiyota profilleri açısından karşılaştırılmıştır. Sonuçta şehirde yaşayan kişilerin mikrobiyotasında çeşitliliğin azaldığı ve sindirimde önemli fonksiyonu olan bazı bakterilere rastlanmadığı gösterilmiştir.

Tüm bu bilgiler bize şunu göstermektedir; söz konusu temizlik olduğunda, bakterileri kökünden yok etmek pek de iyi bir fikir değildir. Zira bakterilerin neredeyse %95'inin bize bir zararı bulunmamaktadır. Bazılarının çok ciddi faydaları bile bulunmaktadır. Aslında buradaki mantık oldukça basittir. Kitabın ilerleyen kısmında uzun uzun değineceğimiz gibi, bebek, anne karnındayken bağışıklık sistemi açısından bir nevi annenin koruması altındadır. Doğduğunda ise kendi bağışıklık sistemi tam anlamıyla devreye girer. Bu dönemde bebeğin birtakım mikroplara maruz kalması, onun ileride daha kuvvetli bir bağışıklık sistemi geliştirmesine neden olmaktadır. Zira bu sayede erken dönemde bu mikropları bağışıklık sistemine tanıtıp buna uygun bir altyapı kurmaktadır. Bunu bir nevi vücut geliştirme gibi düşünebilirsiniz. Diyelim ki ağırlık çalışmaya başladınız. Önce kaldırabileceğiniz ağırlıkla egzersiz yaparsınız. Zamanla kas kitlenizin gelişmesi sayesinde giderek daha fazla ağırlıkları kaldırmaya başlayabilirsiniz. Kasları zarar görmesin diye hayatı boyunca egzersizden uzak tutulmuş birinin önüne konan yüksek bir ağırlık karşısında yapabileceği bir şey yoktur ne yazık ki.

Tüm bu bilgileri bir arada incelediğimizde, daha güçlü bir bağışıklık sistemi için mikroplarla etkileşimin çok önemli olduğunu görürüz. Özetleyecek olursak, sırf mikrop öldürmeye odaklanmış bir temizlik yaklaşımı iki noktada karşımıza sorun olarak çıkmaktadır. İlk problem, bu temizlik anlayışı etrafınızdaki "kötü mikropların" büyük bir kısmını ortadan kaldırmaktadır. Bu durum kötüdür. Zira çocuğunuzun erken gelişim döneminde bu mikroplarla tanışması daha iyi bir bağışıklık sistemi için gereklidir. Doğal olarak bu durum ilerleyen yıllarda daha zayıf bir bağışıklık sistemine sahip olunmasına neden olmaktadır. Bu yaklaşımdaki ikinci zarar ise "iyi mikroorganizmaların" da ayrım yapılmaksızın ortadan kaldırılmasıdır. Hiçbir günahı olmayan bu bakterileri ortadan kaldırarak, bu bakterilerden faydalanacağımız birçok güzel şeyden mahrum kalmış oluruz. Yani aslına bakarsanız iyi niyetle yapılan bu savunma anlayışı, hem kötüyü hem de iyiyi öldürerek her iki noktadan da zarar görmemize neden olmaktadır. Yani söz konusu bu minik canlılar olduğunda, iyisine de ihtiyacımız var kısmen de olsa kötüsüne de. Şu ana kadar genellikle bu minik canlılar ve neden oldukları hastalıklar konusuna değinmiş olsak da bu canlıların normal fizyolojimiz üzerine de çok büyük etkileri bulunmaktadır. Yani klasik "en iyi mikrop, ölü mikroptur" anlayışı kötü bir yaklaşımdır. O nedenle konuyu daha iyi anlamak için gelin şimdi hep beraber mikrobiyotanın özelliklerine bir göz atalım.

Bölüm 7

Bağırsak Gezegenine Hoş Geldiniz

İçinde milyarlarca mikroorganizma var
ve sen yalnız hissediyorsun

Sevgili insan, bu uçsuz bucaksız evrende ne zaman kendini yalnız hissetsen, içinde yaşayan bu minik canlıları hatırlamanı önemle tavsiye ederim. Belki şu an yanında elini tutan biri yok ama güven bana, elinin üzerine sıkı sıkıya tutunmuş seni seven birçok minik canlı var. Dudaklarının çevresinde yaşayan ve teknik anlamda sürekli seni öper pozisyonda olanlardan bahsetmiyorum bile. Nihayetinde vücudumuz iki kısımdan oluşmaktadır. İnsan olan kısım, yani hücrelerimiz ve insan olmayan kısım, yani mikrobiyotamız. Vücudumuzu bizlerle beraber paylaşan trilyonlarca bakteri, virüs, mantar vb. mikroorganizmaların bir araya gelerek oluşturduğu yapılardan bahsediyorum. Bu minik canlılar vücudumuzun birçok bölgesinde bulunmakla beraber, mikrobiyotamızın neredeyse %95'i temel anlamda bağırsaklarımızda yaşamaktadır. Tabii buna yaşamak denirse…

Çok uzun yıllar inanılmaz bir şekilde, bu mikroorganizmalar görmezden gelindi. Yakın döneme kadar daha çok, bağırsaktaki bazı besinlerin sindiriminden ve birtakım vitaminlerin oluşturulmasından sorumlu oldukları düşünülmekteydi. Ancak, yakın dönem çalışmalar çok net ortaya koymaktadır ki; bu canlılar obezite, astım, alerji, diyabet ve bağışıklık sistemiyle oldukça yakından ilgilidir. Ayrıca bu minik canlıların, bağırsakta yaşamalarına rağmen, beynimizle epey yakın bir ilişki içinde olduklarını öğrendik. Depresyon, stres ve anksiyete gibi birçok durumda, bu canlılar ve ürettikleri karşımıza çıkmaktadır. İşte tüm bu nedenlerden dolayı, sağlıklı bir bağırsak, hayatınız için çok ama çok önemlidir. Sağlıklı bir bağırsak için de sağlıklı bir mikrobiyota gerekmektedir.

2000'li yılların en havalı bilimsel projelerinden biri insan genom projesiydi. Büyük yatırımların yapıldığı bu projede, insanın tüm genetik materyali oldukça kapsamlı bir şekilde incelenmiştir. Şimdi de "İnsan Mikrobiyom Projesi" kapsamında oldukça önemli çalışmalar yapılmaktadır. Amaç, mikrobiyotaların çeşitliliğini, birbirleriyle ve hastalıklarla olan ilişkilerini incelemek ve bu küçük canlı popülasyonunun genetik materyalini araştırmaktır. Şimdi birçoğunuzun aklına şu gelebilir: "Biz zamanında koskoca insanın genetik materyalini incelemişiz. Birkaç mikroorganizmanın genetik materyalinden ne olacak" Aslına bakarsanız bu konuda yapılan çalışmalar çok ilginç bir bilgiyi karşımıza koymuştur. Bu çalışmalara göre, mikroorganizmaların genetik materyalinin, insandan yüz elli kat fazla gen içerdiği öne sürülmektedir. Yani sizin vücudunuzu kullanan bu canlıların, sizden daha fazla genetik materyale sahip olması da hayatın kendi ironisi olarak karşımıza çıkmaktadır.

Aslında kitabın giriş bölümünde uzun bir şekilde kim olduğumuzu, hatta ne olduğumuzu sorguladığımız kısımda sizinle bazı sayılar paylaşmıştık. Eğer mikrobiyota ile ilgili yayınlara bakarsanız, bu konuda çeşitli söylemler olduğunu görürsünüz. En sık karşılaştığımız söyleme göre 10 trilyon hücremiz bulunmaktadır. Bununla beraber, bağırsaklarımızda yaşayan mikroorganizma sayısı ise 100 trilyon olarak verilmektedir. Yani 10 üzeri 14. Sizi bilmem ama sonunda bu kadar sıfır olan bir sayı bana hiçbir şey ifade etmiyor. Ama burada vurgulanan asıl kısım; sadece bağırsaklarınızdaki mikroorganizma sayısının, sizin hücrelerinizin toplam sayısından on kat daha fazla olduğu yönündedir. Bildiğiniz üzere, bilimin en önemli dinamiği sürekli değişen bilgiler doğrultusunda güncel kalabilmektir. O nedenle son dönemde yapılan çalışmalar aslında bu sayıların biraz daha farklı olabileceğini göstermektedir. Sizin de takdir edeceğiniz üzere 10 trilyona kadar saymak zor bir iştir ve bilim insanlarının tek tek bakteri sayacak vakitleri yoktur. Aslına bakarsanız yeryüzünde 10 trilyona kadar sayacak zamanı olan bir canlı yoktur. O nedenle bu tip çalışmalarda konuyla ilgili bilimsel temelleri olan belirli ölçekler kullanırlar. Örneğin şu kadarlık bir alanda bu kadar hücre varsa tüm vücudumuzda ne kadar hücre olduğu matematiksel formüllerle hesaplanır. Doğal olarak bilimsel araştırmalar arasında ölçekleme meselesinden kaynaklanan farklılıklar ortaya çıkabilmektedir. Her ne kadar klasik çalışmalar vücudumuzdaki bakteri sayısının bize ait toplam hücre sayısından on kat daha fazla olduğunu söylese de 2016 yılında yayınlanan ve bu konuda oldukça özen gösterilen bir çalışma, sonucun daha farklı olduğunu öne sürmüştür (Sender, 2016). Bu çalışmanın sonuçlarına göre; insan vücudu 30 trilyon hücreden oluşurken, bağırsaklarda yaşayan mikroorganizma sayısının 40 trilyon olduğu tespit edilmiştir. Yani aradaki farkın abartıldığı gibi on kat değil yaklaşık 1,3 kat olduğu öne sürülmektedir. Aslına bakarsanız bahsettiğimiz sayıların miktar olarak çok büyük olması, hangi yöntemi kullanırsanız kullanın net bir sonuç elde etmeyi çok zorlaştıran bir durumdur. O nedenle, söz konusu mikrobiyotamızda yaşayanlar olduğunda, ilerleyen zamanla beraber değişen sayılar ve güncellenen bilgilerle karşılaşma ihtimalimiz oldukça yüksektir.

Burada ele alınması gereken asıl konu, sadece sayı meselesi değildir. Burada asıl farkında olmamız gereken konu, yalnız olmadığımız bilgisidir. Hani insanoğlu olarak sürekli bir merak içindeyiz ya "devasa evrenimizde yalnız mıyız" diye. Oysa bırakın tüm evreni, kendi vücudunuzda bile yalnız değilsiniz sevgili insanoğlu. Zaten sinir sistemin açısından beynimizde, OSS diye bir ortağın olduğunu söylemiştik. Diğer taraftan sindirim sitemimizde de ESS diye oldukça önemli bir sinir ağı bu-

lunmaktaydı. Şimdi, sanki bunlar hiç yetmezmiş gibi içinizde yaşayan ve sizi yönetmeye talip olan canlıların varlığını da öğrenmiş olduk. Özetle, içinizde sizin canlı hücrelerinizden başka canlılar var ve üstelik sayıları sizden daha fazla. O nedenle, bu kadar kalabalık bir canlı topluluğundan bağımsız yaşayabileceğinizi düşünmeyin lütfen. Malum sayılar konusunda bilim insanları kendi aralarında tartışadursun, bizim için asıl önemli olan konu şu; peki, bu canlılar vücudumuza, beynimize ve yaşantımıza hangi noktalarda müdahale etmektedir? Yani bu canlıların üzerimizdeki güçleri ne kadar fazladır? Aslında birazdan da göreceğimiz üzere bu etki düşündüğünüzden çok daha fazladır. Zaten sinirbilim ve beyin çalışan bir insana bağırsaklar ile ilgili bir kitap yazdırmanın altında da bu şaşkınlık yatmaktadır. Gelin şu canlılara biraz daha yaklaşalım.

Nasıl ki etrafımızda bulunan insanlar birbirinden farklıysa, bağırsaklarımızda yaşayan 40 trilyon mikroorganizmanın hepsi de aynı değildir. İnsan bağırsaklarında ağırlıklı olarak *firmicutes, bacteroidetes, actinobacteria* ve *proteobacteria* adlı bakteri grupları yaşamaktadır. Tıpkı yedi krallıkta yaşayan Stark, Baratheon ve Lannister aileleri gibi. Her bakteri grubunun kendine özgü birtakım yetenekleri bulunmaktadır. Zamanla kendilerinden bahsettikçe bazı bakterileri Rob Stark'ı sevdiğiniz kadar sevecek, bazılarından ise Cersei'den nefret ettiğiniz kadar nefret edeceksiniz. Bu bakteri haneleri arasında da sürekli bir mücadele söz konusudur. Zira söz konusu kalın bağırsak ve beynin yönetimi olunca, bu kıyasıya mücadele çok ilginç boyutlar kazanmaktadır.

Hani bazı insanlar için kullanılan bir deyim vardır. "Ya o adamla iş yapılmaz. Herifin bin türlü huyu var" diye. Söz konusu mikrobiyotamız olduğunda da aynı şeyi söyleyebiliriz. Yaklaşık bin farklı tür, yedi binden fazla da alt tür olduğu düşünülmektedir. Yani çeşitlilik muazzam bir boyuttadır. Aslında bağırsaklarınızı bir okyanus gibi hayal ederseniz bu mikroorganizmaları da burada yaşayan balıklar gibi düşünebilirsiniz. Zira okyanuslarla ilgili bir belgesel izlediğinizde ekrana girip çıkan bir sürü balık görürsünüz. O kadar çok tür çeşitliliği vardır ki hiçbir balık birbirine benzemez. Aynı durum bağırsaklarımız için de geçerlidir. Yani, bağırsaklarımızda oldukça fazla mikroorganizma türü bulunmaktadır ve hiçbiri birbirine benzememektedir. Kimisi çok zararlıyken kimisi sadece kafasına göre oradan oraya dolaşmaktadır. Kimisinin bize olan faydası ise anlatmakla bitmez. Aslında, mikrobiyotamızı okyanuslara benzetmek bir açıdan daha önemlidir. Zira okyanus ve mikrobiyotanın kaderleri neredeyse aynıdır. Mars'ta su aramak için bile harika teknolojiler üreten insanoğlunun, kendi okyanus sularının henüz çok küçük bir kısmını keşfetmiş olması da oldukça ironiktir. Zira mikrobiyotanın kaderi de buna benzer. Yani hem okyanuslarımızda hem de mikrobiyotamızda keşfedilecek çok büyük sürprizler bulunmaktadır.

Bağırsakta yaşayan mikroorganizmaların bize olan etkileri kim olduklarına göre değişiklik göstermektedir. Örneğin, besin aracılığıyla alınan bazı bakterilerin normal hayvanda durup dururken anksiyete oluşturduğu gösterilmiştir. Yani, kendisine belirli bir grup bakteri verilen normal hayvan bir anda daha tedirgin olmaya başlamıştır. Diğer taraftan, başka bir tür bakteri fareye verildiğinde, bu sefer de depresyonda olan farelerin depresyondan çıktığı gösterilmiştir. Beslenme tarzı değişikliklerinin mikrobiyota aracılığıyla öğrenme ve hafıza işlevlerini etkilediğini gösteren çalışmalar da bulunmaktadır. Yani, yediğiniz kaşarlı tost bağırsaklarınızdaki bakterileri etkilemektedir. Bu bakterilerin salgıladığı birtakım kimyasallar da beyninize giderek, Zigetvar Savaşının hangi tarihte, kimler arasında yapıldığı bilgisinin hatırlanma sürecine bile karışmaktadır. Bunun gibi çok fazla örnek bulunmaktadır ve bunları tek tek inceleyeceğiz. Yine bilim insanları açısından oldukça ilginç bir sonuç da otizm hastalığı için söz konusudur. Normalde bu hastalık için beyinde birçok bölge incelenmiş olsa da yeni dönem araştırmalarda, otistik çocuklarda bazı bakteri türlerinin sayısında azalma, bazı bakteri türlerinin sayısında ise artış gözlemişlerdir.

Gelin bu ilginç canlılara daha yakından bakmaya başlayalım. Ağızdan bağırsaklara kadar, sindirim sisteminin birçok bölgesinde bu mikroorganizmalar yer almaktadır. Hatta bazılarının mide gibi oldukça zor koşullarda bile yaşayabildiklerini biliyoruz. Ama bu canlılar söz konusu olduğunda, en renkli ortam kesinlikle kalın bağırsaklarımızdır. Bu arada hemen şu kısa bilgiyi sizlerle paylaşalım. Kitabın birçok yerinde, bir sürü sayı karşımıza çıkmaktadır. Verdiğimiz bu sayıların, ortalama 70-75 kilogram ağırlığında orta yaş insanlar için olduğunu unutmayın lütfen. Yani 40 kilogram biriyle 120 kilogram birinin bakteri sayıları arasında tabii ki fark olacaktır. Peki, 40 trilyon gibi muazzam sayıda olan bu canlılar ne kadar yer kaplamaktadır? Aslında tüm mikrobiyotanızı bir poşete koysak ve tartsak, tartınızın göstergesinde yaklaşık 1,5 kilogram gibi bir sonuç görürsünüz. Şimdi içinizden bazıları "ben 90 kiloluk adamım, bu 1,5 kilogram mikrop mu beni yönetecek" diyebilir. Eğer böyle bir düşünceniz varsa beyninizin de sadece 1,4 kilogram civarında olduğunu size hatırlatmak isterim. Yani mikrobiyotanız ile beyniniz neredeyse aynı ağırlıkta sayılır.

Peki, bu mikroorganizmalar neden bu kadar önemli? Bir kere, yukarıda da açıkladığımız gibi, beyin ve bağırsaklar arasında muhteşem bir iletişim ağı olduğunu belirtmiştik. Bu canlıların bağırsaklarda yaşıyor olması da onlara büyük bir ayrıcalık sağlamaktadır. Bu arada şunu belirtelim. Bu canlıların sıkı fıkı olduğu tek organ beyin değildir. Bağışıklık sistemimiz ve mikrobiyotamız arasında da çok yönlü bir etkileşim söz ko-

nusudur. Zaten bunu tahmin etmek çok da zor değil. Çünkü bağışıklık sistemini vücudumuzun güvenlik personeli gibi düşünebilirsiniz. Mikrobiyotanızı da vücudunuzda yaşayan yabancılar. Yani deyim yerindeyse göçmenler. O nedenle bağışıklık sistemi mikrobiyotamızı sürekli kontrol etme ihtiyacı duyar. Arada kaçaklar varsa yakalanır. Normalde iyi olup sonrasında sorun çıkaran mikroorganizmalar direkt sınır dışı edilir. Yani mikrobiyotamız ve bağışıklık sistemi arasında da etkili bir iletişim olmak zorundadır.

Vücudumuza hoş geldiniz

Hatırlayacak olursanız bebeğin anne karnındaki gelişiminden bir miktar bahsetmiştik. Sonuçta zigot denen minik bir toptan dokuz ayda bebek adını verdiğimiz mükemmel canlı oluşmaktadır. O zaman şu soruyu soralım. Vücudumuza giren ilk bakteri kimdir? Bilirsiniz, söz konusu insan ve kökeni olduğunda, tartışılacak konu her zaman bulunur. O nedenle de insanın evrimsel süreci televizyonların çok sevdiği ve belirli aralıklarla karşımıza çıkardığı bir konudur. "İlk insan kimdi", "İlk insandan önce kim vardı", "Nasıl bu kadar hızlı çoğaldık" gibi onlarca soru sorulur ve insanlar sahip oldukları uzmanlıklar çerçevesinde bu sorulara cevaplar vermeye çalışırlar. O zaman gelin hep beraber biz de benzer bir mantık güdelim ve yukarıda sorduğumuz soruyu biraz değiştirerek tekrar soralım. Vücudumuzdaki ilk bakteri kimdir? Nereden gelmiştir? Vücudumuz meydana gelirken onlar da yapımıza mı katılmıştır?

Anne karnında yaşadığınız hayat, gerçekten de hayatınızın hiçbir döneminde bir daha yaşayamayacağınız bir hayattır. İnsanın embriyolojik gelişimi ile ilgili birtakım kısa bilgilere değinmiştik. Yaklaşık dokuz ay süren bu mükemmel yolculuğun her saniyesi olağanüstüdür. Ama bizim bu kısımda konuşacağımız konu, sona yakın olan kısım. Önce gelin bir durum tespiti yapalım. Sıvı dolu bir kese düşünün ve o dar kesenin içerisinde

E. coli
lacto
bacillus

küçük küçük hamlelerle sıvının içerisinde debelenen bir vücut. Bu kese her yerden sıkı sıkıya bağlıdır ve sızdıracak hiçbir noktası yoktur. Şimdi mevzuyu bilmeyenlerin aklına hemen şu soru gelebilir. "İyi de suyun içerisinde nasıl nefes alıyoruz" Aslında suyun içerisinde nefes almanıza gerek yok. Çünkü buna ihtiyacımız da yok zaten. Nefes aldığımızda kullanacağımız oksijen zaten annemizin dolaşım sistemi aracılığıyla bize iletilmektedir. Aynı sistem bize besinleri de taşıdığı için, yemek ihtiyacımız da yoktur. Annemizin soluduğu oksijeni, annemizin yediği yemeği dolaşım aracılığıyla alır, onlarla idare ederiz. O nedenle hamilelik sırasındaki anne beslenmesi çok ama çok önemlidir. Çünkü içinde, yediklerine ve içtiklerine maruz kalan bir canlı bulunmaktadır. Şu an bir-iki dakika bile nefessiz durmanın imkânsız olduğu bir dönemde, anne karnında suyun içinde yaşama fikri anlaşılmıyor gelebilir ama o dönem bebeğin akciğerlerinin de sıvı dolu olduğunu belirtelim. Çocuk dünyaya geldiği anda, oluşan basınç farkı nedeniyle dışarıdaki hava çocuğun akciğerlerine hızla hücum eder. Havanın akciğerlerin içine olan kararlı girişi ile akciğerlerin içindeki sıvı dışarı çıkar. Hatta bu işin düzgün olması için bebeğin ağlaması önemlidir. Zira bu işi kolaylaştırır. İşte, akciğerlerimize bir kez hava değmeye görsün. Ondan sonra artık sürekli havaya muhtaç bir şekilde yaşamaya devam ederiz, ta ki son nefesimizi verinceye kadar.

Anne karnında içinde yaşadığınız bu kese sizi dış mikroplardan koruyan oldukça steril bir alandır. Yani annenizin sizi inanılmaz derecede koruyucu tavrı annenizin içindeyken başlamaktadır zaten. Annenin bağışıklık sistemi bu konuda gerçekten hassas çalışır. Burada önemli bir bilgiyi paylaşalım. Yakın dönemde yapılan birtakım çalışmalar, prematüre doğmuş bebeklerin dışkısında bakteriye rastlamışlardır. Bu durum anne karnındaki sterillik durumunun tekrar gözden geçirilmesine neden olsa da şu anki temel bilgilerimiz anne karnındaki ha-

ÇOK
ÖZEL
GÜVENLİK

yatın oldukça steril olduğunu öne sürmektedir. Özetleyecek olursak, anne karnındayken vücudunuzdaki tüm hücreler size aittir ve dışarıdan gelebilecek mikroorganizmalara karşı koruma altındasınızdır. Tüm bu bilgiler ışığında, vücudumuzdaki ilk bakteri kimdir sorusuna dönersek, cevabımız artık oldukça nettir. Vücudumuzun bakterilerle ilk tanıştığı an, doğum anımızdır. O nedenle, vücudunuzdaki ilk bakterinin kim olacağını nasıl doğduğunuz belirler.

Doğum yönteminiz mikrobiyotanızı belirler

Siz nasıl doğdunuz bilmiyorum ama doğmak için temel anlamda karşımızda iki seçenek bulunmaktadır. Bu seçeneklerden ilki normal ya da klasik olarak nitelendirdiğimiz doğumdur. Normal doğum süreci gerçekten ama gerçekten çok zor bir süreçtir. İnsanı yaşadığı birçok şeye pişman eder. Diğer doğum yöntemi ise sezaryen dediğimiz bir yöntemdir. Dışarıdan bakıldığında oldukça pratik durur. Bebeğin bulunduğu bölgeyi açarsınız, onu dışarı çıkarır ve tekrar ilgili bölgeyi kapatırsınız. Böyle bakıldığında sezaryen, normal doğuma göre oldukça avantajlı gibi durmaktadır. Peki, gerçekten de durum böyle midir? Aslında bu karşılaştırmaya girmeden önce, doğumun neden bu kadar zor bir süreç olduğunu anlatalım.

Kadınların kalça kısmına denk gelen yerde pelvis adını verdiğimiz bir kemik yapısı bulunmaktadır. Leğen kemiği olarak bilinen bu yapı, annenin doğum kanalının etrafında yer almaktadır. Sonuçta anne karnından aşağı ilerleyen çocuk, bu basketbol potası gibi açıklıktan geçmek zorundadır. Aslında pelvisin bu ilginç durumu yüzünden karşımıza evrimimizi şekillendiren iki durum çıkmıştır. Bir, "Erkekler neden kalçası geniş kadını daha çekici bulurlar" diye merak ediyorsanız eğer, bunun için pelvise bir göz atmanız gerekmektedir. Çünkü kalçadaki hafif bir genişlik, o kalçaya ait pelvis açıklığının da bir miktar geniş olduğunun bir göstergesidir. Kadındaki bu özellik, er-

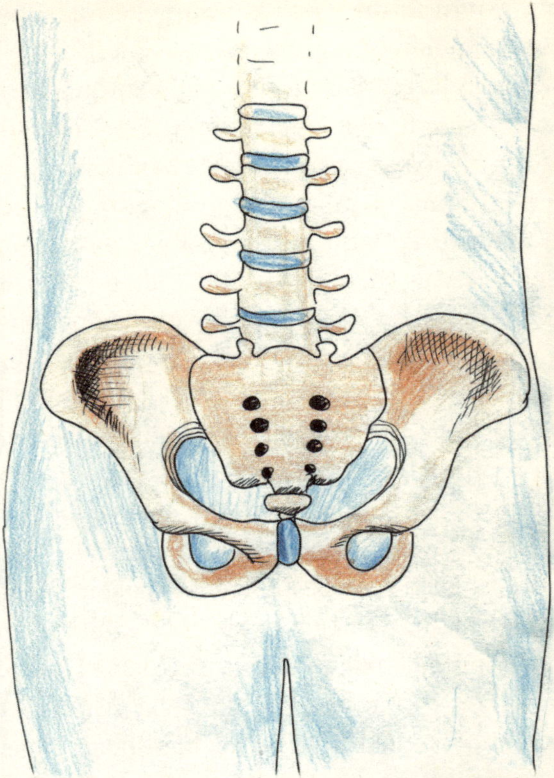

kekte "Evet, bu kadının kalçaları geniş olduğuna göre pelvisi de geniştir. Pelvisin geniş olması da bu kadının ne kadar doğurgan olabileceğini gösterir" dedirterek, erkeğin bu tip kadını daha çekici bulmasını sağlamaktadır. Bu arada tabii ki de bilinç düzeyinde erkek bunun farkında değildir. O sıra erkeğin bilincinde olan şey, en nazik tabiriyle "Hanımefendinin vücut ölçüleri de pek yerindeymiş" gibi bir cümledir. Pelvisin açıklığının karşımıza çıkardığı ikinci mesele biraz daha gariptir. Normalde insan dışındaki canlıların doğumlarına şahit olursanız bizdekinden farklı bir durum olduğunu çok kolay gözlemlersiniz. Örneğin bir fil doğum yaptığında, kısa bir süre içinde bir bakmışsınız yavru fil düşe kalka yürümeye başlamıştır. Hatta çok kısa zamanda birçok işini kendi halledebilir hale gelmiştir. Yani söz konusu hayvanlar olduğunda, yenidoğanlar çok kısa sürede hayata adapte olabilmektedirler. Peki, insanda durum nasıldır? Annenin içinden çıkan bebeğe baktığınızda aslında bir şeylerin ters gittiğini çok rahat anlayabilirsiniz. Zira yeni doğan bir bebek, uzun sürecek bir bakıma ihtiyaç duyar. Kendi başının çaresine bakması imkânsızdır. Peki, diğer tüm memelilerde bu iş çok daha hızlı olurken, insanoğlunda neden bu kadar uzun sürmektedir? İşte bunun cevabı da pelviste. Evrimsel biyoloji uzmanlarına göre, kadındaki pelvis açıklığının belirli bir boyutta olması nedeniyle insanoğlu gelişimini tamamlamadan doğmak zorunda kalır. Çünkü insan, doğadaki tüm canlılar içerisinde beyin-vücut oranı en yüksek olan canlıdır. Böylesine büyük bir beyni taşımak için de takdir edersiniz ki bir miktar koca kafa olmak gerekiyor. İşte o nedenle gelişimi tamamlamadan doğar insanoğlu. Zira eğer beyin gelişimini tamamlayacak kadar anne karnında bekleseydi bu sefer pelvisi hiç geçemeyecekti. Ama bu sizi korkutmasın. Beyin gelişimi doğduktan sonra da devam etmektedir. Buradaki tek handikap doğar doğmaz ciddi bir bakıma ihtiyaç duymamızdır.

Tekrar konumuza dönecek olursak, normal doğum, yukarıda bahsettiğimiz pelvis durumundan dolayı anne tarafından daha zor geçmektedir. Bu nedenle, bazı anneler bu zorlu süreci yaşamamak adına sezaryen ile doğum yapmayı tercih etmektedirler. Bazen de tıbbi zorunluluklar nedeniyle doğum sezaryen ile gerçekleştirilir. Peki, bebek için hangi yöntemle dışarı çıktığının bir önemi var mıdır? En baştan şu bilgiyi özellikle vurgulamak isterim. Bu konu tabii ki de kadın doğum uzmanlarının karar vereceği bir konudur ve sinirbilim çalışan bir fizyolog olarak bu konuda ahkâm kesmek en basit tabiriyle bu önemli camiaya ve emeklerine büyük bir ayıp olur. O nedenle, bu kitapta her iki doğum şeklini mukayese etmek gibi bir amaç

söz konusu değildir. Ama olaya mikrobiyota açısından bakıldığında günümüzde yapılan birçok çalışmanın oldukça ilginç tespitleri bulunmaktadır.

Anne karnında oldukça steril bir durumda olduğunuz için vücudunuza girecek olan ilk bakteriyi nasıl doğduğunuz belirleyecektir. Gelin isterseniz önce "normal doğumda" neler olmaktadır ona bir göz atalım. İçinde olduğunuz su kesesi annenizin ıkınmaları ile ufak ufak doğum kanalına itilir. Artık hareket başlamıştır ve özgürlük vakti çok yakındır. Siz annenizin doğum kanalında ilerlerken, etrafınızdaki koruyucu kesede ufak ufak sızdırmalar başlayacaktır. Doğum kanalına girdiğiniz anda ilk göreceğiniz canlılar "laktobasil" adını verdiğimiz bir grup bakteridir. Evet, bu bakterilerle, annenizle bile tanışmadan önce tanışmanız da hayatın garip bir ironisidir. Ama size güzel bir haberim var. Zira karşılaştığınız bu minik canlılar iyi tarafta olan bakterilerdir ve ileride size çok fazla katkıları bulunacaktır. Normalde annenizin doğum kanalı ve vajina florasında yıllardır yaşayan bu canlı grubu, salgıladıkları asitlerle bu bölgeyi, bu bölgeye gözünü dikmiş kötü bakterilere karşı harika bir şekilde savunurlar. O nedenle, anne rahmini oldukça temiz bir bölge olarak düşünebilirsiniz. Yani, tanıştığınız ilk canlılar annenizin çok yakın dostlarıdır. İşte çok büyük bir ihtimalle laktobasil adını verdiğimiz bu bakteri grubu vücudunuza ilk bulaşan bakteri grubu olacaktır ve hızla tertemiz bünyenize hücum edecektir. Deyim yerindeyse ilk kirlenmenizi doğarken yaşamış oldunuz. Bebeğe bakterilerin girmesi ile beraber bağışıklık sistemi de mesai yapmaya başlar. Hemen vücuda giren bu göçmenlerle ilgili gerekli kontroller yapılır ve dosyaları oluşturur. Zira bu dosyalar önemlidir. Eğer herhangi bir problem yaşatırlarsa, bu dosyalar sayesinde hepsini sınır dışı edebilirler. Bu bakteriler ayrıca bebeğin ilk besinini sindirmesi için oldukça önemlidir. Bu arada vücudunuza yerleşen bakteriler çoktan üremeye başlamıştır bile. Zira sizi ziyaret eden büyükanneniz sizi görmeden, bakteriler muhtemelen torunlarının torunlarının torunlarını görmüş olabilirler. Özetle "normal doğumda" ilk olarak doğum kanalındaki bakterilerle tanışırsınız ve tümüyle dış dünyaya çıktığınızda, artık hastanedeki diğer mikroplarla da tanışmaya hazır hale gelirsiniz.

Peki, normal doğum sırasında bunlar olurken sezaryen sırasında neler olmaktadır? Şimdi gelin bir de sezaryene bakalım. Bildiğiniz üzere sezaryen doğum yönteminde bebeğin doğum kanalına girmesine gerek yoktur. Annenizin karın bölgesinde yapılan cerrahi bir işlemle bebeğin üzerindeki tavan bir anda açılır. Oldukça karanlık olan ortam bir anda aydınlanır ve gökyüzünden inen bir çift el bebeğe uzanır. İşte, vücudunuza yerleşen ilk bakterinin bu elden geçme ihtimali oldukça yüksektir. Eğer biraz şanslıysanız annenizin derisinin üzerinde yer alan bakteriler vücudunuza ilk giren bakteriler olur. Ama ister annenizin derisinden gelsin, isterseniz sizi dışarı çıkaran kişinin elinden. Her iki bakteri türü de asla doğum kanalında karşılaştığınız o kıymetli bakterilerle mukayese edilemez.

Peki, siz hangi yöntemle doğdunuz? Ya da hiç merak ettiniz mi? Sezaryen dediğimiz doğum yöntemiyle doğum yapmış kişilerin sayısı dünyada ve ülkemizde nasıldır? Tıpkı diyabette olduğu gibi, buradaki sonuçlar da oldukça can sıkıcıdır aslında. En son yayınlanan 2015 raporunda, Türkiye'nin OECD ülkeleri arasında birinci sırada olduğunu görürüz. Aşağıdaki grafiğe baktığınızda oldukça ilginç bir istatistik gözünüze çarpacaktır. Doğum yöntemleri açısından bakıldığında, 2013 yılında, ülkemizdeki her iki kadından biri sezaryenle doğum yapmıştır. İlk üç ülke Türkiye, Meksika ve Şili olarak gözükmektedir. Ülkemiz tüm OECD ülkeleri ortalamasının iki katı yükseklikte sezaryen doğuma ev sahipliği yapmıştır. Sezaryen doğum oranı en düşük ülkeler %15 civarında olan İzlanda, İsrail ve Hollanda'dır. Türkiye'de 2006 yılında sezaryen oranının %30 civarında olduğu gözükmektedir. Zaten ortalamanın üzerinde olan

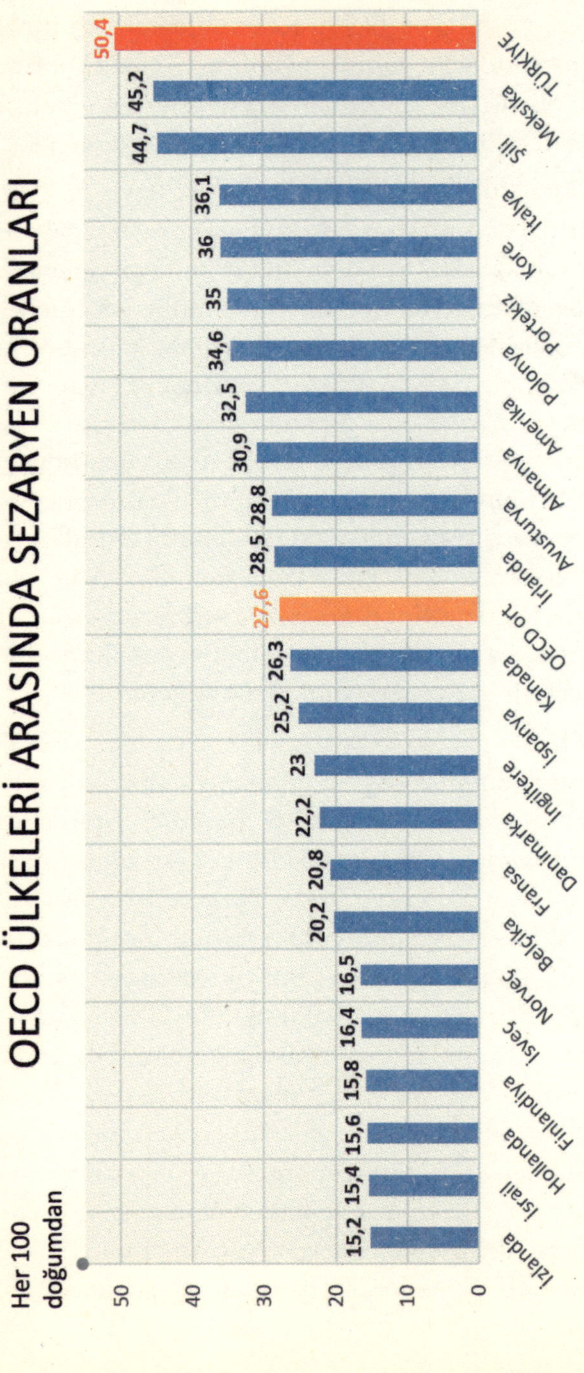

kaynak: OECD Sağlık İstatistikleri 2015, http://dx.doi.org/10.1787/health-data-en.

güzel ülkemizde son yedi yılda bu oran neredeyse iki kat artmış ve %50,4'e ulaşmıştır.

Yukarıda belirttiğimiz gibi, kadın doğum konusunda eminiz ki bu tabloyu yorumlayacak birçok uzman bulunmaktadır. Umarız birileri bu tabloyu bize açıklayabilir. Sonuçta sezaryen tercihi söz konusu olduğunda, Hollanda, İsveç ya da İngiltere sağlık sistemlerinin fark edemeyip bizim sağlık sistemimizin fark ettiği şey tam olarak nedir? Bu konuda bilgilendirici bir açıklama yapılabilirse harika olur. Tıbbi zorunluluklarda hayat kurtarıcı olabilecek sezaryen doğum yönteminin, acı korkusu, estetik ya da doktorun kişisel tercihi nedeniyle uygulanması konusunu tekrar gözden geçirmekte fayda olabilir. Tekrar konumuza dönecek olursak, bebeğin vücuduna ilk yerleşen bakteri grubu çok önemlidir. Çünkü ileride de göreceğiniz gibi, bakteriler arasında sürekli bir mücadele söz konusudur. O nedenle, ilk yerleşenler bu konuda büyük bir avantaj sağlarlar. Örneğin, yeni doğanlarda hastane mikrobu kapan her dört çocuktan üçü sezaryen ile doğan çocuklardır. Ayrıca yapılan birçok çalışma, sezaryenle doğan çocukların ileride alerji ve astıma yakalanma risklerinin daha yüksek olduğunu göstermektedir. Yine sezaryenle doğan çocuklarda obeziteye eğilim de söz konusudur. Hatta sezaryenle doğan çocuklara laktobasil verildiğinde, alerji ve astım risklerinde azalmalar görülmüştür. Özetle, olaya mikrobiyota açısından yaklaştığımızda, normal doğumun sezaryene göre çok daha avantajlı olduğu ortaya çıkmaktadır.

Tohumlama

Burada yazılanlar sezaryenle doğum yapmak zorunda kalanların canını sıkacak bilgiler gibi görünse de bu kişiler için de çeşitli alternatifler söz konusu olduğunu belirtelim. Bunlardan en ilginci, günümüzde yavaş yavaş kullanılmaya başlayan bir yöntem olan "vajinal tohumlama" yöntemidir. Bu yöntemde çocuklar sezaryenle doğar doğmaz annenin vajinal kısmından alınan sıvı bakteri karışımı; bebeğin ağzına, burnuna, yüzüne ve vücuduna sürülür. Bu yönteme tohumlama denir. Bebek sezaryenle doğduğundan, doğum kanalındaki faydalı bakterilerle tanışma şansı olmamıştır. Ama tohumlama denilen bu yöntemle, faydalı bakterilerle bebeğin bir şekilde buluşması sağlanır. Yeni uygulanmaya başlayan bu yöntemin uzun vadedeki sonuçları hakkında şu an için bir bilgimiz yok. Ama annenin vajinal sıvısında yer alma ihtimali olan kötü bakterilerin bu yöntemle çocuğa geçme ihtimali olduğunu öne süren görüşler de bulunmaktadır.

Hani "ekşi"de bir tabir vardır ya "eskiden buralar hep dutluktu" diye. İlk bakteriler vücudunuza giriş yaptığında, vücudunuzu adeta bir dutluk gibi düşünebilirsiniz. Aslında içinize giren mikroorganizmalar, olağanüstü bir hızla çoğalsalar da mikrobiyotanızın net anlamda kendini bulması neredeyse üç yılı almaktadır. Çocuk yaklaşık on yaşına geldiğinde ise normal doğan çocuk ve sezaryenle doğan çocuklar arasında mikrobiyota açısından görülen fark oldukça azalır. Ama burada önemli olan, gelişim döneminin en önemli zamanı olan ilk üç yılda bebeğin durumudur. Zira bu üç yıl, özellikle bağışıklık sisteminin gelişimi için çok önemli olup, çocuğunuzun ilerideki hastalık hayatı hakkında en kritik dönemdir. Bu arada normal doğum bir avantajdır ama tek başına asla yeterli değildir. Zira beslenme şeklinizden tutun da temizlik alışkanlıklarınıza kadar birçok parametrenin, ilk yıllarda şekillenen mikrobiyota üzerinde önemli etkileri bulunmaktadır.

Aslına bakarsanız mikrobiyotamız da parmak izimiz ya da beynimiz gibi tam anlamıyla bize özel bir yapıdadır. Öyle ki aynı rahmi paylaşıp gelişen tek yumurta ikizlerinde bile mikrobiyota açısından fark söz konusudur. Hatta kişinin kendi mikrobiyotası da zamanla değişim gösterebilmektedir. Yukarıda özetlediğimiz gibi, nasıl doğduğunuzdan tutun da ne yediğiniz, nerede yaşadığınız, kiminle yaşadığınız, hatta neye dokunduğunuz bile mikrobiyotanızı belirlemekte rol oynar. İlerleyen yıllarla beraber mikrobiyota üzerinde değişiklik yapmak biraz daha zor hale gelir. O nedenle, biz yine en başa dönelim. Doğum şekliniz kadar önemli bir başka konu daha vardır. Kitabın çeşitli yerlerinde kullandığımız bir tanım var; "ne yersen osun" diye. Yediklerinizin ne olduğunun, en önemli olduğu dönem, belki de ilk yıllardır. O nedenle bebeğin erken dönem beslenmesine bir de bu açıdan bakmak faydalı olabilir. Tahmin edeceğiniz üzere bahsetmek istediğimiz konu anne sütü ve anne sütünün mikrobiyotamız için önemidir.

Anne sütü – bağlılık ve mikroplar

En son ne zaman anne sütü içtiniz bilmiyorum ama karşımızdaki bu biyolojik sıvı gerçekten ilginç bir karışımdan oluşur. Hemen hepimiz anne sütünün besleyicilik açısından ne kadar mükemmel olduğunu zaten biliyoruz. Ama anne sütünün gözden kaçan çok ilginç bir özelliği daha bulunmaktadır. Anne sütünün besin değerinden tutun da içinde barındırdığı mükemmel bakterilere kadar ilginizi çekeceğini düşündüğüm meseleye girmeden önce, gelin anne sütü ve bağlılık arasındaki ilişkiye bir bakalım. Bunun için öğrenmemiz gereken hormonun adı "oksitosin". Oksitosin hormonunu duymayan yoktur muhtemelen. Daha çok aşk hormonlarından biri olarak bilinir. "Şimdi ne güzel anne sütü konuşuyorduk konu ne ara aşka geldi" demeyin lütfen. Çünkü konumuz tam da bununla ilgili. Oksitosin kelimesi Yunancada "oxys" ve "tokos" kelimelerinin birleşiminden oluşan ve Türkçesi "hızlı doğum" anlamına gelen bir kelimedir. Peki, bu hormona neden böyle bir isim konulmuş. 1906 yılında bu hormonu keşfeden fizyolog Sir Henry Dale bu hormonun isim babasıdır. Zira kendisi beyinde yer alan hipofiz adlı yapıdan elde ettiği bu hormonu hamile kedilere verdiğinde, rahim kasılmalarının arttığını görmüştür. O nedenle de bu hormona oksitosin adını vermiştir. Dale'in keşfettiği gibi, oksitosin hormonu doğum sırasında rahim kaslarının kasılmasını uyararak doğumu kolaylaştırır. Buradaki etkisi gerçekten de oldukça kuvvetlidir. Anne sütü meselesine dönecek olursak, oksitosinin bu konuda da çok önemli bir rolü bulunmaktadır. Kendisi doğum sonrası dönemde, meme başından sütün boşalmasında da önemli rol oynar. Bu, oldukça ilginç bir reflekstir aslında. Bebeğin ağzı, annenin meme başına değer değmez oluşan sinyal, annenin beyninde hipotalamus bölgesine gider. Bu bölgede üretilen oksitosin, arka hipofiz aracılığıyla kan dolaşımına katılır. Kan aracılığıyla memeye gelen oksitosin, buradaki kasılabilir hücreleri etkileyerek sütün akmasını kolaylaştırır.

Yukarıda da belirttiğimiz gibi, oksitosin genellikle aşk ve bağlılık hormonu olarak bilinir. Aslında buradaki bağlılık kelimesi oksitosini çok daha güzel ifade etmektedir. Şunu hiçbir zaman unutmayın. Hayatınızda kime oksitosin salgılatabilirseniz o kişiyi kendinize o kadar bağlayabilirsiniz. Peki, annesini emen bebekte tam olarak ne olmaktadır? Bebeğin annesini emmesi sırasında salgılanan oksitosin, anne ve bebek arasındaki o muhteşem kuvvetli bağın oluşmasına neden olmaktadır. Bu nedenle, anne ve yavru arasında fiziksel temas çok ama çok önemlidir. Farelerde yapılan çalışmalarda anne ve yavru arasındaki temasın azaltılması ya da annedeki oksitosin aktivitesinin bloklanması sonucu annelik bağlarının önemli ölçüde azaldığı gözlenmiştir. Yani, bebek, annesini ne kadar emerse ve temasta bulunursa, aralarındaki bağ o kadar kuvvetlenecektir. Hemen belirtelim. Oksitosin ve bağlanma ile ilgili bu durum sadece anne ve yavru arasında görülen bir durum değildir. Dokunma ve sarılma gibi fiziksel temasların normal insanlarda da oksitosin salgılattığına dair epeyce araştırma bulunmaktadır. O nedenle, temas ve sarılma, aramızdaki bağı güçlendirmede ve güven duygusunun oluşmasında oldukça önemli rol oynamaktadır.

Anne sütünün bu bağlılıkta ne kadar önemli olduğunu belirttikten sonra asıl konumuza geri dönelim. Anne sütü genel olarak steril bir sıvı gibi düşünülse de durum hiç de öyle değildir. Yakın dönem çalışmalar şunu göstermektedir ki anne sütünde bebeğin bağırsağı ve bağışıklık sistemi için çok önemli mikroorganizmalar bulunmaktadır. Stafilokok, streptokok, laktik asit bakterileri ve bifidobakteriler gibi bakteri grupları bu biyolojik sıvının içerisinde yer almaktadır ve amaçları bebeğin bağırsaklarında kolonize olmaktır. Bu bakterilerin bebeği enfeksiyonlara karşı korumada rol oynadığı düşünülmektedir. Ayrıca bağışıklık sistemin olgunlaşması açısından da çok önemlidirler (Fernandez, 2013).

Anne sütüyle beslenen bir bebeğe baktığımızda, günde yaklaşık olarak 800 mililitre süt emdiğini görmekteyiz. 800 mililitre süt, besin değeri açısından çok kıymetli bileşenlere sahip olsa da şunu unutmamak lazım. Bebeğin tükettiği bu miktar ile bağırsaklarına ortalama 1 milyon yeni bakteri geçmektedir (Heikkila, 2003). Söz konusu bebek olduğunda, bir günde 1 milyon bakteri gerçekten oldukça yüksek bir sayıdır. Bebeğinize faydası dokunacak bir milyon yeni göçmenden bahsediyorum. Sonuç olarak bebeğin bağırsağına giden bakterilerin temel kaynağının anne sütü olduğunu görmekteyiz. Peki normalde steril olduğu düşünülen anne sütüne bu mikroorganizmalar nasıl bulaşmaktadır? Aslında bu soruya verilen klasik yanıta göre, hem bebeğin ağzındaki mikroorganizmalar hem de annenin meme derisinde yer alan bu minik canlılar sütle beraber bebeğin sindirim sistemine gitmektedir. Yakın dönemde birtakım çalışmalar, sütün içeriğinde de bu canlıların olabileceğini öne sürmektedir. Örneğin yapılan bir çalışmaya göre, annenin bağırsaklarında yaşayan bir grup mikroorganizmanın, hamileliğinin son dönemlerinde annenin bağırsaklardan çıkıp meme bezlerine gittiği öne sürülmektedir (Fernández, 2013).

Yukarıda adlarını verdiğimiz bakteri gruplarının her birinin bebeğin işine yarayacak kıymetli katkıları bulunmaktadır. Örneğin, bifidobakteriler erken dönemde bağırsak ile buluşup yayılım gösterebilirlerse, bebeğin bağışıklık ve solunum sistemi üzerine oldukça önemli katkıları olmaktadır. Eğer bu bakterilerin sayılarında bir azalma görülürse, çocukta ileriki dönemlerde kilo artışlarına rastlanabilmektedir. Diğer taraftan bir başka grup olan Laktobasillere baktığımızda, 2012 yılında yapılan bir çalışma oldukça ilginç sonuçları gözler önüne sermiştir. Altı aylık bebeklerin tükettiği sütün içerisine katılan Laktobasillus bakterileri sonucunda bebeklerde görülen birçok enfeksiyonda azalma gösterilmiştir. Sindirim kanalındaki enfeksiyonlardaki azalma %46, üst solunum yollarındaki enfeksiyonlardaki azalma ise %27 olarak tespit edilmiştir. Aslına bakarsanız elde edilen bu azalma yüzdeleri oldukça iyi bir başarı sayılabilir (Maldonado, 2012).

Anne sütünün mikrobiyotamız ile bu denli yakın ilişkide olması, beynimizdeki gelişimi de doğrudan etkilemektedir. Örneğin Norveç ve Danimarka'da yapılan çalışmalarda üç aydan daha az anne sütüyle beslenmiş olan bebeklerin beş yaşına geldiklerinde, zihinsel beceriler konusunda ortalamanın altında oldukları gösterilmiştir. Aslına bakarsanız bunun gibi birçok çalışma bulunmaktadır. Özetle, anne sütü kullanıldığı müddetçe işler yolunda gider. Ama her insan evladı gibi bizim de anne sütünden ayrılıp günlük gıdalara dönmemiz gerekmektedir. İşte burada her insan bir kırılma anı yaşamaktadır. O nedenle, söz konusu beslenme alışkanlıkları olduğunda mikrobiyotamıza uygun besinleri seçmek, birçok noktada pozitif sonuçlar doğuracaktır. Yani, gerek erken dönemde gerekse de ilerleyen yıllardaki beslenme alışkanlıklarımız mikrobiyotamızı belirlemede çok büyük rol oynar. Ama bu bakterilerin hangisiyle devam edilip hangisinin vücudumuzdan gönderileceğine karar veren mekanizma, sadece beslenme alışkanlıklarımız değildir. Antibiyotik ve diğer ilaçların kullanımı, hijyen koşulları ve çevre faktörleri de mikrobiyotamızın şekillenmesinde önemli rol oynar.

Gördüğünüz üzere, hayatımızın ilk zamanlarında nasıl doğduğumuzdan tutun da nasıl beslendiğimize kadar çeşitli faktörler bağırsaklarımızda yaşayacak bakterilerin kim olduğunu belirlemeye yarayacaktır. Gelin o zaman hep beraber bu bakterilerin günlük hayatlarımıza nasıl etki ettiklerini inceleyelim. Bu sabah kalktığınızda kendinizi anlamsız bir şekilde mutlu ve dinç mi hissettiniz? Ya da akşam otobüsle eve doğru yolculuk yaparken bir anda içinizde bir huzursuzluk mu belirdi? Belki de tüm hafta sonu yataktan çıkmamanıza rağmen pazartesiye inanılmaz yorgun başladınız. Ya da yaşlandığınız için artık çok kolay yoruluyordunuz. Bu ve benzeri durumların bağırsaklarınızda yaşayabilecek bir grup minik canlı ile alakalı olabileceği ihtimalini asla göz ardı etmeyiniz. Hatta birazdan da göreceğiniz üzere, sabah kahvaltıda yediğiniz sucuklu tost, marketteki kasiyeri daha çekici bulmanıza neden olabilir.

Bölüm 8

Kilolarımdan Sen Sorumlusun Ey Bakteri!

Yemek yemeyi insanlardan daha çok sevmiştik
ve tek suçumuz buydu...

Söz konusu zevklerimiz olduğunda, insanlar arasında gerçekten inanılmaz farklılıklar bulunur. Yeni aldığı teknolojik bir cihazın ekranındaki koruyucu jelatini çıkarırken müthiş haz duyan insanlar vardır mesela. Bazıları ise cihazlarını bu koruyucular ile kullanmayı tercih eder. Kimisi vücudunun çeşitli yerlerinde oluşmuş yara kabuklarını kenardan kaldırıp soymaktan zevk alır, kimisi başka insanların yüzündeki siyah noktaları sıkmaktan. Elektrikli süpürgenin hortumunun içinden ses çıkararak geçen cisimlerin yarattığı iyi temizlik hissinden tutun da geri dönüşüm kutusunu boşaltırken çıkan sesten hoşlananlara kadar inanılmaz bir çeşitlilik söz konusudur. Uhu, aseton, oje, yeni kitap ya da yağmur sonrası topraktan gelen kokuların hastası olan birçok insan bulunmaktadır. Söz konusu yemekler olduğunda ise bu çeşitliliği bir kitaba sığdırmak neredeyse imkânsızdır.

Zevk aldığımız yemekler konusunda her ne kadar birtakım kişisel tercihler olsa da tüm insanların tadı konusunda hem fikir olduğu yiyecekler de bulunmaktadır. Örneğin, fırından yeni çıkmış taze ekmeğin içine gömülen tereyağını düşünün. Ya da önünüze konulmuş yumurtalı kıymalı pideyi. Pidenin köşesini koparıp yumurtayı tek bir hamleyle patlattığınızda kıymaların arasından süzülen yumurta sarısının oluşturduğu o muazzam görüntüyü. En sevdiğiniz sosu favori makarnanızın üzerine döktüğünüz anı ya da künefeden aldığınız çataldan akan şerbet ve uzayan erimiş kaşarın dansını hatırlayın lütfen. Bu yemeklerin beynimizde dopamini nasıl salgılattığını hepimiz çok ama çok iyi biliyoruz zaten. Haşlanmış bir karnabahardan böyle bir performans beklemezsiniz ya da bir salata kâsesinden... Bazılarınız "ne var canım, ben salataya bayılırım bir kere" diyebilir. Haklılar da, balığın yanında çok güzel gider mesela. Ama söz konusu dopamin olduğunda, salatanın yukarıdaki yiyeceklere karşı tek başına şansı yoktur. O nedenle internette herhangi bir salata resmi aratırsanız karşınıza çıkan resimde, salatanın hemen yanında kahkaha atan, mutluluktan coşmuş bir ya da birden fazla kadın görürsünüz. Çünkü salata tek başına yeterli etki yaratamayacağından bari yanına bir iki gülen kadın koyalım diye düşünülüyordur muhtemelen. Oysa gerçek bir yemeğin kahkahaya ihtiyacı yoktur. Döner tabağının içindeki ette gizlidir en güzel kahkahalar. O nedenle iskenderi resimlerde tek başına görebilirsiniz. Benzer şekilde bazı yemekler kendi başına yeterli dopamin salgılatamadığından iyice süslenerek servis edilir. Brokoli dolu bir tabağı neyle süslerseniz süsleyin fark etmez. Aslına bakarsanız bir tabak ne kadar süslüyse yemek o kadar fasondur. Yumurtalı pidenin süse ihtiyacı yoktur.

Eminim aramızda salata yemeyi çok seven ve bu söylediklerimi çok anlamsız bulan insanlar olacaktır. Ya da vejetaryen olup yazdığım et yemeklerini oldukça itici bulanlar. Bu bölümün başında da belirttiğim gibi söz konusu yemekler olduğunda, bu konuda tartışmanın bir anlamı yoktur. Bir tabak pırasa yemeğini çift lavaşlı dürüme tercih edecek insanlar her zaman olacaktır. Aslına bakarsanız yediklerimize sadece zevk üzerinden yaklaşmak, oldukça sağlıksız ve bencil bir yaklaşımdır. Zira vücudumuzun ihtiyacı sadece dopamin değildir. Birçok vitamin ve mineral içeren yiyecekler vücudumuz için vazgeçilmezdir. Hele bir de olaya mikrobiyota açısından yaklaştığımızda mesele çok farklı bir boyuta taşınmaktadır. Önceki bölümde özetlediğimiz gibi, hayatımızın ilk yıllarında doğum şeklimiz ve erken dönem beslenme biçimimiz büyük bir oranda mikrobiyotamızı belirlemekteydi. Özellikle iki ve beş yaş arası bu konu için önemlidir. Yetişkinlikte artık daha dengeli bir hal almış olan mikrobiyotamızı değiştirmek gerçekten de çok zordur. Bu değişimde en önemli etkenlerden biri de yediklerimizdir. Ama işin daha ilginç kısmı, mikrobiyotamızdaki mikroorganizmalar da beslenme alışkanlıklarımızı şekillendirmektedir. Yani ortada iki yönlü bir etkileşim söz konusudur. Şöyle düşünelim. Diyelim ki akşam akşam canınız çikolatalı kek istedi. Peki, vücudunuz ya da beyniniz niye durup dururken böyle bir şey istedi? Acaba çikolatalı keki gerçek anlamda isteyen ben olmayabilir miyim? Mesela bağırsaklarımızdaki bakteriler durup dururken kafama çikolatalı kek fikrini sokmuş olabilirler mi? Hani çocuğunu ekmek almaya gönderen anne misali, bu bakteriler de size ait vücudu çikolatalı kek almaya gönderiyor olabilir mi? Durum düşündüğünüzden biraz daha karışık bir hal alacak. O yüzden gelin şu meseleye daha yakından bir bakalım.

Bugün ne yesem?

Bir önceki kısımda da belirttiğimiz gibi, genellikle tüm insanlığın hastası olduğu ortak yiyecekler vardır. Güzel kızarmış bir bifteği çekici bulmayacak kişi sayısı azdır. Ya da çikolatadan nefret ediyorum, çok kötü bir tadı var diyecek olan. Bununla beraber birçok insanın özel ilgi duyduğu yemekler vardır. Eğer yeterince sorgularsanız bamya seven insanlarla bile karşılaşabilirsiniz. Yani yemek zevki ya da damak tadı dediğimiz bir olay vardır. Peki, tam anlamıyla nedir bu olay? Neden bazı yiyecekler bize çok daha fazla çekici gelmektedir? Artık bu olayla ilgili kimin sorumlu olabileceğini aşağı yukarı tahmin edebiliyorsunuzdur.

Bazı yemekleri neden canımız çeker? Bu aslında oldukça önemli bir meseledir. Eğer yemek yemeyi insanlardan çok seviyorsanız, siz de çoğu zaman kilo denen o sıkıcı sorunla karşılaşıyorsunuz demektir. Bu sorunu hisseden herkes gibi "artık diyet yapacağım. Asla eskisi kadar yemeyeceğim ve benim de harika bir vücudum olacak" diye eminim birçok diyet girişiminde bulunmuşsunuzdur. Ama sonuç hep aynıdır. Birkaç gün sonra tabağınızdaki sebze yemeğine tüm isteksizliğinle bakarken, birden aklınıza çift lavaşlı soslu dürüm gelir. Birden elinizdeki çatal ağırlaşır ve hemen bir kenara bırakırsınız. Ne olacak canım. Zaten dört gündür hem diyet hem de spor yapıyorsunuz. Ufacık bir dürümden ne olacak ki? Siz bu düşüncelere daldığınızda, artık beyninizdeki nöronların büyük bir kısmında dürümdeki lavaş ile etin beyninizdeki hafıza merkezlerinde bıraktığı o müthiş tat ile ilgili elektriksel sinyaller dolaşmaya başlamıştır. Şaka gibi ama birden ağzınızın suyu akmaya başlar ve bir anda gemileri yakarsınız. "Bu sefer kesin son" diyerek dürümcünün yolunu tutarsınız. Peki, siz güzel güzel sebze yemeğinizi yerken bir anda nereden çıktı bu durum? Canınız neden deli gibi dürüm çekti? Gelin, bazı yiyecekleri neden arzuladığımız olayına kısaca bir göz atalım.

Pilav üstü Rapunzel saçı

Şimdi o anı hatırlayalım. Bu anı size hatırlattığım için üzgünüm ama yine de hatırlamamız gerekecek. Önünüze gelen pilavın üzerine, yanında duran fasulyeden ekleyerek coştuğunuz o güzel ana gidelim. Bu harika ikilinin en yakın arkadaşlarından biri de cacıktır. Yemekhanede arkadaşınızla bir yandan sohbet edip bir yandan yemeğinizi yerken, çatalınıza pirinçle beraber gelen uzun bir kıl görürsünüz ve bir anda az önceki ziyafet kâbusa dönüşür. Hızlı bir tiksinme ve hafif bir mide bulantısı hissi beyninize oturur. Yemeğinizin içinden çıkan saç ya da kıl bünyenizde muazzam bir etki gösterir. Muhtemelen o tabağa bir daha elinizi sürmezsiniz. Hatta belki de o yemekhaneye bir daha gitmezsiniz. Peki, az önce beyninizdeki dopamin devrelerini coşturan pilav, fasulye ve cacık üçlüsü ne oldu da bir anda bu kadar iğrenç bir hal aldı? Yani sonuçta kılın boyutları belli.

En fazla kaç pirinçle temas etmiş olabilir ki? Bunu bilmemize rağmen yine de tabağa dokunamayız. Çünkü kıl sindirim için hiç de uygun olmayan bir maddedir ve vücudumuz buna karşı oldukça yüksek perdeden tepki gösterir. İnsanların çoğunun yemeğinde saç ya da kıl görmeye bile tahammülü yokken, bazı insanların yemek ve kıl kavramlarına bakışı çok daha farklıdır. Yemeğinden kıl çıkmasına rağmen kılı bir kenara koyup yemeğine devam edenlerden bahsetmiyorum. Bizzat kılın kendisini yeme isteği duyan kişilerden bahsediyorum. Bazılarınız için böyle bir durum çok mümkün gözükmese de tıp literatüründe bu duruma "Rapunzel sendromu" denir. Bilmeyenler için söyleyelim. Rapunzel bir masal kahramanıdır. Hapsedildiği kuleden sarkıttığı sarı saçları ile yakışıklı prensin bir şekilde kendisine ulaşmasını sağlar. Bu rahatsızlığa sahip kişiler ilginç bir şekilde saç yeme eğilimi gösterirler. Yedikleri saçlar sindirilemediğinden mide ya da ince bağırsakta yumak şeklini alır ve birikirler. Bu durum; ciddi karın ağrısı, iştahsızlık, halsizlik gibi belirtilerle karşımıza çıkar. Tespit edilmesi çok zor olduğundan sıklıkla gözden kaçabilir. Nadir görülen bir hastalık olsa da ölüm riski %4'tür. Bu rahatsızlık kadınlarda daha sık görülmektedir. Peki, bir insan neden saç yemek ister? Hemen herkesin yemeğin içinde gördüğünde midesini bulandıran bir şey nasıl olur da bir başkasının arzulayabileceği bir yemek olur? Gelin bu meseleye kısaca bir göz atalım.

Hastalığın adını daha önce duydunuz mu bilemem ama eminim bu rahatsızlığa sahip tanıdık biri vardır çevrenizde. "Pika" rahatsızlığından bahsediyorum. Nedir pika rahatsızlığı? Besin değeri olmayan abuk sabuk şeyleri yeme isteğine "pika rahatsızlığı" denir. Bu kişiler toprak, kâğıt, saç, sabun, yün, küçük çakıl parçaları, kiremit ve kömür gibi yemek açısından size oldukça sıradışı gelecek şeyleri yemeye eğilim gösterirler. Aslına bakarsanız rahatsızlığın adı da kendisi kadar ilginçtir. "Pica" kelimesi Latince bir kelimedir ve Türkçesi "saksağan" demektir. Evet, kuş olan saksağandan bahsediyorum. Örneğin ülkemizde sık görülen saksağan türlerinden birinin adı *Pica pica*'dır. İyi de bilim insanları, yenilmemesi gereken şeyleri yeme rahatsızlığına neden bir kuş ismi vermeyi tercih etmiştir? Acaba bu hastalığı ilk keşfeden bilim insanının saksağanlara karşı özel bir ilgisi mi bulunmaktadır? Aslında bu hastalığa saksağan adının verilmesinin nedeni, bu kuşların oldukça ilginç şeyleri yeme davranışından gelir. Bu açıdan baktığınızda hastalık için oldukça uygun bir isim gibi görünmektedir. Peki, pika rahatsızlığına sahip insanlar neden böyle garip şeyleri yeme isteği duymaktadırlar? Aslında bunun altında yatan ilginç bir durum vardır. Yapılan birçok çalışma, demir eksikliği anemisi olan bazı kişilerde toprak, kâğıt, saç gibi maddeleri yeme davranışı tespit etmiştir. Bu kişilerin demir eksikliği düzeltildiğinde, bu davranışlarından uzaklaştıkları görülmektedir. Bu durumda aklımıza şu soru gelecektir: Acaba vücudumuz ihtiyacı olduğu şeylere göre mi beslenme şeklimizi biçimlendiriyor? Yukarıdaki demir eksikliği durumunda olduğu gibi, birtakım farklı beslenme anlayışları bu fikri oldukça destekler niteliktedir. Bunun en popüler örneklerinden biri de tuz durumudur. Adrenal bezlerindeki birtakım sorunlar nedeniyle sodyum eksikliği çeken kişilerde tuza karşı özel bir ilginin olduğu gösterilmiştir. Hayvan çalışmalarında tuz eksikliği yaratılan hayvanların önlerine konan tuzlu su ve tuzlu yemekleri tercih ettikleri gösterilmiştir. Bu örneklere baktığımızda, evet, söz konusu vücudumuzun ihtiyaç duyduğu şeyler olduğunda, size toprak bile yedirebilir. Ama yemek arzulama olayı bu durumdan çok daha farklı bir süreçtir. Yani üzgünüm ama canınızın her çektiği şey vücudunuzda eksiktir diye bir durum söz konusu değildir. Bunu göstermek için diyet kısıtlamalarının yapıldığı birçok çalışma söz konusudur. Bu çalışmalarda kişilere belli diyetler eksik olarak verildiğinde, eksik olan diyete ait besinleri arzulamaları beklenmiştir. Ama sonuçta kişilerde böyle bir ihtiyaç oluşmamıştır. Örneğin, güzel bir kebap yemişsinizdir. Mideniz epeyce bir dolmuştur ama gözünüz yan masaya giden künefeye takılır. Gerek göbeğinize gerekse de yediklerinize bakarsak vücudunuzun, bilhassa da sindirim sisteminizdeki organlarınızın ekstradan bir besin olarak künefeye ihtiyacı yoktur. Ama siz yan masada künefe yiyen kişiyi gördüğünüzde, tatlı ile karışan peynirin tadı çoktan beyninizin hafıza hücrelerinde canlanmıştır artık. Az önceki kebabı yerken son damlasına kadar kullandığınız tükürük bezleriniz, adeta günlerdir hiç kullanılmamış gibi bir anda ağzınızın suyu yeniden akmaya başlar. Yani dönülmez bir yola girmişsinizdir ve o künefe yenilecektir artık. Ama tekrar söylemek gerekirse bu arzulama olayının vücudunuzun peynir ya da tatlıya olan ihtiyacı ile ilgisi yoktur. Aslına bakarsanız yemeği arzulama olayı düşündüğümüzden biraz daha karışık olabilir. Yani söz konusu vücudun ihtiyaç duyduğu besin ya da kaloriden daha başka bir mevzudur. Aslında arzuladığınız yemek, bağırsaklarınızda yaşayan bakterilerin tercihi de olabilir. Zira son dönemde bu konuda yapılan oldukça ilginç çalışmalar bulunmaktadır.

Yemeği arzulamada mikrobiyotanın rolü

Eğer yemek yemeyi çok seviyorsanız ve de pek fazla hareketli bir hayatınız yoksa siz de birtakım kilo problemleri yaşıyor olabilirsiniz. Bu tarz kişilerin yıllardır deneyimlediği bir gerçek vardır ki kilo vermek çok ama çok zor bir süreçtir. Sıklıkla başarısızlığa uğranılan bir savaştır. Sanki kontrolümüzün dışında bir güç vardır ve her defasında bizi başarısızlıkla karşı karşıya bırakmaktadır. Bunun en güzel örneği ekmektir. Kilo sahibi her insan çok iyi bilir ki ekmek çözülmesi gereken bir problemdir. Ama bizim için ekmek, içine tereyağı, köfte, kaşar konulan, sahanda yumurta yerken tavanın dibini sıyırmamıza yarayan, fırından yeni çıkmış balık buğulamanın suyuna bandırılan mükemmel bir şeydir. O nedenledir ki zararını bile bile tüketmeye devam ediyoruz. Eğer bir şeyin zararının farkında olup onu tüketmeye devam ediyorsanız, hiç tartışmaya gerek yok, siz bir bağımlısınız. Yani menemenin çatalla yenemeyeceğini düşünüyorsanız, siz bir ekmek bağımlısısınız ve aramıza hoş geldiniz. Peki, niye ekmeğe bu kadar bağımlıyız? Ya da sorumuzu daha da genişletirsek, zararlı olduklarını bile bile neden ısrarla bazı besinleri tüketmeye devam ediyoruz? Gerçekten de düşündüğümüz gibi, irademizin dışında bir güç mü bizi buna zorluyor? Yani bulunduğumuz dönemin popüler deyimiyle, bu sorunun kaynağı "dış güçler" midir? Aslına bakarsanız bu meselenin dış güçlerle falan hiçbir ilgisi yoktur. Mesele oldukça içtendir ve içimizden gelir. Yani sorun bir "iç güçler" durumudur. Doğal olarak mücadele etmemiz ve asıl düzeltmemiz gereken kısım da "iç güçler"dir.

Hatırlayacak olursanız, bağırsaklarımızda yaşayan bakteri türünün 1000'e yakın olduğunu belirtmiştik. Yani bağırsağınızın kıvrımlarında birbirlerinden oldukça farklı mikroorganizmalar hayatlarını sürdürmektedirler. Üstelik bu canlılar da tıpkı insanda olduğu gibi sürekli birbirleriyle mücadele içindedirler. Yani alınan besinler ve harcanan enerji açısından bakteri grupları arasında büyük bir mücadele bulunmaktadır. Özetle nerede bir enerji kaynağı varsa orada yaşayanlar arasında meydana gelen savaş durumu, canlılığın her aşamasında kendisini hissettiren kaçınılmaz bir gerçektir. Yani "iç güçler" olarak düşünebileceğiniz bu bakteriler enerji kaynakları için sizi kullanmaktadırlar. Doğal olarak bu bakteriler hangi enerjiye ihtiyaç duyuyorlarsa, sizi o besin kaynağına yönlendirebilirler. Belki de yıllardır ekmek yediğiniz için bağırsaklarınızda oldukça güçlenmiş bir bakteri grubu ısrarla sizi ekmek yemeye yönlendiriyor olabilir.

En baştan söyleyelim. Sağlıklı bir vücut istiyorsanız bağırsaklarınızdaki bakterileri belirli bir dengede tutmanız çok ama çok önemlidir. Mesela bağırsaklarınızda *provotella* diye bir grup bakteri yaşamaktadır. Bunlar için en iyi besin kaynağı karbonhidratlardır. Siz karbonhidrat tabanlı beslendikçe bu bakterilerin çok daha güçlenmesine neden olacaksınız. Çünkü tıpkı silah yardımı gibi, onlara daha fazla enerji kaynağı sunmaktasınız. Zira siz şeker ve tatlı yedikçe bu bakteriler daha fazla güçlenecek ve daha fazla çoğalacaktır. Bu durumda da etraflarındaki diğer bakteri gruplarına korku salabilirler. Örneğin, *bifidobakteria* dediğimiz bakteri grubu bu durumdan kötü etkilenebilir. Zira bu bakteriler sizin tükettiğiniz lifli gıdalardan yararlanabilmektedir. Diğer taraftan *bakteroidetes* adını verdiğimiz mikroorganizmalar ise kendilerine besin olarak yağı kullanmayı tercih etmektedirler. Bu durumda siz sürekli karbonhidrat tüketirseniz zavallı *bifidobakteria*'lar ve *bakteroidetes*'lerin zalim *provotella* karşısında hiç şansları olmayacaktır. Özetle, bağırsaklarınızı yedi krallığın hüküm sürdüğü Westeros toprakları gibi düşünebilirsiniz. Burada çok fazla canlı türü bulunmakla beraber, herkesin tek bir derdi vardır. O da Demir Taht'a oturmak.

Ne yediğinize karar vermeden önce bu büyük mücadeleyi unutmayın lütfen. Zira yedikleriniz bu topraklar için ölümcül derecede önemlidir. O nedenle yediklerinizi, sadece zevk açısından değerlendirmek çok büyük bir hata olur. Zira diyelim ki tek tip beslenen birisiniz. Bu durumda o besinin işe yaradığı bakteriler daha fazla çoğalacak ve daha fazla güçleneceklerdir. Şimdi diyebilirsiniz ki "Aman canım, bana ne bağırsağımdaki bakterilerin savaşından. Zaten etrafımda bir ton problem var, bir de bu manyakların derdiyle mi uğraşacağım! Ne halleri varsa görsünler" Ama keşke durum bu kadar basit olsa ve bu savaşın sonuçları da bağırsak sınırları içinde kalsaydı. Ancak durum hiç de öyle değildir. Diyelim ki siz çok fazla karbonhidrat tabanlı besleniyorsunuz. Bu durumda *provotella* adlı hanedan Demir Taht'a oturacaktır ve diğer bakteri gruplarına Westeros'u dar edecektir. Üstelik bununla yetinmeyecek, salgıladıkları çeşitli kimyasal maddeleri vagus siniri aracılığıyla beyninize gönderecektir. Bu sinyaller, hem bazı davranışlarınızı şekillendirecek hem de daha

fazla karbonhidrat tüketmeniz için aklınızı karıştırıp duracaktır. Bu o kadar güçlü bir etkidir ki makarna ve pilavın yanında size ekmek yedirtecek kadar kontrolden çıkmıştır. Tıpkı bu örnekte olduğu gibi, eğer ipin ucunu bir kaçırırsanız geri dönüş çok zordur artık. Zira bu bakteriler ne kadar kuvvetli hale gelirlerse, yediklerinize de o kadar kuvvetli hükmetmeye başlayacaklardır. İşte bu durumda sizin bağırsağınızın kıvrımlarına saklanmış olan *bifidobakteria* ve *bakteroidetes*'leri beslemeniz gerekmektedir. Zira bağırsağınızda bir güç dengesi kuramazsanız sonuç sizin açınızdan oldukça kötü olacaktır. Muhtemelen bu yüzden neredeyse tüm diyet girişimlerimiz başarısızlıkla sonuçlanmaktadır. Çünkü kendi ellerimizle yarattığımız, içimizdeki bakteri grubuna söz geçiremez hale gelmişiz demektir. O nedenle, bu kitabın birçok yerinde de vurgulandığı üzere, amacımız kalori ve kilo hesabı olmamalıdır. Amacımız bize en uygun mikrobiyotayı inşa etmek olmalıdır. Zaten biz bunu başardığımızda gerisi çok daha rahat gelecektir.

Özetleyecek olursak "tep tip beslenme" ya da "canınız ne çekerse onu yeme" fikirleri mikrobiyotanız için kötü fikirlerdir. Burada en önemli konu, yiyeceklerinizi arzularken sizi asıl yönlendiren gücün bu minik canlılar olduğunu unutmamanızdır. Yani sabah kalktığınızda canınız aşırı bir şekilde menemen çektiğinde, menemeni asıl kimlerin istediğinden eminsiniz artık. Kalori hesaplarını bilemem ama söz konusu sağlıklı bir mikrobiyota olduğunda, bağırsaklarınızda bakteri çeşitliliğinin yüksek olması çok faydalıdır. Yapılan çeşitli çalışmalar, obez kişilerde bakteri çeşitliliğinin az olduğunu göstermiştir. Sonuç olarak, "tek tip beslenme" ve de "canınız ne çekiyorsa yeme" davranışlarından uzak durmak, uzun sürecek olan bu mücadelenizde size büyük katkılarda bulunacaktır. O nedenle söz konusu bağırsaklarınızdaki bakteriler bile olsa adaletli davranmaktan asla vazgeçmeyin. Çünkü görünen o ki adalet sadece mülkün değil mikrobiyotanın da temelini oluşturmaktadır.

Kitabın bu kısmını okuyan bazı okuyucularımız, yukarıdaki "menemen" kelimesini gördükten sora okumayı bırakıp güzel bir menemen yapmaya gitmiş olabilir. Menemeni gömerken oluşan zevk dalgalarında sörf yapan bu kişiler "Hadi canım oradan, mikroorganizma ne anlar menemenden. Ben menememimi kendi özgür irademle yaptım ve kendi özgür irademle yedim. Hiçbir bakteri bu konuda bana müdahale edemez" diye düşünebilir. O zaman bu konuda yapılan çeşitli çalışmalardan birkaç örneği sizlerle paylaşalım sevgili menemenciler.

Hemen herkes çikolata yemekten hoşlanır. Fakat bazı insanların bu meseleye özel bir ilgileri vardır. Mesela yapılan bir çalışmada, çikolataya hasta olan kişilerin mikrobiyotalarının, diğer insanlara göre daha farklı olduğu gösterilmiştir. Aslına bakarsanız bu konuda yapılan hayvan çalışmaları karşımıza daha da ilginç sonuçlar çıkarmaktadır. Defalarca vurguladığımız üzere içimiz tam anlamıyla tıka basa mikrop dolu. Peki, mikropsuz olabilseydik nasıl bir durum söz konusu olurdu? Aslında bilim insanları bu koşulları hayvanlarda oluşturabilmektedir. Mikropsuz ve özel steril ortamlarda yetiştirilen fareler üzerinde yapılan çalışmalar, mikrobiyotanın etkileri konusunda bize oldukça ilginç bilgiler vermektedir. Örneğin genetik olarak obeziteye yatkın farelerin, mikropsuz-steril bir ortamda yetiştirildiklerinde kilo almadıkları gösterilmiştir. Bu sonuç "obezite ile mikrobiyota arasında bir ilişki olabilir mi" sorusunu aklımıza getirmektedir. Bunu öğrenmek isteyen bilim insanları aynı fare türünün normal bir ortamda yetişenini incelemişlerdir. Genetik olarak yatkın olduğu için bu fareler obez hale gelmiştir. Burada bilim insanları oldukça ilginç bir şey denemişlerdir. Obez olan farenin mikrobiyotasını, steril ortamda yetişen ve obez olmayan hayvana transfer etmişlerdir. Mikrobiyota transferini takiben, obez olmayan hayvanlar hızla obez hale gelmeye başlamışlardır. Yani az önceki hayvan aynı olsa da bağırsaklarında yaşayan minik canlıların değişmesi hemen etkisini göstermiştir. Bir başka çalışmada ise bu tarz steril ortamlarda yetiştirilen hayvanlarda leptin, kolesistokinin gibi yemek alımını düzenleyen hormon seviyelerinin düşük olduğu gösterilmiştir (Duca, 2012). Mikropsuz bir ortamda yetiştirilen farelerde daha fazla tatlı tercihine rastlanmıştır. Ayrıca bu hayvanların gastrointestinal kanallarında, normal fareye göre daha fazla sayıda tatlı reseptörü bulunduğu gösterilmiştir (Swartz, 2012).

Peki, bu minnacık canlılar nasıl oluyor da koskoca insanları kontrol edebiliyorlar? Dışarıdan bakıldığında saçma gibi gözükse de bu canlılar beyni etkileyen önemli yolak ve nörotransmitterler ile çok yakın ilişki içindedirler. Hatırlayacağınız üzere dopamin ve serotonin gibi kimyasal maddeler beynimizdeki ödül merkezine gittiğinde mutlu oluyorduk. Hatta dopaminin hastasıydık ve bize dopamin salgılattıran şeylerin bağımlısı haline geliyorduk. Bu kadar hastası olduğumuz dopaminin yarısı, serotoninin ise çok büyük bir kısmı bağırsaklarda üretildiğinden, bu minik canlılar, koskoca bizleri kontrol edebilmektedir. Çünkü zaaflarımızı çok iyi bilirler ve istediklerini yaptırana kadar bu zaaflarımızı sonuna kadar sömürürler.

Bağırsakta yaşayan kalıcı ya da geçici birçok mikroorganizma dopamin üretiminde önemli rol oynamaktadır. *E. coli, basillus* türleri, *proteus vulgaris, stapylococcus aureus* bu konuda önemli rolleri olan bakterilerdir. Bu bakterilerin yetiştirildiği kültürlerdeki dopamin miktarının, dolaşımdakinin yaklaşık on ila yüz kat arası olduğu düşünülmektedir (Tsavkelova, 2006). Dopaminin musluğunu elinde tutan bu canlılar, tabii ki de size istediklerini çok kolay yaptıracaklardır. Sadece dopamin değil, birçok hormon ve kimyasalın üretilmesinde söz hakkı olan canlılardan bahsediyoruz. Meselenin ciddiyetini anlamanız için sizinle çok daha garip bir örnek daha paylaşalım. Bildiğiniz üzere testosteron erkeklerde daha fazla salgılanan bir cinsiyet hormonudur. Yapılan bir çalışmada erkek bir fareden alınmış

mikrobiyota, henüz olgunlaşmamış dişiye transfer edilmiştir. Sonuç olarak dişiye sadece bakteri transfer edilmesi bile, dişide testosteron seviyelerinde artışa neden olmuştur. Üstelik bu artış kısa süreli olmayıp, testosteron seviyesini belirli bir düzeyde tutmayı başarmıştır (Markle, 2013).

Anne sütünde ve yoğurtta bulunan laktik asit üreten bakteriler aynı zamanda histamin ve GABA adlı nörotransmitterleri de üretmektedirler. Bu moleküller yine doğrudan beyni etkileyen oldukça önemli nörotransmitterlerdir. Örneğin GABA birtakım anksiyete önleyici ilaçların bağlanıp etki gösterdiği yerleri uyarabilmektedir. Yani bir nevi ilaç gibi davranmaktadır (Desbonnet, 2010 ve Thomas, 2012). Sonuç olarak, bağırsakta yaşayan mikroorganizmaların hormon ve nörotransmitter üretimlerinde bu kadar söz sahibi olması gerçekten muazzam bir olaydır ve bağırsak mikrobiyotasının vücudumuz üzerinde ne kadar etkili olduğunu çok net bir şekilde ortaya koymaktadır.

Hatırlayacağınız üzere bağırsaklarımızda yaşayan mikroorganizmalar isteklerinin çoğunu vagus siniri aracılığıyla beynimize gönderirler. Yani siz tabağınızda dört dilim baklavanın ikisini yedikten sonra diğer iki dilime dokunmadığınızda bu canlılar beyninize haber göndererek, son iki dilimi de yemeniz için size müthiş bir baskı yaparlar. Çoğu zaman irade gücünüz kırılır ve aman canım iki dilim baklavadan ne olacak deyip kendinizi de kandırdıktan sora bu dilimleri afiyetle yersiniz. Burada ilginç bir bilgiden bahsedelim. Daha önce de söylediğimiz üzere vagus parasempatik sistemle ilgili bir yapıdır. Doğal olarak parasempatik aktiviteleri güçlendirecek yapılar ile vagus üzerinden daha kontrollü bir etkide bulunabilirsiniz. Örneğin yoga ve meditasyonun yemek konusunda irade gücünü artırdığı düşünülmektedir.

Görünen o ki, bağırsaklarımızda yaşayan bu mikroplar salgıladıkları maddeler aracılığıyla gerek doğrudan gerekse de sinir yolları aracılığıyla beynimiz üzerindeki etkili olmaktadır. Bunun en ilginç örneklerinden biri de gastrik cerrahi geçirenlerdir. Bu kişilerin yemek miktarlarında azalma olmakla beraber, yemek tercihlerinde de önemli değişimler söz konusu olmuştur (Miras, 2013). Asıl patronun beynimiz değil de bu mikroplar olduğunu öğrendiğimizde ilginç bir durum daha açığa çıkmaktadır. Hemen herkesin deneyimlediği bir durum söz konusudur. Aşırı temiz ve sterilizasyona dikkat edilen mekânlarda yemeklerin lezzetinde hep bir şeyler eksikmiş gibi durur. Diğer taraftan salaş yerlerde yediğiniz yemeğin lezzeti ise çok farklıdır. Yani kıymayı eldiven kullanarak yoğurduğunuzda alacağınız lezzet, elle yoğurduğunuzda alacağınız lezzetten daha az olabilir.

Kilolu olmak ne zaman sorun haline gelmiştir?

Aslına bakarsanız sistem çok basit çalışmaktadır. Gün içerisinde bir sürü iş yaparsınız. Bu işler, yazacağınız kitaba isim aramaktan tutun da her iki eli market poşetleriyle doluyken asansör düğmesine basma uğraşına kadar çeşitlilik gösterir. Bu işleri becerebilmek içinse vazgeçilmez bir ihtiyacınız vardır. "Enerji". Peki, enerjiyi nasıl elde edeceğiz? Tabii ki yiyeceklerden... Besinlerin içinde barındırdıkları enerji, onları yediğinizde size geçecektir. Burada basit bir matematik söz konusudur. En azından harcadığınız kadar enerjiyi besinlerden almak zorundasınız. Yani günde 100 birim harcıyorsanız 100 birim almak zorundasınız, yoksa işler yürümez. Burada vücudumuz bize güzel bir kıyak çekmiştir. Zira vücudumuzda enerji depolama sistemleri vardır. Yani önünüzde ihtiyacınız olandan fazla bir enerji kaynağı olduğunda, enerjinin fazlasını depolayabilirsiniz. Tıpkı harcamalarınızdan geri kalan paranızı bankaya yatırmak gibi düşünebilirsiniz. Aslına bakarsanız çok saçma değil mi? Harcayabilecek paramız, yani enerjimiz varken neden biriktirme ihtiyacı duyarız ki? Aslında bunun sebebi, hepimizde olduğu gibi, geleceğimizi garanti altına almak ihtiyacından başka bir şey değildir. Yani, "ya önümüzdeki ay işten atılırsam ve maaşım olmazsa! O nedenle kenarda köşede birikmiş param olsa çok iyi olur" düşüncesi, bizi fazla paramızı zor günler için saklama davranışına iter. Aynı şey ilkel insan için de geçerliydi. O dönemlerde besinlere ulaşmak günümüzdeki kadar kolay değildi. O nedenle de besine ulaşıldığında, sadece ihtiyacı olanı değil fazlasını da alıp depolamayı tercih etmiştir. Olur da bir gün etrafta besin kalmazsa, o depodaki enerji, en azından bir miktar daha iş görürdü. Tahmin edeceğiniz üzere vücudumuz enerjinin fazlasını yağ olarak depolamaktadır. Yani göbeğinizi avuçladığınızda elinize gelen o şişkin kısım aslında sizin vücudunuzdaki banka hesabınızdır. Peki, kilolu olmak ne zaman sorun haline geldi? Açıkçası 18. yüzyıla kadar tıp ile ilgili kayıtlarda "fazla kilolu olmak" diye bir soruna değinilmemiştir. Ama günümüzdeki teknoloji ve gelişmeler, iki noktada ilginç değişimler yaşattı biz insanlara. Bir kere teknoloji sayesinde çok daha tasarruflu hale geldik. Artık çok daha az enerji harcıyoruz. Eskiden yürürken harcadığımız enerjileri şu an altımızdaki arabalar harcıyor. Ya da avlanmak için kullanacağımız enerjiyi, market rafındaki ürüne uzanarak harcamaya çalışıyoruz. Yani enerji harcamamız ciddi bir şekilde düştü. Bununla beraber enerji kaynaklarına ulaşım çok daha kolay ve ucuz hale geldi. Harcamalarınızın çok ama çok azaldığı ve maaşınızın da bir o kadar arttığı bir banka hesabını hayal ediniz lütfen. İşte, bu yüksek rakamlı banka hesaplarına obezite diyoruz. Bu banka hesaplarının en önemli sorunu, dilediğinizde havale ya da EFT yapamamanızdır. Belki maddi anlamda şişkin bir banka hesabı hoşunuza gidebilir ama söz konusu vücudunuz olduğunda gereğinden fazla "yağ hesabı" hiç de iyi sonuçlar vermemektedir.

Hem görünüş hem de sağlığınız açısından obezitenin ne kadar sorunlu bir konu olduğundan bahsedecek değilim. Her ne kadar modern insanın obeziteye olan eğilimi oldukça yüksek olsa da insanlar arasında önemli farklar bulunmaktadır. Zira hepimizin etrafında iki tip insan modeli muhakkak bulunur.

İlki şudur; "ne yersem yiyeyim bir türlü kilo alamıyorum"cular. Bu kişiler genelde biz kilolular tarafından gıcık insan kategorisine sokulan tiplerdir. Bir de şu tipte kişiler var; "arkadaşım su içsem yarıyor, hemen kilo alıyorum" diyenler. Peki, bu durumun sebebi nedir? Bunun gerçek olma ihtimali var mı, yoksa sadece kendimizi mi kandırıyoruz?

Bu işin genetik bir temeli vardır ve aynı zamanda insanların metabolizmaları arasında çok büyük çeşitlilikler olabilir. Bunlara ilaveten mikrobiyotamız da bu konuda çok fazla söz sahibidir. Zira obez insanlarla yapılan çalışmalarda bu kişilerin mikrobiyotalarında daha az çeşitte bakteri olduğu gösterilmiştir. Obezite durumunda özellikle karbonhidratlarla ilgili olan bakterilerin çok daha yoğun ve söz sahibi oldukları ortaya konulmuştur. Obez kişilerde *Bacteroidetes*'lerin sayısının az, *firmicutes*'lerin sayısının ise çok olduğu tespit edilmiştir. Kilo kaybı ile beraber *Bacteroidetes*'lerin sayısı artarken, *firmicutes*'lerin sayısı azalmıştır (Ley, 2006). Bağırsaktaki bakteriler ve kilo durumunuzla ilgili yapılan bir başka çalışmada, bir grup farenin yüksek yağlı diyetle beslenerek obez olmaları sağlanmıştır. Diğer grup ise normal beslenmiştir. Daha sonra obez farelerden alınan gayta (dışkı) normal beslenen farelerin bağırsaklarına nakledilmiştir. Bu işleme havalı bir şekilde "fekal mikrobiyota transplantasyonu" (FMT) dense de evet, yapılan şey, bir hayvandan alınan dışkıyı bir başka hayvana nakletmektir. Bu sayede bakterilerin doğrudan transferi sağlanmış olur. Bunun nasıl yapıldığını merak edenlerin, kitabın son bölümüne kadar sabretmeleri gerekmektedir. Obez fareden gelen dışkı içerisindeki bakteriler normal diyetle beslenen farenin bağırsak duvarlarına müdahalede bulunarak dolaşımda endotoksinlerin artmasına ve nöroinflamasyona neden olurlar (Bruce-Keller, 2015). Yani bu bakteriler, hayvan daha obez olmadan, bağışıklık sisteminde obezite söz konusuymuş gibi reaksiyonlar oluşmasına neden olurlar.

Dünyanın bir yarısı **AÇLIKLA** mücadele ederken, diğer yarısının **OBEZİTE** ile mücadele etmesi insanlığın en özet ifadesi aslında

Obezite bulaşıcı olabilir mi?

Muhtemelen bu soruya vereceğiniz cevap hemen "hayır" olacaktır. Haklısınız, bulaşıcı hastalıkların etki mekanizmasına baktığımızda obezitenin bulaşıcı bir durumunun olmadığı gözükmektedir. Ama pratikte ilginç durumlar söz konusu olabilmektedir. Aslında bununla ilgili örnekleri parça parça da olsa yukarıda paylaştık. Zira obez bir farenin sadece mikrobiyotasını diğer canlıya transfer etmek, normalde zayıf olan farenin ilerleyen günlerde obez olmasına neden olmuştu. Hatta konuyla ilgili yapılan oldukça ilginç bir çalışmada, obez bir kadından alınan mikrobiyota, kilosu normal seviyede olan fareye nakledildiğinde de benzer bir sonuç ortaya çıkmıştır (Ridaura, 2013). Bu çalışma insandan alınıp fareye transfer edilen dışkının bile aynı etkiyi gerçekleştirdiğini göstermektedir. Yani söz konusu bakteriler olduğunda farklı türler arasında da geçişlere rastlanmaktadır. Sonuç olarak, obez birindeki bazı bakteri türlerinin normal kilolu birine geçmesi durumunda da benzer sonuçların oluşma ihtimali hiç de düşük değildir. Örneğin sosyal ağlarla ilgili yapılan ilginç bir çalışmada bir kişinin etrafında obez olan bir arkadaşının olması, o kişinin obez olma ihtimalini %57 oranında artırdığını göstermiştir (Christakis, 2007).

Her ne kadar obezitenin bulaşacağı fikri size garip gelse de olayın daha iyi özetleyen örnekler de bulunmaktadır. Bildiğiniz üzere yemek tercihleri de bulaşıcı olabilir. Evlenmeden önce hiç yağlı tüketmeyen bir kişi, eşinin yağlı yemeklere olan merakı ile yağ tüketen bir insan haline dönüşebilir. Zaten ailelere baktığımızda, genel anlamda yemek tercihlerinde benzerlik olduğunu görürsünüz. Yapılan çalışmalar, aile bireylerinde oral ve fekal mikrobiyota arasında önemli benzerlikler olduğunu göstermiştir (Song, 2013). Eskiden bu benzerlik çok daha belirgindi. Çünkü bildiğiniz üzere hayatımız modernleştikçe yaşadığımız alanlar büyüdü. Eskiden üç kardeş aynı yatağa sığmaya çalışırdı. Şimdiyse hepsinin bir odası, en azından ayrı bir yatağı var.

Özetle, kilolarınızdan bakteriler sorumlu ama bu bakterilerden de siz sorumlusunuz. Söz konusu kilo verme olduğunda, hemen herkes olaya matematiksel bir yaklaşım göstererek kalori hesaplama ve yemek miktarlarında azaltmaya gitmektedir. Bahar ayları yaklaştığında aldığı kiloları gizleme şansı olmayıp diyet yapmaya başlayan biz fani insanların bildiği çok net bir şey vardır: Diyet yapmak ve hedeflediğiniz kiloları belirlediğiniz sürede vermek neredeyse imkânsızdır. Ne yazık ki bu tarz girişimlerin sonuçlarının geri dönüşü de bazen daha ağır olmaktadır. Yani bir ayda dört kilo verip, takip eden üç ayda altı kilo aldığınızda durumlar hiç de istenildiği gibi olmamaktadır. Peki, buradaki sorun nedir? Neden bir türlü fazla kilolardan kurtulamıyoruz?

Yediğiniz şeylerin miktarından ziyade ne olduğu çok daha önemlidir. Eğer fazla yağlarınız varsa bilin ki bunun sorumlusu bağırsaklarınızda yaşayan bir grup bakteridir. Yani sorunu kökten çözmek istiyorsanız bu bakterilerle mücadele etmelisiniz. Kısa vadede etkili sonuçlar verse de tek tip beslenmeden uzak durmak mikrobiyotamız için faydalı görünmektedir. Yani sadece protein temelli bir diyet kısa vadede etkili olabilir ama uzun vadede mikrobiyotamız üzerinde neler yapacağını bilmiyoruz. Kitabın son kısmında sağlıklı bir mikrobiyota için ne yapmamız gerektiğiyle ilgili birtakım ipuçları paylaşılmıştır. Bu kısma geldiğinizde göreceğiniz üzere, probiyotik ve prebiyotik gıdaların mikrobiyota üzerinde önemi çok büyüktür. Örneğin bazı probiyotik laktobasiller yağ kütlesinin azalmasını sağlamaktadır. Yani aç kalarak değil doğru şeyleri yiyerek de fazla yağlardan kurtulabilirsiniz. Laktobasillerin aynı zamanda insülin duyarlılığı ve glukoz toleransını artırdığı da gözlenmiştir. Yapılan bir çalışmada, fareleri yüksek yağ diyetiyle beslemişlerdir. Doğal olarak, bu farelerde kısa sürede kilo artışının olması beklenmiştir. Aynı zamanda deney ekibi farelere *Bifidobacterium breve* adlı bakterileri de vermiştir. Sonuçlar gerçekten ilginçtir. Zira fareler yüksek yağlı beslenmelerine rağmen, bu bakteriler sayesinde hayvanlarda herhangi bir kilo artışı olmamıştır (Kondo, 2010). Yapılan bir başka çalışmada ise yoğurt tüketiminin, kişinin enerji alımında ve egzersiz durumunda değişiklik olmadan kilo kaybına neden olduğu gösterilmiştir (Kadooka, 2010). Benzer şekilde özel yapılmış bir yoğurt çeşidini tüketen kişilerde, altı hafta içinde LDL kolesterol seviyelerinde %9'luk bir azalma gözlenmiştir. Yani, kolesterol ilaçlarının başardığının yarısı kadar bir azalma sadece yoğurt yiyerek başarılmıştır. Bu arada hatırlatmakta fayda var; önceki bölümlerde de özellikle vurguladığımız üzere, kolesterol her ne kadar tehlikeli gibi gösterilse de vücudumuz için çok ama çok önemlidir.

Gördüğünüz üzere, gece yarısı durup dururken canınız fıstıklı baklava çektiğinde, aslında baklavayı kimin istediğini biliyorsunuz artık. Tıpkı bakkala gönderilen bir çocuk gibi, sizi mutfaktaki kutu içerisinde duran baklavaları almaya göndermek için her şeyi yapan bakterilerden bahsediyoruz. Unutmayın ki onlara karşı koyma şansınız çok düşüktür. Bu durumda size küçük bir tavsiyede bulunabilirim. Eğer canınız ısrarla baklava çektiyse ve bu durum karşı konulamaz bir hal aldıysa doğrudan dolaba gidiniz. Dolabın köşesinde bir yerlerde unutulmuş olan brokoliyi alınız, blender'dan geçiriniz ve sarımsak dolu yoğurdun içine boşaltınız. Bağırsaklarınızda fıstıklı baklava diye çığlık atan o mikropları en güzel cevabı brokolili yoğurttan birkaç kaşık yiyerek verebilirsiniz. "Demek fıstıklı baklava istiyorsanız ha, alın size brokoli o zaman" Şimdi diyeceksiniz ki "iyi de ben brokoliden nefret ederim", farkındayım. Aslında brokoliden nefret eden içinizdeki bakteriler. O nedenle kendilerine nefret ettikleri bir şey yollayarak akşam akşam bakterilerinizi güzelce bir trolleyin! Her ne kadar yemesi zor gibi dursa da sarımsaklı yoğurdun içinde kaynayacaktır. Zira sarımsaklı yoğurt o kadar mucizevi bir şeydir ki içine konan her şeyin yenilebilmesine olanak tanır.

Şu ana kadar mikrobiyota ile ilgili olarak hep yediklerimizden bahsettik. Peki ya içtiklerimiz? Aslına bakarsanız içtiklerimizin de çok fazla etkili olduğu düşünülmektedir. Bu henüz yeni bir konu olduğundan, içecek ile ilgili yayınların sayısı oldukça azdır. Ama konuyla ilgili yapılan bazı çalışmalar şunu özetlemektedir: Özellikle alkollü, gazlı ve tatlandırılmış içeceklerin mikrobiyota çeşitliliğini azalttığı gösterilmiştir. Diğer taraftan kahve ve çayın mikrobiyota çeşitliliğini artırdığı düşünülmektedir. Bildiğiniz üzere mikrobiyota çeşitliliği daha sağlıklı bir sistem için vazgeçilmezlerden biriydi. Üstelik çay ve kahvenin artırıcı etkisi daha çok metabolizmaya faydalı mikroorganizmalar üzerinden gerçekleşmektedir (Duda-Chodak, 2015 ve Mills, 2015). Şimdilik bu konuda daha fazla çalışmaya ihtiyaç duyulmaktadır. Diğer taraftan, çay ve kahvenin bağırsaklarımızdaki mikropların üzerine olan etkileri henüz yeni bir konu olsa da bu maddelerin beynimizde yaptığı etkileri yıllardır bilmekteyiz. Peki, bu maddeler beynimize tam anlamıyla ne yapmaktadır? Niye çay ve kahveye bu kadar bağımlıyız? Gerçi her ne kadar ikisinden aynı içecek gibi bahsetsek de söz konusu zevkler olduğunda da insanlar ikiye ayrılmaktadır. Peki, siz hangi taraftasınız?

Çay mı yoksa kahve mi?

Sıkı dostların en güzel buluşmalarına vesile olur bazen, bazen de tanıklık eder en derin ayrılıklara. Kimi için keyiftir, kimi içinse vazgeçilmez. Kimi en sevdiği kitapları onunla okur kimiyse en sevdiği kitapları onunla yazar. Hemen hepimizin hayatının içinde olan ve sudan sonra en çok tükettiğimiz o iki sıcak içecekten bahsediyorum; çay ve kahveden. Hatırlayın kaşığın cama her vuruşunda kulağınıza gelen o tanıdık ve samimi sesi. Ya da kahveyi fincana dökerken burnunuza gelen o muhteşem kokuyu. Peki, neden insanlık olarak bu iki içeceğe bu kadar düşkünüz?

İşin zevk kısmı bir tarafa özellikle yoğun olduğumuz dönemlerin vazgeçilmez içeceğidir çay ve kahve. Çünkü kendinizi dinç ve zinde hissetmenizi sağlar. Peki, bu nasıl olur? Acaba bu içecekler beynimize ekstradan enerji mi vermektedir? Bunu anlamak için gelin insan beynine yakından bakalım. Resimde gördüğünüz molekülün adı adenozindir. Adenozin ya da herhangi bir molekül, beyinde etki gösterebilmek için reseptör dediğimiz yapılara bağlanmak zorundadır. Bağlanamazlarsa etki gösteremezler, tıpkı anahtar-kilit ilişkisinde olduğu gibi. Uyanık olduğumuz dönemde, adenozin beynimizde birikmeye başlar ve belirli bir düzeye ulaşınca beyindeki ilgili reseptörlere bağlanır. Bu bağlanma sonucunda kendinizi yorgun ve uykulu hissederseniz. Eğer uyursanız adenozin yoğunluğu azalır ve kendinizi dinç hissederseniz. Peki, bu sistemde kahve nasıl etki göstermektedir? Gelin, hep beraber kahvemizden bir yudum aldığımızda beynimizde tam olarak neler olmaktadır, ona bakalım. Kahvenin içerisinde bulunan kafein yapısal olarak adenozine çok benzer. Beyne gelen kafein molekülü adenozinle yarışarak adenozinin bağlanacağı reseptörlere bağlanır. Adenozin buralara bağlanamadığı için etki gösteremez ve siz de uykulu ve yorgun hissetmezsiniz.

Ama şunu unutmayın lütfen. Çok fazla kafein tükettiğinizde beyninizde daha fazla adenozin reseptörü üretilir. Bu da aynı sonucu alabilmek için daha fazla kafein tüketmeniz gerektiği anlamına gelir. Ya da kahve içmediğinizde daha fazla yorgunluk hissedeceksiniz demektir. Çünkü adenozinlerin bağlanacağı reseptör sayısı artmıştır. Aslında çayın yaptığı etki de benzer mantığa dayanır. Özetle kahve ya da çay size enerji vermez. Asıl yaptıkları şey, yorgun hissetmenizi sağlayacak maddenin etki göstermesini engellemektir.

Kafein denilince akla hep kahve gelse de birçok içecek ve gıdada kafein bulunmaktadır. Koyu çay, enerji içeceği veya kola gibi içecekleri çok tüketiyorsanız kahve içmeseniz bile bolca ka-

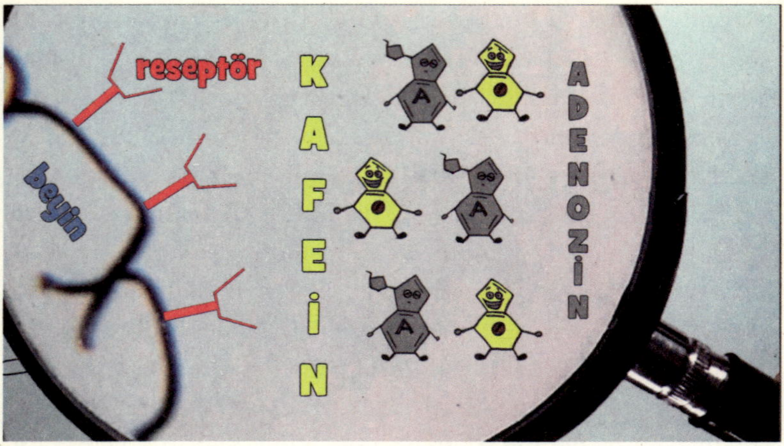

fein alıyorsunuz demektir. Normalde kahve içmesine izin verilmeyen çocuklar, bu içecekler ve diğer gıdaları tüketerek yüksek oranda kafeine maruz kalabilir. Ailelerin özellikle bu konuda dikkatli olmasında fayda var. Yüksek doz kafein alımı taşikardi, titreme, uyku bozukluğu, konsantrasyon güçlüğü ve endişe duygusuna sebep olur. Genellikle susuzluğu gidermek için içilse de aslında vücuttan suyu attırıcı etkileri vardır. O nedenle susadığınızda en iyisi su içmektir. Ya da en az içtiğiniz çay-kahve miktarı kadar su içmenizi de öneririz. Çay ve kahvenin fazla alınması ve yemeklerle beraber tüketilmesi, demir emilimini azaltarak anemiye yol açabilir. Beyaz solgun bir cildiniz varsa ve halsizseniz bunu bir daha düşünmekte fayda var.

Peki, çay ve kahve insanlığın hayatına nasıl girdi? Kahvenin öyküsünün Güney Etiyopya'da "Kaffa" adlı bölgede başladığı düşünülmektedir. Buna göre, buradaki yerli halk bu bitkinin tanelerini un haline getirerek ekmek yapmaktaydı. Kahvenin Etiyopya'dan sonraki ilk durağının ise Yemen olduğu sanılmaktadır. Kahvenin uyarıcı etkisinin keşfi ise ilginçtir. Rivayete göre Yemen'de bir manastır çobanı, keçilerinin gece düzgün uyku uyuyamadıklarından yakınmaktadır. Manastırdaki keşişlerden durumu çözmesini ister. Zira hayvanlar sürekli aktif olup yorgunluk belirtisi göstermiyorlardır. Bunun üzerine keşişler hayvanların otladığı alana gidince, daha önce hiç görmedikleri koyu kırmızı tanecikleri olan bir bitkiye rastlarlar ve keçilerin bu bitkiyi yediğini görürler. Daha sonra bu bitkiden hazırladıkları sıvıyı içince geceyi uyumadan geçirirler. Zamanla bu bitki keşişler arasında o kadar meşhur olur ki geceleri dua edebilmek için bu bitkinin suyunu içmek alışkanlık haline gelir.

Bu şekilde günlük hayata hızlı bir giriş yapan kahve 1500'lü yıllarda Arap Yarımadasında hızla yayılır. Osmanlı'ya girişi ise Mısır seferinden dönen 1. Selim aracılığıyla olur. Kahve o kadar hızlı popüler hale gelir ki 1554 yılında İstanbul'da Tahtakale semtinde ilk kahvehane kurulur. Hatta Yemen'den topraklarımıza kadar gelen bu kahve türkülerimize bile konu olur. Avrupalı tüccarların İstanbul'da kahveyi keşfetmesiyle kahvenin Avrupa yolculuğu başlar. Kahve ticaretinde İstanbul ve Yemen'deki Mocha Limanı, dönemin en önemli merkezleri olmuştur. Kahve Avrupa'da da popüler hale gelince, bir sonraki durak Amerika Kıtası olmuştur.

Doğunun batıya hediyesi sadece kahve değildir. Çay da yine doğudan köken alan bir içecektir ve çok daha eskilere dayanmaktadır. Söylenene göre, çay ilk defa MÖ 2737 yılında Çin İmparatoru Shen Nung tarafından, kaynayan suya çay yapraklarının düşmesi sonucu tesadüfen bulunmuştur. İmparatorun bu karışımın tadını çok beğenmesiyle çay hayatımıza girmiştir. Ülkece çayı çok sevdiğimiz için çay kelimesinin Türkçe olduğunu düşünebilirsiniz ama durum biraz farklı aslında. Çin'de keşfedilen bu içeceğe Mandarin lehçesinde "tcha: ça" denmektedir. Çin'in Fu-kien bölgesinde konuşulan Amoy lehçesinde ise çaya "theh: te" denmektedir. Geçmişte çayın ticaretini Rusya üzerinden yapan bölgelerin çoğu bu içeceği Mandarin lehçesinden dolayı "çay" ve türevleri olarak adlandırmıştır. Çayın Avrupa'ya taşınması deniz yoluyla olduğundan, bu bölgedeki Amoy lehçesinden dolayı, Avrupalılar da çayı "te" ve türevleri olarak isimlendirmiştir.

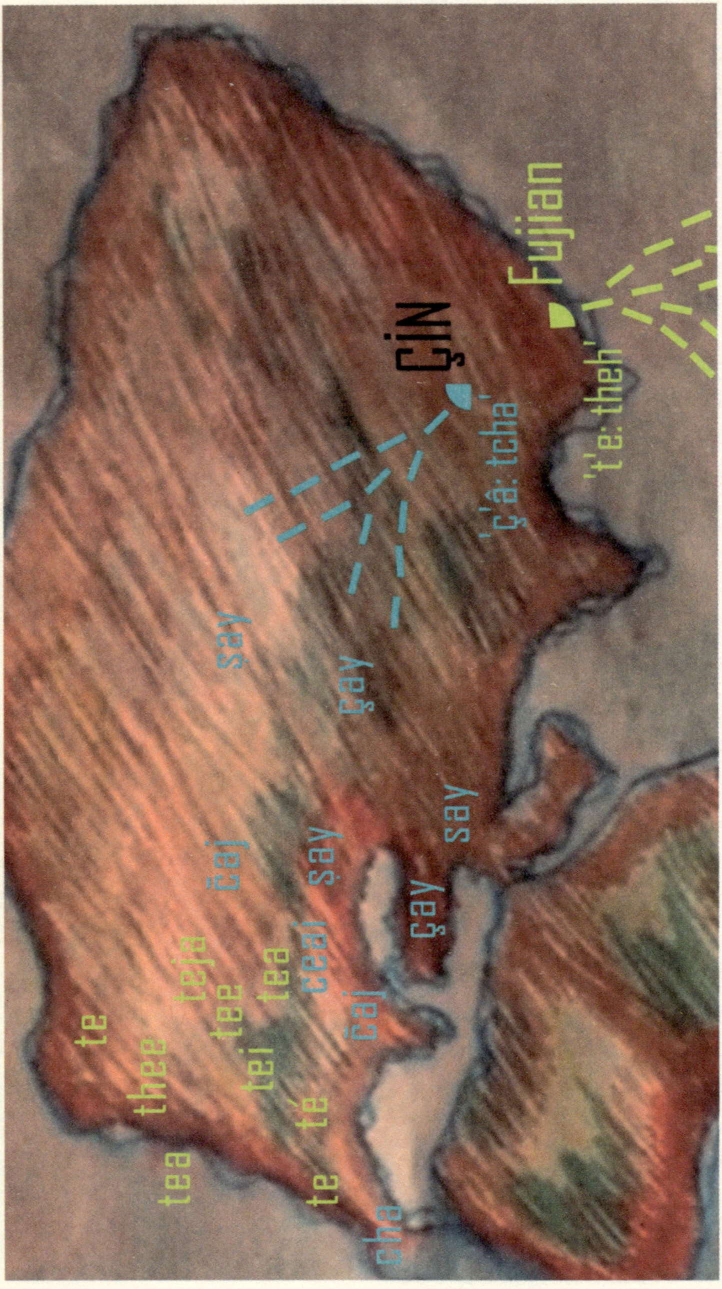
ÇİN
Fujian
''t'e: theh''
'ç'a: tcha'
şay
çay
say
say
çay
şay
çaj
ceai
çaj
tea
tee
teja
te
thee
tei
té
te
tea
cha

Bölüm 9

Ne Yersen Osun

Bir fikre eylem eşlik etmiyorsa,
o fikir ancak beyinde işgal ettiği hücre kadar büyüyebilir.

Bazı günler vardır, canınız hiçbir şey yapmak istemez. Kendinizi tanımlayamadığınız garip bir boşlukta hissedersiniz. Oysa ortada sizi böyle hissettirecek bir dış etken de yoktur. Durup dururken, bir anda olmuştur her şey. Normalde reddetmeyeceğiniz bir teklifi, "siz takılın ben hiç havamda değilim" gibi bir cümleyle geri çevirdiğiniz o zamanları hatırlayın. Diğer taraftan, bazen de yine ortada hiçbir şey yokken, kendimizi inanılmaz dinç ve enerjik hissederiz. Peki, bizi bir ruh halinden diğerine sokan şey nedir? Aslına bakarsanız ruh hali, *mood* dediğimiz mesele, yine beynin gizemini koruyan oldukça ilginç alanlarından birisidir. Bir de üzerimize yapışan ve bizi yansıtan karakterlerimiz söz konusudur. Mesela birinin hiç çekinmeden yapacağı bir işi, başkası utancından yapamaz. Ya da birinin sıradan bir şeymiş gibi yaptığı bir işi, başkasının yapabilecek cesareti olmaz. Peki, kişilik özelliklerimizi oluşturan durumlar nelerdir? Neden konuşamıyoruz? Neden bu kadar korkağız ya da her şeyi neden kafaya takıyoruz? Dünyada bu kadar geniş ruhlu insanlar varken biz niye her konuda bu kadar hızla daralıyoruz. Gelin şimdi bu meseleyi incelemeye çalışalım.

İnsan beyni gerek anatomik olarak gerekse de histolojik olarak çeşitli kısımlarda incelenebilir. Hemen her bölgesinin bir ismi vardır. Ama bir sinirbilimci olarak, beni en fazla cezbeden yer limbik sistemdir. İsmine baktığınızda çok fasondur. Örneğin sokakta birine, "Naber limbik" deseniz kavga nedeni olur. Latincesine baktığımızda "sınırlı" anlamına gelmektedir. Zira bu

Limbik Sistem

bölge, beynin geri kalanı gibi kıvrım kıvrım bir yapıda değildir. Bu bölgenin en önemli özelliklerinden biri de duygularımız ile ilgili tüm meselenin bu bölgede gerçekleşiyor olmasıdır. Mutluluklarınız, aşk acılarınız ya da umutlarınız... İşte hepsi bu bölgededir ve burası beynin en gizemli bölgelerinden biridir.

Doğal olarak duyguların merkezi olan bu bölge, ruh halimizin belirlenmesinde çok önemli rol oynamaktadır. Limbik sistemde yer alan amigdala, hipokampüs ve hipotalamus gibi yapıların, beynin diğer kısımlarıyla oldukça karışık ilişkiler içinde olduğu garip bir durumdan söz ediyoruz. İnsan beyninde, ruh hallerimiz ile ilgili yapılan çalışmalar da zaten bu olayın ne kadar karmaşık olduğunu ortaya koymaktadır. Peki, bu karmaşık sinir ağını öğrenmek bizim için önemli midir? Aslında okuduğunuz kitap için oldukça zor olan bu bilgileri öğrenmeye ihtiyacımız yok. Zira bilmemiz gereken şey; burada birtakım devreler bulunmakta ve bu devrelerin farklı olasılıklardaki aktivasyonlarında çeşitli ruh halleri ve karakterlerimiz oluşmaktadır. Ayrıca bu sinir devrelerinin, birbirleriyle nasıl bir iletişim kuracağında dış faktörlerin etkisi de önemlidir. Örneğin hava; karanlık ve kasvetli bir hava bir anda sizi oldukça melankolik bir duruma sokabilir. Ya da çok eskilerden bir şarkı oldukça mutlu olan gününüzü, bir anda garip bir hüzne çevirebilir. Çünkü tüm bu dış uyaranlar limbik sisteminizi etkilediğinden, doğrudan duygularımız ve ruh halimizi de etkileyebilmektedir. Aslında tüm bu olaylar sırasında beyninizde olanlarla ilgili yazılacak çok şey olsa da bu kitabın konusu içimizde yaşayan minik komşularımız. Düşünün, bir önceki bölümde doğrudan beyninizdeki ödül ve açlık merkezlerini etkileyerek ne yemeniz gerektiğine karışan bu canlılar, söz konusu nasıl hissedeceğiniz olduğunda boş dururlar mı sizce? Cevap tabii ki hayır!

Hemen herkesin çevresinde oldukça inatçı yapıda ve hırslı insanlar vardır. Belki siz de böyle birisinizdir. Mesela bu insanların sözlüklerinde "vazgeçmek" diye bir kelime yoktur. Her mücadeleyi son ana kadar sürdürürler. Bazıları ise mücadelede çok erken pes ederler. "Ben zaten bunu beceremem, boşuna kasmaya gerek yok" diye. Bu kişilerin farkı tam olarak nereden kaynaklanmaktadır? Aslına bakarsanız bu işin temelinde genetik vardır, yetiştiği aile yapısı ve çevresel etkenlerin rolü de çok büyüktür. Peki, her şeye karışan mikrobiyotamızın, bu konuda herhangi bir etkisi bulunmakta mıdır? Gelin mevzuyu daha iyi anlamak için konuyla ilgili ilginç bir çalışmaya göz atalım. Yapılan çalışmada, bir grup fare standart yemle beslenirken, bir grup fareye *Lactobasillus rhamnosus (JB-1)* adlı bakteriler verilmiştir. Bu arada merak edenler için söyleyelim; hayvanlara dışarıdan madde verilirken en sık kullanılan yöntemler enjeksiyon ve gavajdır. Özellikle hayvanın bu maddeyi sindirim sistemi aracılığıyla almasını istiyorsanız gavaj dediğimiz yöntem kullanılır. Bu yöntemde, enjektörün ucuna takılan uzun bir boru hayvanın ağzının içerisinden yemek borusuna doğru ittirilerek hayvana verilir. Gözünüzün önüne bebeklerini zorla yedirmeye çalışan anneleri getirin. Bu farelere de benzer bir durum yapılmaktadır. Aradaki en önemli fark, tüm maddeyi verdiğimizden emin olmak için farenin ağzının içine değil daha derinlere gönderirsiniz maddeleri. Rodent dediğimiz kemirgenlerde kusma refleksi olmadığından, bu işlem hayvanlarda büyük bir rahatsızlık oluşturmaz. Tekrar çalışmaya dönecek olursak, bir grup fare normal koşullarda yetiştirilmiştir. Diğer grup fareye ise ekstradan *Lactobasillus rhamnosus (JB-1)* adlı bakteri çeşidi gavaş ile verilmiştir. Bilim insanları daha sonra bu hayvanlarda bir sürü fizyolojik test yaparak, fareler arasında oluşan farkları incelemişlerdir.

Çalışmanın sonucunda *Lactobasillus rhamnosus* ile beslenen farelerin, diğer farelere göre çok daha inatçı ve mücadeleci oldukları gösterilmiştir. İyi de bir farenin inatçı veya mücadeleci olduğunu dışarıdan nasıl anlayacağız? Yani fareden bir şey yapmasını istediğimizde "hayır yapmıyorum, kendin yap" mı diyecek? Böyle durumlarda bilim dünyasında hayvanların bazı davranışlarını analiz etmeye yarayacak çok çeşitli davranış testleri bulunmaktadır. Mesela, bu testlerden en ilginç olanlarından biri de zorlu yüzme testidir. Bu test birçok amaçla kullanılsa da bu deneyde kullanılmasının asıl amacı hayvanların inatçılığını ve mücadele gücünü test etmektir. Test ortamının gözünüzde canlanması açısından durumu kabaca özetleyelim. Şimdi yaklaşık 20 santimetre çap ve 50 santimetre yüksekliğinde şeffaf bir silindir düşünün. Bilim insanları bu silindiri yaklaşık 35 santimetreye kadar suyla doldurup fareleri bu suya bırakmaktadırlar. Bu durum bazı okuyucularımızı endişelendirmesin, zira fareler yüzebilme yeteneğine sahip hayvanlardır. Bu arada suya bırakılan farelerin silindirden çıkabilmek gibi bir şansları olmadığından, sürekli yüzmek zorunda kalırlar. Deney sırasında fareleri suya bıraktığınızda, fareler yüzmeye ve kendilerini sudan dışarı çıkaracak bir yer bulmaya çalışırlar. Eğer sudan çıkma ihtimalleri kalmazsa, yüzmeyi bırakıp sadece kafalarını suyun üzerinde tutabilecek şekilde bulundukları bölgede kalmayı tercih ederler. İşte bir fare bu noktaya geldiğinde onun artık pes ettiğini anlamış oluruz. Sonuç olarak normal beslenen hayvanların belirli bir süre sonunda pes ettikleri, *Lactobasillus rhamnosus* verilen hayvanların ise pes etmeyip daha uzun bir süre mücadele ettiği gösterilmiştir.

Çalışma ekibi bununla kalmayıp, aynı zamanda stresi tetikleyen bir hormon olan kortikosteron seviyelerini de ölçmüşlerdir. Sonuç olarak *Lactobasillus rhamnosus* verilen hayvanlarda kortikosteron seviyelerinde de azalma gösterilmiştir. Yani *Lactobasillus rhamnosus* dediğimiz bu bakteriler, fareleri daha inatçı, gözü pek ve stressiz hale getirmiştir. Konuyla ilgili halen şüphesi olanlarla ilginç bir bilgi daha paylaşalım. Deneyi yapan ekip, bu etkilerin bağırsaktaki *Lactobasillus rhamnosus*'lardan kaynaklanıp kaynaklanmadığını anlamak için bir test daha yapmıştır. *Lactobasillus rhamnosus* verilip daha mücadeleci hale

LAKTO
BASİL

gelen farelerin vagus siniri kesilmiştir. Peki, neden böyle bir şey yapmışlardır? Hatırlayacağınız üzere, bağırsaktan beyne bir sinyal gönderecekseniz kullanabileceğiniz en ideal yollardan biri de vagustu. Normalde kontrol grubundaki hayvanlardan daha uzun süre yüzme davranışı gösteren bu fareler, vagusları kesildikten sonra normale dönmüşlerdir. Yani diğer hayvanlar gibi sadece belirli bir miktar yüzüp sonrasında vazgeçmiştir. Aslında bu bakteriler hayvanın vücudunda olmasına rağmen, sinyallerini beyne iletemediklerinden başarılı olamamışlardır. Bu sonuç bize, inatçılık ve mücadelecilik ruh hallerinin bağırsaklardaki bakterilerden gelip beyni etkilediğini çok güzel özetlemektedir. Zira bu motivasyonu sağlayan sadece beynin kendisi olsaydı, vagus sinirinin kesilmesi hayvanların inatçılığını değiştirmezdi (Bravo, 2011).

Depresyona girdim. Bir arkadaşa bakıp çıkacağım

Hemen herkesin depresyona girdiği çeşitli dönemleri olmuştur. Kimi aşk acısı sonrası böyle bir sürece girer, kimisiyse maddi problemlerinden dolayı. Bazıları hep depresyonda hisseder ve dünyanın tüm renkleri onlar için bir ton daha koyudur. Günümüz modern toplumunda stres ve depresyon o kadar yoğun görülmektedir ki dünyanın hemen hemen her tarafında önemli miktarlarda antidepresan ilaç kullanımı söz konusudur. Aşağıdaki tabloda, Dünya Sağlık Örgütü'nün yaptığı çalışmaya göre, 2015 yılında bazı ülkelerdeki depresyon ve anksiyete görülme sıklığı özetlenmiştir. Diğer ülkelere baktığımızda, ülkemizin ortalama değerlere sahip olduğunu görebiliriz. Daha önceki şeker hastalığı ve sezaryen oranları ile karşılaştırdığımızda hiç fena olmayan bir tablo varmış gibi gözükse de son yıllardaki antidepresan ilaç kullanımında çok önemli artışlar söz konusudur.

Yakında yayınlanan bir araştırmanın sonuçlarına göre, Türkiye'de antidepresan kullanımı son dokuz yılda %160 artmıştır.

Ülkelerdeki depresyon ve anksiyete görülme sıklığı
Dünya Sağlık Örgütünün (2015)

	Depresyon (%)	Anksiyete (%)
Avustralya	5,9	7
Brezilya	5,8	9,3
Yunanistan	5,7	4,9
Finlandiya	5,6	3,2
Rusya	5,5	3,1
Almanya	5,2	5,8
İspanya	5,2	4,1
Bulgaristan	5,2	4
İtalya	5,1	5
İran	4,9	4,6
Fransa	4,8	6,2
İsrail	4,6	2,8
İngiltere	4,5	4,2
Hindistan	4,5	3
Türkiye	4,4	4
Japonya	4,2	3,1
Çin	4,2	3,1

Olaya bu pencereden baktığımızda, bu istatistik gerçekten de ürkütücü bir tablo olarak karşımızda durmaktadır. Özetle ülkemizde her on kişiden biri antidepresan kullanırken, kadınlar erkeklerden iki kat daha fazla antidepresan tüketiminde bulunmuştur.

Doğrudan beyni ilgilendiren ilaçların kullanımı söz konusu olduğunda, birkaç kere düşünmekte fayda olabilir. Depresyon, anksiyete ve benzer durumların, beynimizdeki birtakım koşullardan kaynaklandığı bilinmekle beraber, bu konuda çok net bilgilere sahip değiliz. İlginç bir şekilde yakın dönemde yapılan birçok çalışma, söz konusu ruhsal problemler olduğunda, aslında bağırsaklarımızın da çok büyük rol oynadığını göstermektedir. O nedenle "bağırsaklarımızda ne oluyor da biz kendimizi depresif hissediyoruz", gelin şimdi buna bakalım. Belki de sadece beslenme şeklimizde yapacağımız önemli değişikliklerle sorunun üstesinden gelebiliriz.

Yapılan çeşitli çalışmalar, depresyon ve insan bağırsağı arasındaki ilişkileri gözler önüne sermiştir. Bu çalışmalara göre depresyona girmiş kişilerde *firmicutes, actinobacteria* ve *bacteroidetes* adlı bakteri türlerinin daha çok olduğu gösterilmiştir. Bu kişilerin mikrobiyotaları normal fareye transfer edildiğinde, farelerin bile depresyona girdiği gösterilmiştir. Bir başka çalışmada, normalde hastalık yapan bir bakteri olan *campylobacter jejuni* fareye oral yolla verildiğinde, bağışıklık sistemi açısından yanıt oluşmasa bile hayvanlarda anksiyete içeren davranışlar oluştuğu gözlenmiştir. Şimdi bazı okuyucularımız merak edebilir. Zira burada depresyona girmiş farelerden bahsediyoruz. İyi de depresyona girmiş bir fareyi nasıl anlayacağız ki? Ne yani, kendini alkole mi verir yoksa tüm gününü, battaniyeyi kafasının üstüne çekip, aynı şarkıları gözyaşı eşliğinde defalarca dinleyerek mi geçirir? Bilim insanları genelde belirli tiplerde hayvanlarla çalıştığından, bu hayvanların genel özellikleri hakkında çok fazla bilgimiz bulunmaktadır. Örneğin söz konusu sıçan yavruları olduğunda, hareketsizlik bir depresyon göstergesidir. Bir diğeri ise yüzme testidir. Burada uygulanan test, yukarıda anlattığımızdan bir miktar farklıdır. Burada fareler, su dolu daha büyük bir havuza bırakılırlar. Bu havuzlarda, suyun içinde gizlenmiş platformlar bulunmaktadır. Suya atılan hayvan, suyun içinde gizlenmiş platformu bulana kadar yüzmeye devam eder ve platformu bulduğunda üzerine çıkarlar. Bu platformu, denizin ortasında üzerine çıkıp rahat bir nefes alacağınız sabit bir kayık gibi düşünebilirsiniz. Normal fareler bu platformu bulmak için çaba gösterirken, depresyona girmiş fareler bu konuda çok daha çabuk pes etmektedirler. Ayrıca beyindeki birtakım kimyasal maddelerin seviyeleri de bize hayvanın depresyon durumu hakkında bilgi vermektedir.

Bir başka ilginç çalışmada, sıçan yavruları, annelerinin yanından alınarak farklı bir ortama konmuştur. Annelerinden ayrıldıkları için depresyona giren yavrulara *Bifidobacterium infantis* verildiğinde, bu hayvanlarda depresyon açısından iyileşmeler olduğu gösterilmiştir. Yani ilginç bir şekilde, bu bakteri türü kişilerde nöral tabanlı bir rahatlamaya yol açmaktadır. Yeri gelmişken hemen hatırlatalım. *Bifidobacterium infantis* adlı bakteriler, yenidoğan bağırsağında ve probiyotik besinlerde bolca bulunmaktadır. Kitabın son kısmında daha kapsamlı bahsedeceğimiz üzere, bazı probiyotik gıdalar depresyon ve anksiyete durumlarını iyileştirmede o kadar etkilidirler ki bu ve bunun gibi probiyotikler antidepresan özellik gösterdiğinden bilimsel literatürde "psikobiyotik" olarak kategorize edilmişlerdir. Örneğin *Lactobasillus R0052* ve *Bifidobakterium longum R0175* birleşiminden oluşan prebiyotik formülasyonun, psikolojik kökenli sıkıntı ve karamsarlığı hafiflettiği gösterilmiştir (Messaoudi, 2011). Yukarıda da bahsi geçtiği üzere, depresyon ve anksiyetenin giderek yükseldiği günümüzde, bu rahatsızlıklarla yapılan mücadelenin ilaç ekseninden çıkıp, beslenme eksenine girmesi insanlık için çok önemli bir adım olacaktır. O nedenle psikobiyotiklerin yakın bir zamanda günlük hayatımıza daha sık girmesi kaçınılmaz gibi durmaktadır.

Bağırsaktaki dengesiz durum ruh halimizi derinden etkiler

Yukarıda bahsi geçen birçok çalışmanın da vurguladığı üzere, ruh sağlığımız için bağırsak sağlığımız çok önemlidir. Aslında bu durumu en iyi özetleyen olaylardan biri de sindirim sistemiyle ilgili rahatsızlıkları olan kişilerin, post travmatik

stres gibi anksiyete ilişkili davranışlardan daha çok mustarip olduğu gerçeğidir. İşin ilginç tarafı, bağırsaktaki durum beyninizi etkilediği gibi, beyninizdeki durum da bağırsaklarınızı etkiler. Yakın zamanda yapılan bir hayvan çalışması, iki saatlik stresin bile mikrobiyota kompozisyonunda değişiklik yapabildiğini göstermiştir (Galley, 2014). Yani, ortada beyin ve bağırsağın birbirine karışık ve güçlü bağlarla bağlı olduğu, ilginç bir etkileşim söz konusudur. Burada size düşen rol, bu ilişkiyi ruh sağlığınızı en iyi etkileyecek biçimde şekillendirmektir. Bağırsaklarınızda yaşayan bu çılgın canlılar, sadece sizin ruh halinizi etkilemezler. Aynı zamanda karakterleriniz üzerine kısmen de olsa etki göstermektedirler. Yapılan güzel bir çalışmada iki adet fare ırkı kullanılmıştır. Bu ırklardan biri oldukça korkak ve utangaç tavırlar sergilerken, diğer ırk açısından böyle bir durum söz konusu değildir. Deney ekibi, her iki tipteki hayvana da belirli türdeki bakterileri hedef alan birtakım antibiyotikler vermişlerdir. Bu antibiyotik uygulaması sonucu, hayvanların mikrobiyotalarındaki birçok bakteri ölmüştür. Yani bir nevi, farelerin bağırsakları "reset"lenmiştir. Daha sonrasında korkak fareye özgü bakteriler cesur fareye, cesura özgü bakteriler ise korkak fareye nakledilerek çoğalmaları sağlanmıştır. Sonuç gerçekten de ilginçtir. Korkak fare bu işlemden sonra cesur hale dönüşürken, cesur fare için tam tersi söz konusu olmuş ve korkak bir fareye dönüşmüştür. Farenin beyni, vücudu ve diğer yapıları değişmeden, sadece içinde yaşayan bakterilerin değişmesiyle cesaret ve korku durumunun şekillenmesi, bilimsel olarak önemli bir bulgudur (Bercik, 2011).

Konuyla ilgili insanlarda da çalışmalar yapılmıştır. Bu çalışmaların genel olarak vurguladığı konu, vücudumuza faydalı mikroorganizmaların büyümesini ve çoğalmasını destekleyecek gıda takviyelerinde bulunmamız gerektiği üzerinedir. Örneğin yapılan bir çalışmada, on sekiz-kırk beş yaşları arasındaki kırk beş sağlıklı insanda prebiyotiklerin stres hormonu olarak da bilinen kortizol üzerine etkileri araştırılmıştır. Üç hafta sonunda kişilerin tükürüklerinden kortizol seviyeleri ölçülmüş ve kişilere pozitif ve negatif duygu durumları ile ilgili testler yapılmıştır. Prebiyotiklerle beslenen kişilerin pozitif duygulara daha fazla ilgi gösterdiği ve kortizol seviyelerinin düştüğü gösterilmiştir (Schmidt, 2015).

Gördüğünüz üzere, bakteriler bu konuda çok nettirler ve işlerini asla şansa bırakmazlar. Her zaman tetiktedirler. Hatta bazı çalışmalar, bu bakterilerin salgıladığı bazı kimyasalların doğrudan vücudunuzdaki ağrı ile ilgili reseptörlere bağlanabildiğini bile göstermiştir. Yani eğer isterlerse bu maddeleri salgılayarak sizlerin ağrı hissetmenize neden bile olabilirler. Bu durum, vücudunuzun yönetimi söz konusu olduğunda, mikropların elini oldukça kuvvetlendiren ve gerektiğinde hiç acımadan size karşı kullanabilecekleri bir meseledir.

Şu ana kadar sizlerle paylaştığımız bilimsel çalışmaların net bir şekilde gösterdiği üzere, davranışlarımızı doğrudan etkileyen bu minik canlılar, hafıza ve öğrenme konularına da karışmaktadırlar. Doymuş yağ ve şeker diyetiyle iki hafta boyunca beslenen farelerde, uzamsal hafızanın bozulduğu gösterilmiştir. Bu çalışmalar mikrobiyotadaki değişikliklerin, hafıza ve öğrenmeden sorumlu hipokampüs bölgesi üzerine etki gösterdiğini ortaya koymuştur. Yüksek yağ diyetiyle beslenen farelerin mikrobiyotaları sağlıklı normal farelere transfer edildiğinde ise bu farelerde hafıza ve öğrenme ile ilgili problemlerin oluştuğu gösterilmiştir.

Mental sağlığımızı korumada en önemli etkenlerden biri de uykudur. Özellikle uyku kısmında yaşanan birtakım bozukluklar, depresyondan anksiyeteye kadar birçok davranış bozukluğunun gelişmesinde önemli rol oynamaktadır. Yapılan çalışmalar, mikrobiyotanın uyku kalitesi üzerine de etkilerinin olduğunu göstermiştir. Kronik yorgunluk sendromu olan kişilerde yapılan çalışmalar, özellikle kötü bakteri olarak da adlandırılan *clostridium*'ların, bu sendroma sahip kişilerde sayıca fazla olduklarını göstermiştir. Bu durum uyku problemleri ve yorgunluk ile ilgilidir ve daha çok kadınlara özgüdür. Özetle, dengesiz bir bağırsak ortamı karşımıza uyku problemi olarak da çıkmaktadır.

Söz konusu uyku düzenimiz olunca, "biyolojik saat" ve "sirkadiyen ritim" meselelerine bir açıklık getirmemiz gerekmektedir. Peki, nedir bu kavramlar ve tam olarak ne iş yaparlar? Aslında doğanın saate ihtiyacı yoktur. Hiçbir kuş sabah ötmek için alarm kurmak zorunda değildir. Hiçbir kedi saate bakıp "eyvah geç olmuş, yatsam iyi olacak" demez. Bitkiler ve birtakım mikroorganizmalar da dâhil olmak üzere, hemen hemen tüm canlıların "biyolojik saat"leri vardır. Biyolojik saat, beyninizin ortalarında suprakiazmatik çekirdek denen bir bölgede bulunur. Bu yapı, sizin biyolojik ritminizin belirlenmesinden sorumludur. Zira bu bölgesine zarar verilen hayvanların uyku-uyanıklık döngüsünün bozulduğu gösterilmiştir. Normalde "biyolojik saat", dış faktörler olmasa bile kendi ritmini belirleyebilir. Bu ritme de sirkadiyen ritim denir. Bu ritim insanda yaklaşık yirmi dört-yirmi beş saatlik bir uyku/uyanıklık döngüsüne karşılık gelir ve sabittir. Yani bir insanı zamana ve dış ortama dair hiçbir ipucu olmayacak bir yere koysanız bile "sirkadiyen ritim" kendini korumaktadır. Işık, gürültü, sıcaklık gibi dış faktörler ise "biyolojik saatin" kendisini ayarlamasına yardımcı olur.

Son dönemde bu konuyla ilgili yapılan çeşitli çalışmalar, bağırsaktaki bağışıklık sistemimizin sirkadiyen ritim tarafından düzenlendiğini göstermektedir. Aslına bakarsanız, bu bağışıklık hücrelerinin de biyolojik saatimiz üzerine etkili olmaları, ortada karşılıklı gelişen bir etkileşim olduğunu göstermektedir. Örneğin sirkadiyen ritimde meydana gelen bir bozulma, doğrudan bağırsak mikrobiyotasını etkileyerek dengesizlik oluşmasına neden olmaktadır. Ama bu durum doğru beslenmeyle düzeltilebilir. Sirkadiyen ritimdeki bozulma neden çok önemlidir? Çünkü bu ritimde meydana gelen bir aksaklık, uyku problemlerinden tutun da obezite, metabolik-inflamatauar hastalıklar ve ruh halindeki bozukluklara kadar birçok durumu doğrudan etkilemektedir.

Bağırsak mikrobiyotanızın mental durumunuzu bu kadar doğrudan etkilemesi, sinirbilim çalışmalarının rotası konusunda çok önemli değişikliklere neden olacaktır. Çünkü sinirbilim çalışan bilim insanları, haklı olarak, otizmden parkinsona; şizofreniden bipolar bozukluğa kadar birçok mental rahatsızlığı beyinde aradı durdu. Bu konuda çok büyük para ve emekler harcanarak çalışmalar yapıldı. Ama son dönem bulgular, mikrobiyotamızın bu hastalıklarla olan kuvvetli ilişkisini gözler önüne serince durum epey bir karışık hal almıştır. Acaba bu rahatsızlıkları araştırırken yanlış organı mı inceliyorduk? Belki de beyinden ziyade bağırsaklarımıza daha fazla bakmamız gerekecekti. Örneğin, otizmden bahsedecek olursak, bu rahatsızlık, kökeni genetik temellere dayanan ve beynin yapısını ya da işleyişini etkileyen nöro-gelişimsel bir bozukluktur. Dediğimiz gibi kökeni kalıtıma dayansa da bu rahatsızlığın beyindeki etkileri oldukça karışıktır ve halen bu konuda net bulgular elde edilememiştir. Diğer taraftan, mikrobiyota ve otizm ilişkisinin incelendiği çalışmalarda ilginç bulgular ortaya çıkmaya başlamıştır. Yapılan bir çalışmada hamile farelere valproik asit (VPA) denilen bir ilaç verilmiştir. Bu ilaç, yavru farelerin otistik davranışlar sergilemesine neden olmaktadır. Daha sonra bu farelerde belirli bakteri türleri kullanılarak iyileşmelerin olduğu gösterilmiştir. Mazmanian ve ekip arkadaşları, 2013 yılında, otizm ile ilgili oldukça ilginç bulgular ortaya koymuşlardır. Otizm özellikleri gösteren farelerde yaptıkları çalışmada, otistik farelerin bağırsaklarında *Bacteroides fragilis* adlı bakteri miktarının normal farelere göre daha az olduğunu göstermişlerdir. Bu hayvanlarda, otizmde sık görülen stres, antisosyal davranışlar ve gastrointestinal problemler de gözükmekteydi.

İlginç bir şekilde çalışma ekibi bu fareleri *Bacteroides fragilis* ile beslediklerinde faredeki birçok semptomun ortadan kalktığı ve farelerde iyileşmeler olduğu ortaya konulmuştur. Bu arada çalışma ekibi ilginç bir bulguya daha ulaşmıştır. Otizm özellikleri gösteren farelerin kanında bir bakteri ürünü olan *4-etilfenilsülfat* adlı maddeye rastlanmıştır. Bu maddeyi sağlıklı farelere enjekte ettiklerinde, sağlıklı farelerde, otizmdekine benzer davranış bozukluklarının meydana geldiği gösterilmiştir (Hsiao, 2013). Hayvan çalışmaları böyleyken, insanda yapılan ilginç çalışmalar da bulunmaktadır. Örneğin otistik çocukların mikrobiyotaları incelendiğinde *bifidobakter* türlerinde düşüklük söz konusu iken, *laktobasillus* ve *bacteroides* türlerinde yükseklik görülmüştür (Finegold 2010) (Adams 2011). Yüksek karbonhidratlı beslenme stilinin bağırsaklarda kısa zincirli yağ asitlerinin üretimini artırdığı ve bunların dolaşıma katılarak, otistik davranışlara benzer davranışlara neden olabileceği yönünde görüşler de bulunmaktadır (Macfabe 2012).

Bu kısımda özellikle vurgulamamız gereken önemli bir konu var. Yukarıda bahsi geçen ve de oldukça umut veren bu çalışmalar, henüz çok yeni olmakla beraber, konuyla ilgili çok daha fazla çalışmaya ihtiyaç duyulmaktadır. Ayrıca bu kitabın yazarının, otizm ve diğer mental problemler konusunda herhangi bir uzmanlığı olmadığının altını çizelim. O nedenle, bu kısmın sonuna yaklaşırken, mental rahatsızlıklar ile ilgili olarak sorun yaşayan insanlara verilebilecek en iyi tavsiye şudur. Bu konuda asıl önemli olan konuyla ilgili uzman kişilerin söyledikleri ve tavsiyeleridir. Diğer taraftan bu meselenin mikrobiyota ile yakından ilişkili olduğu yönündeki çalışmalar, hiç de göz ardı edilecek çalışmalar değildir. O nedenle beslenme konusunda daha dikkatli davranmak belki de pozitif birtakım sonuçlar doğurabilir. Tüm bunları, beslenme alışkanlıklarınızda birtakım değişiklikler yaparak ve deneyimleyerek çok rahat görebilirsiniz.

Görücü usulü bakteriler

Şu ana kadar paylaştığımız birçok örnekte de gördüğümüz üzere, ruh halimiz, alışkanlıklarımız ve tercihlerimiz söz konusu olduğunda bu minik canlıların ne kadar etkili olduğu ortadadır. Aslına bakarsanız bu canlılar bağırsaklarımızda yaşadıkları için, yiyeceğimiz yemeğe karışmasını anlayabilirim. Ama bazı çalışmalar bu minik canlıların boyundan büyük bir işe girişerek, eş seçimimize bile karışabildiğini göstermektedir. En azından sirke sinekleri için durumun böyle olduğunu çok rahat söyleyebiliriz. Bu sinekler yaklaşık 1-2 milimetre büyüklüğünde olan ve genetik çalışmalar için çok fazla kullanılan canlılardır. Gil Sharon ve arkadaşlarının 2010 yılında yaptıkları çalışma çok ilginç bir durumun ortaya çıkmasına neden olmuştur. Deney ekibi normalde nişasta ile beslenen sinekleri rastgele iki gruba ayırdılar. Bir grubu nişasta ile beslemeye devam ederken, diğer grubu şeker pekmeziyle beslemeye başladılar. Daha sonra bu sinekleri aynı ortama karışık bir şekilde koyduklarında ilginç bir durumun oluştuğunu gözlediler. Nişasta tüketen dişiler, kendilerine nişasta tüketen erkekleri eş olarak seçiyor ve pekmez tüketen erkeklerle ilgilenmiyorlardı. Benzer bir durum pekmez tüketen dişiler için de söz konusuydu. Onlar da pekmez yiyen erkekleri tercih ediyorlardı. Üstelik bu tercih sonraki nesillere de aktarılıyordu. Yani nişastacılar ve pekmezciler şeklinde iki ayrı grup oluşmuştu. Peki, neden böyle bir ayrım meydana gelmişti? Nihayetinde bu sineklerin kökenleri aynıydı ve değişen tek şey sadece beslenme alışkanlıkları olmuştu. Neden durup dururken nişastacılar ve pekmezciler diye bir ayrım meydana gelmişti? Aslında deney ekibinin bu sorularla ilgili düşündükleri bir cevap vardı. Bunu gösterebilmek için sirke sineklerinin beslenme ortamına kuvvetli antibiyotikler eklediler. Antibiyotik uygulaması sonucunda sirke sineklerinin mikrobiyotasında yer alan bakterilerin çoğu öldü ve ilginç bir durum ortaya çıktı. Antibiyotik kullanımı sonrası eş tercihin-

deki pekmezciler ve nişastacılar tercihi ortadan kalkmış ve eş seçimi rastgele oluşmaya başlamıştı. Yani bakterilerin ortadan kalkmasıyla beraber eş seçiminin de ortadan kalkması, bu mikroorganizmaların eş seçimimize bile karışabildiğini göstermektedir. Çalışma ekibi, bu minik canlıların, feromonlar aracılığıyla hayvanların davranışlarına etki edebileceğini düşünmektedir. Bu bizler için çok önemli bir yorumdur. Çünkü söz konusu feromonlar olduğunda, birkaç milimetre boyutlarındaki sirke sineğinden tutun, oldukça karmaşık bir canlı olan insana kadar birçok canlı benzer davranış modeli sergilemektedir.

Feromon kelimesini daha önce duymamış okuyucularımız için kısa bir hatırlatma yapalım. Feromon kelimesi Yunancada *phrein* ve hormon kelimelerinden köken alan bir kelimedir. Tam anlamıyla "kokusu olmayan koku" olarak da tanımlayabiliriz. "Kokusu olmayan koku"dan kastımız şudur; normalde burnunuza yeni öğütülmüş bir kahve kokusu geldiğinde bilinciniz hemen bu kokuyu algılar. Hatta canınız bir anda kahve çeker. Burada anahtar kelime bu kokuyu bilinçli olarak algılayabilmemizdir. Mevzu feromon olduğunda böyle bir durum söz konusu değildir. Yani feromon burnunuzdan girdikten sonra vücudunuzda çeşitli fizyolojik olayların gelişmesine neden olur ama siz bilinç düzeyinde bunun farkına varamazsınız. O nedenle, kendisini koklayamadığımız için, feromonlara "kokusuz koku" denmektedir. Aslında birçok hayvanda fonksiyonları çok iyi anlaşılmış olup, insandaki etkileri hâlâ gizemini korumaktadır. Bu konuda emin olduğumuz tek şey, feromonların insan davranışları üzerine çok kuvvetli etkileri olduğudur. Tekrar konumuza dönecek olursak, bakterilerin feromonlar üzerinden eş seçimini etkilemesi çok ama çok önemli bir konudur. Zira sabah yediğiniz tost, akşam eve dönerken otobüste gördüğünüz kişiden hoşlanmanıza neden olabilir. Çünkü yedikleriniz mikrobiyotanızı, mikrobiyotanız da sizi ve eşinizi belirleme potansiyeline sahiptir.

Bölüm sonunda durumunuzu özetleyecek olursak; yapılan tüm bu çalışmalar, bize net bir biçimde şunu göstermektedir: "Kim olduğunuz", "nelerden hoşlandığınız" ve "nasıl hissettiğiniz" gibi, sizin için çok önemli olan meseleler, mikrobiyotanız ile doğrudan ilgilidir. Zira tüm bu çalışmaların ortaya koyduğu sonuçlar; davranış ve kararlarınızın çoğunda bu minik canlıların söz sahibi olduğunu gösteriyor. Bu durumda bağırsaklarınızda kimlerin yaşadığı, belki de şu hayata dair en önemli konularınızdan biri olacaktır. Kimlerle yaşıyorsunuz? Hani bir laf vardır, "Bana arkadaşını söyle, sana kim olduğunu söyleyeyim" diye. Burada da mantık aynıdır aslında. Bana bağırsaklarınızdaki bakterilerin kimler olduğunu söyleyin, başınıza neler geleceğini kabaca özetleyelim.

Doğduğunuz sırada ve yaşamınızın ilk yıllarında bu canlıların kim olacağına karar verme şansınız olmasa da halen çok geç değildir. Zira bu canlılar sizin kim olduğunuzu belirleme gücüne sahip olsa da siz de onların kim olacağını belirleme gücüne sahipsiniz. Peki nasıl? Tabii ki de yediklerinize çok ama çok dikkat ederek. Bundan sonra yediklerinize önce mikrobiyota uygunluğu, sonra da beyin sağlığı açısından yaklaşmanız, hayatınızı hiç düşünemediğiniz kadar kolaylaştıracaktır. Zira ne kadar çeşitli bir mikrobiyotaya sahip olursanız, sizin ve beyninizin sağlığı açısından o kadar iyi bir ortam söz konusu olacaktır. Hani günlük hayatımızda kullandığımız güzel bir laf vardır ya. "Ne yersen osundur" diye. Gerçekten de bu laf konuyla ilgili birçok şeyi güzel özetlemektedir. O nedenle son kez bir daha hatırlatalım. Beslenme alışkanlıklarınızı belirlerken sadece dış görünüş veya kalp damar sağlığınızı değil, beyin sağlığı ve kişiliğinizi de düşünmeyi unutmayın lütfen. Peki, sağlıklı bir mikrobiyota için ne yemek ve nelere dikkat etmek gereklidir. Bir sonraki bölümde de bu konuyu ele almaya çalıştık.

Bölüm 10

Mikrobiyotam Ne Kadar Sağlıklı?

Hayatınızdan üç şeyi çıkarırsanız oldukça hafifliyorsunuz: Fazla kilolarınız, egonuz ve etrafınızdaki sorumsuz insanlar.

İnsanoğlunun çok sevdiği bir soru vardır; "evrende yalnız mıyız" Oldum olası bu soruyu hep komik bulmuşumdur. Zira bu kadar muazzam büyüklükte bir evrende, insanın yalnız olabileceğine dair inancı, aslında tam manasıyla egosundan başka bir şeyi göstermemektedir. Bu durum bağırsaklarda yaşayan tek bir bakterinin "acaba bağırsak dışında da hayat var mıdır" diye sormasına benzer. Yalnız değiliz sevgili insanoğlu, hem bildiğimiz evrende hem de kendi içinizdeki evrende. Bildiğimiz evreni bırakalım konuyla ilgili uzmanlar tartışsın. O nedenle biz kendi içimizdeki evrene dönelim. Şu ana kadar okuduklarımız göstermektedir ki minik komşularımızın hayatımıza olan etkileri, neredeyse bizden bile fazladır. O nedenle de mikrobiyotamız ile iyi geçinmek şart. Sonuçta bağırsaklarımız en hassas bölgelerimiz olduğuna göre, buralara en çok güvenebileceğimiz mikroorganizmaları yerleştirmek oldukça önemlidir. Peki, böyle bir devirde güvenebileceğimiz bakteriyi nereden bulacağız?

Mikrop kelimesine baktığınızda, oldukça kirlenmiş bir kelime olduğunu görürsünüz. Mikrobun zarar verici bir şey olduğu algısı çok derin bir algıdır ve bunu yıkmak oldukça zor gibi gözükmektedir. Aslında mikropları da insanlar gibi düşünebilirsiniz. Etrafınızda sizi hasta eden insan tiplerinin olması, size iyi gelen ve daha iyi hissetmenizi sağlayan insanların olmayacağı anlamına gelmez. Yani, sizi hasta yapan bakterilerin olduğuna inanıyorsanız niye sizi iyileştirecek bakteriler olduğuna inan-

mayasınız ki! Mikroorganizmaların varlığını keşfettikten sonra, bilim dünyası oldukça uzun bir süre bu canlıların bize zarar vermek isteyen canlılar olduğuna inandılar. Bilim insanlarının tüm bakterilerin kötü niyetli olmayacaklarını ilk fark ettikleri nokta, vitaminleri araştırdıkları dönemde ortaya çıkmıştır. Oldukça yakın bir dönem olan 1980 yılında, insandaki dokularda B12 vitamininin oldukça önemli olduğu fark edilmiştir. Sinir sistemi başta olmak üzere, B12 vitaminin vücudumuza birçok katkıları bulunmaktadır. İlerleyen dönemde, vücudumuzdaki B12 vitamininin üretilmesinde bazı bakterilerin aktif rol aldığını öğrenince işlerin seyri değişmeye başlamıştır. Belki de tüm mikroorganizmalar kötü değildi ve bazılarının bize faydası bile dokunabilirdi. Bu gelişmeyle beraber "en iyi mikrop ölü mikroptur" fikri değişime uğramaya başlamıştır. Zira mikrop olmasına rağmen bize çok önemli katkıları olan mikroorganizmalar da vardı. Peki, ne yapıyordu bu faydalı mikroplar? Aslına bakarsanız son birkaç yıla kadar, bağırsaklarımızda yaşayan faydalı mikropların sadece bazı besinlerin sindirimine yardımcı olduğu ve bazı vitaminlerin üretilmesinde rol aldığı düşünülmekteydi. Ama günümüzde, bu bakterilerin sadece sindirim ve vitamin üretimi gibi işlerle uğraşmayıp, çok daha karmaşık konularda bizzat rol aldıkları gösterilmeye başlanmıştır. Yani sadece bağırsaklarınızda size yardımcı olduğunu düşündüğünüz bu minik canlıların, aslında bizzat beyninizi etkileyerek karakterinizden çevrenizdeki her şeye kadar söz sahibi olduklarını yeni öğrenmiş bulunmaktayız.

Gönül isterdi ki bu kitapta bu çılgın mikroorganizmaları size tek tek tanıtıp kimin ne yaptığını detaylıca yazabilseydik. Ama söz konusu bin tür olduğundan, her birine yarım sayfa ayırsak bile 500 sayfalık bir kitaba ihtiyaç duyardık. Aslında kitabın bu kısmına kadar çeşitli bakterileri inceleme şansımız oldu. Bazı bakterilerin hayatımızı nasıl kâbusa çevirdiğini, bazılarının ise en iyi dostlarımız olduğunu öğrenmiş olduk. Resimde gastrointestinal sistemimizde yer alan en popüler bakterileri görmektesiniz. Burada hemen şunu itiraf etmekte fayda var. Evet, bu bakterilerin bazılarının ismini, kabaca ne yaptığını öğrendik ama bu bakterilerin birbirleriyle olan ilişkileri gerçekten çok ama çok karmaşık bir ağ yapısına sahiptir. Şu an bu satırlarda göz gezdiren okuyucularımızdan bazıları George RR Martin'in mükemmel eseri olan *Buz ve Ateşin Şarkısı* serisini okumuşlardır. Bu güzel seriyi okuma şansı olmayanlar ise en azından *Game of Thrones–Taht Oyunları* adıyla yayınlanan dizi hakkında ufak tefek bilgilere sahiptirler. Hatırlayacak olursanız Martin'in bu mükemmel dünyasında, her biri kendisine has karakter ve özellikler barındıran önemli aileler bulunmaktadır. Çoğumuz kışın habercisi olan Stark'ları biliriz. Diğer taraftan Baratheon hanesi hakkında da birtakım bilgilerimiz vardır. Ama Stark'lar ve Baratheon'ları bir araya getirdiğinizde, ortaya çıkan karmakarışık ilişki ağlarının kaç kitaba malzeme olduğunu hep beraber görmüş olduk. Bağırsaklarımızdaki mikroorganizmalar arasındaki bu karışık ilişkiler de aşağı yukarı *Kral'ın Şehri*'ndeki kadar karışık olduğundan, bu konuda çok daha fazla çalışmaya ve çok daha fazla kitaba ihtiyaç duyulmaktadır.

Peki, sağlıklı bir mikrobiyota için ne yapmak gerekir? Aslında bu konuda size oldukça uzun bir liste çıkartılabilir ama bu kitapta vurgulanmak istenen iki basit önlem söz konusudur. İlki birazdan daha detaylı bahsedeceğimiz bir konu olan yediklerimizdir. Çünkü kitabın çeşitli yerlerinde de vurguladığımız üzere; "ne yersek oyuz". İkincisi ise bu bakterileri doğrudan ilgilendiren ve biz Türklerin ağrı kesici muamelesi yaptığımız "gereksiz antibiyotik tüketimi" konusudur. Gelin isterseniz önce şu antibiyotik meselesini bir ele alalım. Neden antibiyotiklerin bu kadar hastası olduk?

Hapşıran mikroorganizmalar

Bakterilerin ne kadar hızlı yayıldığından kitabın birçok bölümünde bahsettik. Aslında bu hepimizin sıklıkla deneyimledi-

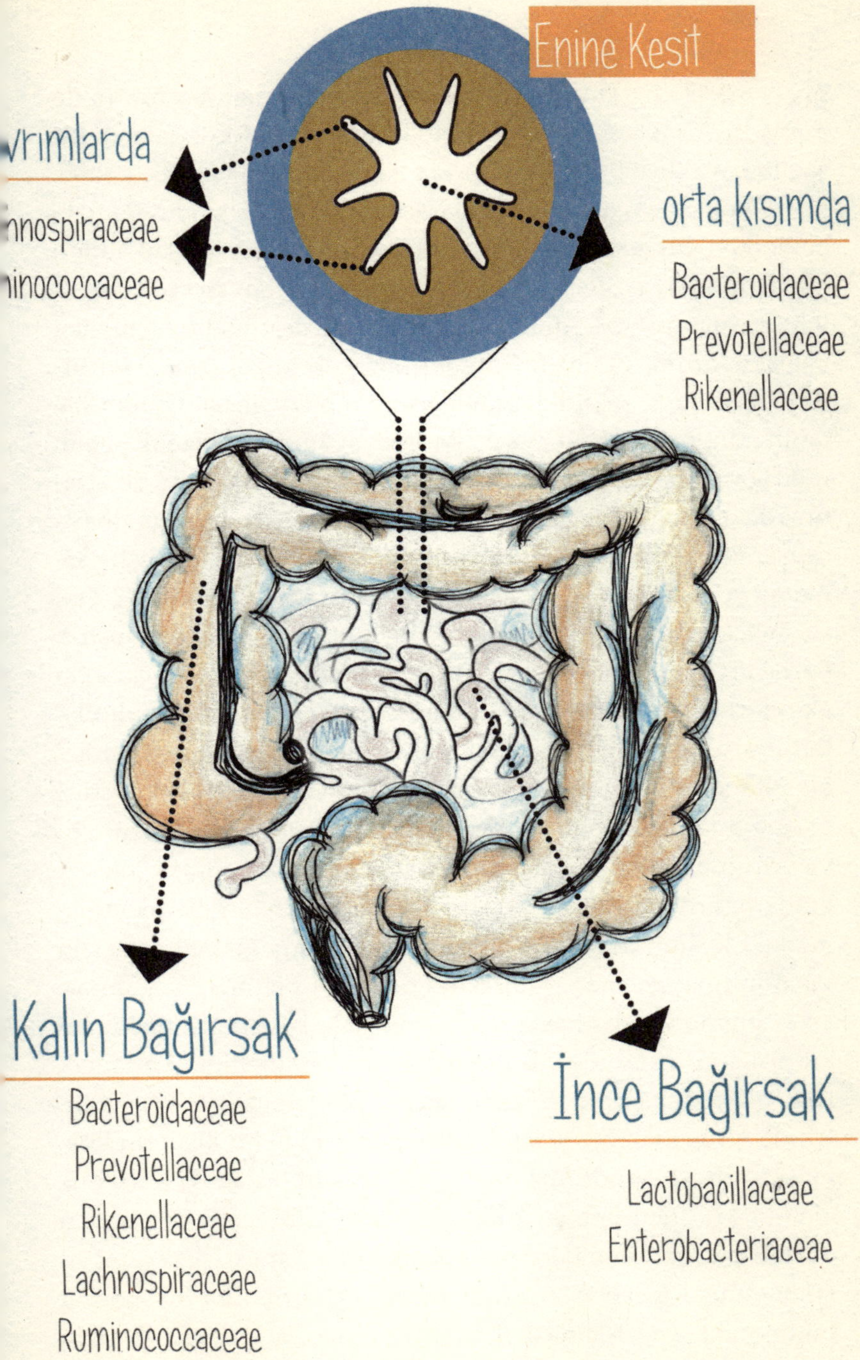
Enine Kesit
vrımlarda
nnospiraceae
inococcaceae
orta kısımda
Bacteroidaceae
Prevotellaceae
Rikenellaceae
Kalın Bağırsak
Bacteroidaceae
Prevotellaceae
Rikenellaceae
Lachnospiraceae
Ruminococcaceae
İnce Bağırsak
Lactobacillaceae
Enterobacteriaceae

ği bir meseledir. Diyelim ki markette kasa sırasındasınız ya da inmiş bir uçakta kapılar açılmadan önce koridorda sıkışık bir şekilde ayakta bekliyorsunuz. Sizin için sıradan bir hale gelmiş olan "bekleme" sürecinin sona ermesini tüm sıkılganlığınızla beklerken, bir anda arsız bir hapşırma ensenizde patlar. Tam o anı hatırlamaya çalışınız lütfen. Ensenizde patlayan yüksek sesli hapşırmanın, sizin dudak kaslarınızda yarattığı büzüşmeden bahsediyorum. O an hissettiklerinizi çok güzel özetleyen bir duygusal ifade şeklidir dudaklarınızın büzüşmesi. Çünkü hiç tanımadığınız bir adam ya da kadının ağzındaki hastalık yapan mikroorganizmaların büyük bir çoğunluğu ensenizde ve etrafınızdaki havadadır artık. Siz belirli bir süre nefes almamaya çalışarak havadaki bu minik canlıların içinize girmemesini temenni edersiniz. Ama nefesinizi ne kadar tutabilirsiniz ki? Zira siz nefesinizi tutmaya çabalarken ikinci ve üçüncü hapşırık darbeleri peş peşe gelir ve hiç tanımadığınız birinde yaşamakta olan birtakım virüs ve bakteriler, sizin de bir parçanız olmuşlardır artık. İşte o an an yaşayacaklarınız gözünüzün önünden bir film şeridi gibi akar. En fazla bir gün içinde siz de hapşırmaya başlayacaksınız. İki gün sonra baş ağrısı, boğaz kuruluğu ve burun akıntısı ile yataktan çıkamayacağınız günler çok yakındadır artık. Sadece sırada bekleyen sıradan biri olarak, arkanızdaki kişinin ağzından çıkan bu mikroorganizmaların sizin vücudunuza geçmesi, sonrasında müthiş bir hızla çoğalması ve ardından da sizi hasta edecek bir hale sokması mükemmel bir sistemin ürünüdür. Bu sistemin mükemmelliğini anlamak için sadece hapşırma mekanizmasını incelemek bile yeterlidir. İçinde virüs olan bir insan niye hapşırır, niye bu kişilerin burnu akar hiç düşündünüz mü? Yani virüsün buradaki amacı ne olabilir ki? "Dur ben şu adamın sümüğünün akmasına neden olayım da çevresine iyice rezil olsun" mu demek ister? Yani sizinle ve ucu inceden kızarmış burnunuzla ne gibi bir sorunu bulunmaktadır? Aslına bakarsanız, virüs ya da bakteri sizin vücudunuzda belirli bir sayıya ulaştığında artık tek bir derdi vardır. O da kendisine yayılabileceği başka bir vücut bulmaktır. Başka hiçbir dertleri yoktur. Bilhassa da virüslerin… Amaç çoğalmak, yayılmak ve yok etmek üzerine kuruludur. Tek derdi çoğalmak ve yok etmek olan virüs, vücudunuzda yeterli sayıya ulaştığında, diğer insanlara bulaşabileceği en temel mekanizmaları harekete geçirmeye başlar. Vücudunuzdaki bazı salgıları artırır ve bu salgılarla beraber dış dünyada kendisine hedef olacak yeni vücutlar arar. Hapşırmak bir virüsün mühendislik harikasıdır. Adeta sizin ağzınızı bir fırlatma rampası olarak kullanır. Düşünsenize, burnunuzda öyle bir kaşıntı ve hissiyat yaratır ki virüs için ışık hızı kadar yüksek sayılabilecek bir hızla kendisini etrafa fırlatmanızı sağlar. Yani hapşırmak bir virüsün daha uzaklara gidebilmesi için, yani kendi kirli emelleri için, sizin vücudunuzu kullanmasından başka bir şey değildir. Eğer virüs tarafından kullanılmak sizi çok rahatsız ediyorsa yapacağınız şey çok basit; bir kâğıt mendilin içine hapşırın. İşte bu basit önlem, bir virüse atılabilecek en güzel kazıktır. Kendisi sizi hapşırtarak yeni bir vücuda yelken açacağını hayal ederken, bırakın da kâğıdın emici kuvvetinde hapsolsun, kalsın.

Madem bu kadar virüsler, soğuk algınlığı ve hapşırma meselelerine girdik, o zaman çok basit gözüken ama insanoğlu için oldukça önemli olan bir konuya göz atalım. Hemen hepimizin soğuk algınlığı ve grip olduğumuz dönemlerde hiç çekinmeden ağzımıza attığımız antibiyotiklerden bahsediyorum. Birazdan antibiyotik kullanımının, mikrobiyotamız üzerinde ne kadar kuvvetli etkiler gösterdiğinden bahsedeceğiz. Ama öncesinde çok daha basit bir mevzuya açıklık getirmek gerekmektedir. Virüs kaynaklı bir hastalıkta, bakteriler üzerinde etkili olabilecek bir silah kullanmak dünyanın en komik savaşlarından birisidir. Şöyle düşünün. Etrafınızda sizi yakmaya çalışan alevlere kurşun atmak ne kadar sizi koruyacaksa, virüslere karşı antibiyotik kullanmak da buna benzer bir sonuca yol açacaktır. Üstelik kullandığınız her antibiyotik, bakteri dünyasında çok ilginç ve kalıcı gelişmelerin yaşanmasına neden olmaktadır. Gelin meseleyi daha iyi anlamak için bakteri ve antibiyotiğin hikâyesine kısaca göz atalım.

Bakteri ve antibiyotiğin şarkısı

Televizyondaki bir programda, sosyal medyadaki bir paylaşımda ya da bir arkadaş sohbetinde bir yerde şöyle söylentiler kesin karşınıza çıkmıştır:

Büyük ve bir o kadar "gizli güçler" bazı çok gizli laboratuvarlarda, insanlığı yok edecek virüsler, bakteriler vs. üretiyorlarmış. Bunlar ileride bir gün insanlığa karşı kullanılacak ve milyonlarca insanın ölümüne neden olacakmış…

Aslına bakarsanız bu söylentilerin doğru ya da yanlış olmasının açıkçası çok da bir önemi yok, çünkü sıradan insanlar olarak hep birlikte yaptığımız şey tam olarak budur. Yani "gizli güçler" olarak düşündüğünüz bu kişilerden birinin, "siz" olma ihtimali oldukça yüksektir. Ne demek istediğimizi gelin daha detaylı bir şekilde açıklayalım.

Öncelikle şunu unutmamak gerekir ki; sevgili insanoğlu, sen yokken bile bakteriler bu topraklar üzerinde varlıklarını sürdürüyorlardı. Muhtemelen insanlık yok olduktan sonra da bu topraklar üzerinde yaşamaya devam edeceklerdir. Kendi vücudunuzda bile, sizden çok daha fazla sayıda bulunan mikroorganizmaların, tüm gezegen üzerindeki toplam sayılarını hesaplamaya zamanımız ve hesaplama gücümüz yetmez. Aslına bakarsanız bakterilerin kendi iç dünyası da oldukça karışıktır. Birbirleriyle sürekli bir mücadele söz konusudur. Bakterilerin insana bakış açılarını incelediğimizde, bir grup bakterinin insandan nefret ettiğini ve her defasında bunu kanıtlamak için elinden geleni yaptığını görürsünüz. Bir grup bakteriyse açıkçası insanın varlığına çok aldırmaz ve işinde gücünde takılır.

Son kalan grup ise insan ile ilişkilerini geliştirmeye çalışan ve bu doğrultuda sıklıkla insana faydası dokunacak işler yapan gruptur. Peki, insanlığın bakterilerle tanışması nasıl olmuştur?

Aslına bakarsanız antibiyotiklerin keşfinden önce çeşitli enfeksiyon sonucu ölüm vakaları oldukça fazlaydı. Her ne kadar antibiyotik modern insanın buluşu gibi gözükse de tarihte birçok uygulama benzer etkiyi yaratmak için yapılmıştır. Örneğin, Antik Yunan'da enfeksiyon yaralarının tedavisinde "küflü ekmek" kullanılırmış. Babilli doktorların gözleri iyileştirmede kullandığı, "ekşimiş süt ve kurbağa safrası karışımından oluşan bir ilacın" varlığından söz eden eserler bulunmaktadır. Bu konuda verilecek örnekler çok olmakla beraber, 1870'li yıllarda bilim insanları, özellikle küflü ortamlarda başka bakterilerin yetişemediğini ve küfün antibakteriyel bir özelliğe sahip olabileceğini tespit etmişlerdir. Ama en önemli keşif, 1928 yılında Sir Alexander Fleming tarafından gerçekleştirilmiştir. *Penicillium notatum* adlı küf mantarından elde ettiği "penisilin" maddesi, insanlık tarihi için çok önemli bir dönüm noktası olmuştur. Penisilinin keşfinden sonra bakterilere karşı kullanılabilecek başka keşifler de ortaya çıktı ve 1940'lı yıllarda, Selman Waksman adlı bilim insanı tarafından bakterileri öldüren bu maddelerin tümüne "antibiyotik" adı verildi. Sonuçta insanoğlu, antibiyotik ve aşıyı gündelik hayata sokarak, bakterilere, yeryüzünde var oldukları günden bu yana gördükleri en büyük darbeyi vurmuştur. Sizlerin de tahmin edeceği üzere, bakteriler bunu asla unutmamıştır!

Bakterilere ait maddelerle bakterileri öldürme fikri her ne kadar ironik olsa da antibiyotikler aslında oldukça işlevseldirler. Zira insan hücrelerine herhangi bir zarar vermeyip ilgili bakterileri ortadan kaldırmak konusunda oldukça başarılıdırlar ve bunu birkaç şekilde yaparlar. Bazı antibiyotikler doğrudan bakterilerin iç mekanizmasını bozacak müdahalelerde bulunur. Bir başka antibiyotik çeşidiyse bakterilerin büyüme ve çoğalmalarını engellerler. Bazı antibiyotikler ise hiç detayla uğraşmaz, doğrudan hedef aldığı bakteriyi paramparça ederler. Geniş spektrumlu antibiyotikler, bu yok etme sırasında birçok suçsuz bakterinin de ortadan kalkmasına neden olacak bir soykırım yaparlar. Doğal olarak, bu soykırım esnasında sadece sizin iyiliğiniz için çalışan bakteriler de ölecektir. Söz konusu savaş olduğunda, masumların ölümü kaçınılmaz olsa da asıl bahsedeceğimiz konu çok daha tehlikelidir. Hani son dönemde güzel Türkçemizde sıklıkla kullanılan ilginç bir cümle vardır; "Vurursunuz eyvallah da ölmezsem sıkıntı büyük" diye. İşte antibiyotik meselesinde sıkıntının büyük olmasının en önemli nedeni budur. Derdimizi daha iyi anlatabilmek için durumu bir örnekle açıklayalım. Diyelim ki, bir grup kötü niyetli bakteri var. Bu bakterilerin üzerinde X diye zayıf bir bölge bulunsun. Yapılacak şey çok basittir. Bilim insanları bu bakterilerin zayıf noktası olan X bölgesini etkileyecek bir antibiyotik geliştirirler ve bu bakterilerin çok büyük bir kısmı böylece ortadan kaldırılır. Ama söz konusu "kendi hayatını" kurtarmak olduğunda, evrim her yerde evrimdir. Bakmayın bakterilerin gözle görülmediklerine, aslında kafaları oldukça iyi çalışır. Antibiyotik büyük bir kıyım ile bakterileri öldürürken, bazı bakteriler meseleyi çakar ve hemen zayıf olan X bölgesiyle ilgili gerekli tedbiri alır. Böylece ilgili antibiyotiğin kendisini yok etmesini engellemiş olur. Çünkü bu antibiyotik, bakteriyi sadece X bölgesinden öldürebiliyordu. Yani, hayatta kalan bu bakteri, ilgili antibiyotiğe karşı direnç geliştirmiş demektir. Aslına bakarsanız bu durum ilk başta çok önemli bir sorun değilmiş gibi gözükür. Zira bağışıklık sistemimiz antibiyotiklerden kaçarak hayatta kalmış olan bu birkaç bakteriyi yakaladığında, kendi imkânları ile çok rahat ortadan kaldıracaktır. Ama ya yakalayamazsa! İşte o zaman sıkıntı düşündüğünüzden daha büyük bir hal alır. Çünkü bakteriler arasında gerçekten takdir edilecek bir yardımlaşma ve işbirliği söz konusudur. Kaçabilen, yani direnç geliştiren bakteriler, rastladıkları diğer bakterilere kendilerinin hayatta kalmasını sağlayan özelliği aktarırlar. Böylece normalde sadece X bölgesi üzerinden kolayca öldürebildiğiniz bu bakteri sınıfını artık aynı antibiyotik ile öldürme şansınız kalmamıştır. Zira hepsi bu konuda önlemini almış ve antibiyotiklere karşı geliştirdikleri savunma mekanizmasını birbirleriyle çoktan paylaşmışlardır. Ama bilim insanlarımız çılgın oldukları için bu bakterilerin bir başka zayıf noktasını hemen bulurlar. Tahmin edeceğiniz üzere, aynı durum tekrarlanır ve yeni geliştirilen antibiyotiğe dirençli bakteriler oluşur ve bu özellik hemen diğer bakterilere aktarılır. İronik bir şekilde, bilim insanları her bulduğu yeni fikirle bakterilerin çok daha yüksek bir dirence sahip olmasını sağlar. Hani bir söz vardır; "Beni öldürmeyen acı güçlendirir" diye. Burada yaşanan durum da tam anlamıyla bu sözle uygun olup her yeni girişimde karşımıza daha dirençli bir bakteri çıkmaktadır. Basit bir mantıkla baktığımızda, insanlık olarak böyle devam edersek, nihayetinde karşımızda süper dirençli bakteriler oluşacak ve artık onları öldürmek asla çok kolay olmayacaktır. Üstelik de onları kendi ellerimizle yaratmış olacağız. Gördüğünüz üzere, hiç büyük devletlerin gizli laboratuvarlarına falan gerek yok. Her hapşırdığında ağzına bir antibiyotik atan Hilmi, bu direncin gelişmesi için yeter de artar bile. Bilinçsiz antibiyotik kullanımının giderek artması sonucu birçok ülke, halkını bilinçlendirmek için birtakım girişimlerde bulunmaktadır. Peki, ülkece antibiyotik kullanımı konusunda biz ne durumdayız?

Cevabı bilmeseniz de çevrenizdeki insanların antibiyotik kullanımından kuvvetli bir tahminde bulunabilirsiniz. Avrupa'daki 42 ülkenin, 2015 yılı verilerine göre, antibiyotik kullanımı sıralamasında ne yazık ki ülkemiz yine birinci sıradadır. Bu durum gerçekten de ülke sağlık politikamız açısından önemli bir sorundur ve bu konuda daha fazla farkındalık oluşturmaya ihtiyacımız var. Çünkü yukarıda, basit bir dil kullanarak ifade etmeye çalıştığım gibi, gereksiz kullandığımız her antibiyotik, bir sonraki enfeksiyonda karşımıza daha yüksek bir fatura olarak çıkacaktır. Muhtemelen bu nedenledir ki her yıl yaşadığımız soğuk algınlığı bir önceki yıla göre daha zor geçmektedir. Çünkü artık karşımızda giderek güçlenen dirençli bakteriler bulunmaktadır. Peki, ne yapalım, hiç mi antibiyotik kullanmayalım? Aslına bakarsanız yapacağınız şey çok basit. Antibiyotiği kafanıza göre kullanma alışkanlığını bırakmanız bile yeterince önemli bir adım olacaktır. Özetle doktorunuz sizden istemediği müddetçe antibiyotik kullanmayın.

Bu arada insanların büyük bir kısmının farkında bile olmadığı çok daha ilginç bir mevzu bulunmaktadır. Antibiyotikler, sadece bir ilaç kutusunun içerisinde karşımıza çıkmamaktadır. Yediğimiz bazı yiyeceklerde bile antibiyotik kullanımı söz konusu olabilir. Tahmin edeceğiniz üzere hızla artan insan nüfusunu doyurabilmek, artık oldukça zahmetli bir hal almıştır. Ama buna rağmen bazı et ürünlerinde fiyatların oldukça uygun olduğunu görürsünüz. Peki, nasıl oluyor da bu fiyatlar bu kadar düşük seviyelerde tutulabilmektedir? Doğayı tam

	1000 kişi başına düşen günlük doz
Türkiye	42
Yunanistan	34
Fransa	29
İtalya	28
İngiltere	22
Almanya	15
Hollanda	11

Tanımlanmış günlük doz, Anatomik Teröpatik Kimyasal sınıflandırma sisteminde yer alan bir ilacın ana endikasyonu için yetişkinlerde kullanıldığı varsayılan günlük ortalama idame dozudur.

anlamıyla sömüren insanoğlu bu soruna da kendine en uygun çözümü bulmuştur. Daha ucuz et üretmek için birçok hayvan oldukça kötü koşullarda ve bir arada üretilmektedir. Bu alanlar, hastalık yapan mikroorganizmaların yayılması için mükemmel uygunluğa sahip, temiz olmayan bölgelerdir. Doğal olarak bu hayvanlarda herhangi bir enfeksiyon görülme riski yüksek olduğundan hayvanların yemlerine antibiyotik karıştırmak enteresan bir gelenek halini almıştır. Bu sayede hayvanlar, kesilene kadar, yaşadıkları kötü şartlarda hayatta kalmayı başarabilmektedirler. Her ne kadar, Avrupa Birliği, antibiyotiklerin hayvan yemlerinde kullanılmasının önüne geçmek için çok çeşitli önlemler alsa da bu kontrollerin ne derece sağlıklı yapılabildiği gerçekten merak konusudur.

Yukarıda özetlenen olaylar bakterilerin antibiyotiklere karşı direnç geliştirmesiyle ilgili olası kötü senaryoları ifade etmektedir. Bilinçsiz antibiyotik kullanımının, mikrobiyotamız üzerinde de ciddi etkiler gösterdiğini söyleyebiliriz. Birçok bakterinin ölümüne yol açarak bağırsak florasında ciddi değişikliklere yol açabilirler. Sonuç olarak bakteri çeşitliliğinde azalmalar meydana gelebilir ve bazı bakterilerin yeteneklerinde birtakım değişimler görülebilir. Daha da önemlisi, 2016 yılında yapılan bir çalışmada, antibiyotik kullanımının nörogeneziste azalmaya neden olduğu gösterilmiştir. Çalışma hakkında bilgi paylaşmadan önce, nörogenezis kavramının ne olduğunu açıklayalım. Nörogenezis, aslında yeni sinir hücrelerinin üretimini ifade eden bir terimdir. Hatırlayacağınız üzere klasik biyoloji bilgilerimizde, sinir hücrelerinin çoğalamadığını öğrenmiştik. Ama sanılanın aksine, yetişkinlerde de yeni sinir hücreleri üretilebilmektedir. Bunun en belirgin gözüktüğü bölge de hafıza ve öğrenmeden sorumlu hipokampüs adlı yapıdır. Bu kısa bilgiden sonra tekrar yapılan çalışmaya dönecek olursak, farelerde antibiyotik kullanımının hipokampüs bölgesindeki nörogenezisi azalttığı ve hafıza işlevlerini negatif yönde etkilediği gösterilmiştir. Bu durum, antibiyotik kullanımına bağlı olarak mikrobiyotada meydana gelen bir değişim sonucu oluşmaktadır. Daha sonrasında antibiyotik kullanımı kesilip hayvanın mikrobiyotası normale dönse bile, hipokampüsteki nörogenezis eski haline dönmemiştir. Bunun üzerine hayvanı probiyotikler ile besleyip belli bir egzersiz programına soktuklarında, nörogenezisin eski haline dönebildiği gözlenmiştir. Bu sonuçlar bize net bir şekilde göstermektedir ki; uzun süreli antibiyotik kullanımı beynin plastsitesini ve bilişsel fonksiyonları negatif yönde etkilemektedir. Diğer taraftan probiyotik tüketimi ve düzenli egzersiz bu negatif etkinin ortadan kaldırılmasında önemli rol oynamaktadır (Möhle, 2016).

Matrix filminin çok ünlü sahnesinde, Morpheus, avuçlarındaki iki hapı göstererek Neo'ya hangi hapı seçeceğini sorar. Eğer filmin bu sahnesini hatırlıyorsanız, Neo'nun vereceği zor karar öncesi, yaşadığı çelişki nedeniyle yüzünde oluşan ifadeyi de hatırlarsınız. Benzer şekilde, ne zaman antibiyotik kullanma ihtiyacı hissetseniz aklınıza Neo'nun gözlerini getirin ve iyice düşünün; gerçekten de o hapa ihtiyacınız var mı?

Sağlam mikrobiyota sağlam besinlerde bulunur

İnsanlığın yemekle ilgili olan evrimi gerçekten ilginçtir. Normal bir fizyoloji için enerjiye ihtiyacımız vardır ve bunu yiyeceklerden karşılamamız gerekmektedir. İlkel insanın yemeğe bakışındaki ilk temel ölçüt çok netti: "Acaba bu yemek beni öldürür mü" Daha sonra kendisini öldürmeyen yemekler karşısında insanoğlunda ikinci bir değerlendirme mekanizması gelişti: "Bu yemek lezzetli mi" İlerleyen yıllarla beraber karşımıza çok fazla lezzet seçeneği sunuldu. Tüm bu lezzetlerden faydalanmak isteyen insanlar sayesinde, yeni bir ölçüt daha girdi hayatımıza: "Acaba bu yemeğin kalorisi fazla mı" Çünkü güzel bir vücuda sahip olmak, modern insanın en temel ihtiyaçlarından biri haline gelmişti. Daha da modernleşen ve kilo problemi olmayan insanlar için de "Acaba yediklerim sağlıklı mı" sorusu hayatımıza girdi. Burada sağlıktan kastedilen kısım, çoğunlukla kalp damar sistemine ait hastalıkları kapsamaktadır. Sonuçta insanoğlunun yemeğe olan bakış açısı, ihtiyaçlarına göre sürekli güncellenmektedir. Kitap boyunca verilen onlarca örneğin gösterdiği üzere, yediklerimiz beyin ve zihin sağlığımız için de çok önemlidir. Hatta kim olduğumuz ve de nasıl karakterler sergileyeceğimiz bile yediklerimizle ilgilidir. Özetle, ne yersek o olduğumuz bu garip dönemde ağzımızdan içeri gönderdiğimiz her şeyin karşımıza bir davranış olarak çıkacağını unutmamalıyız. Yani akşam yediğiniz puding, sizi, işlerini sürekli erteleyen bir kişiye dönüştürebilir. Sağlıklı bir beyin ve karakter için beslenmenize dikkat etmeniz şart.

Peki, sağlıklı bir mikrobiyota için bizim ne yapmamız gerekmektedir? Aslına bakarsanız, yaşadığımız dönemde bu konuya çok daha fazla dikkat göstermeliyiz. Çünkü modern yaşam biçimleri diyetlerimizde çok önemli değişiklikler gerçekleştirdi ve bu değişiklerin çoğu mikrobiyotamızı doğrudan etkilemektedir. Modern hayat insanın açgözlülüğünü karşılayabilmek için yüksek yağ ve yüksek şeker içeren bir diyeti önümüze koymuştur. Oysa söz konusu sağlıklı bir mikrobiyota olduğunda yüksek yağ ve yüksek şeker içeren gıdalardan uzak durmakta fayda var. Zengin lifli besinler, prebiyotik ve probiyotik gıdaların bağırsak mikrobiyotamızı iyi yönde geliştirdiğine dair çok güçlü çalışmalar bulunmaktadır. Söz konusu mikrobiyota olduğunda besinlerle ilgili olan iki terim karşımıza sürekli çıkacaktır. Bu kelimeler "probiyotik" ve "prebiyotik"tir. Peki, tam olarak nedir bunlar?

Probiyotik ve prebiyotikler

Kitabın önemli bir kısmında bize faydası ve zararı dokunan bakterilerden bahsetmiştik. İşte, sağlığımız için oldukça faydalı olan bakterilere genel anlamda "probiyotik" diyoruz. Anlayacağınız üzere probiyotik gıda dediğimizde de bizzat bakterinin ürününü ve kendisini bir arada yediğiniz gıdalar aklınıza gelsin. Diğer taraftan "prebiyotik" ise iyi bakterileri besleyip kötü bakterilere karşı avantaj kazanmalarını sağlayan besinlerdir. Özetle prebiyotik gıdalar ile içinizdeki faydalı bakterileri beslerken, söz konusu probiyotik olduğunda bizzat faydalı bakterilerle besleniyorsunuz. "Ben bakteri falan yutmam, öğğğğ, bana ne" gibi ifadeler kullanmanıza hiç gerek yok. Zira şu an elinizde tuttuğunuz bu kitap da dâhil olmak üzere, tüm etrafınız bakterilerle dolu olduğu için, bu durum çok da dert edilecek bir mesele değildir. Bazen sevdiğinizin yanağına kondurduğunuz basit bir öpücük, dudaklarınıza bulaşan bir sürü bakterinin birazdan ağzınızın içine girerek sizin bir parçanız olacağı anlamına gelir. Bu yolculuklarında bakterilerin aşmaları gereken en önemli engel, mide asididir. Eğer burayı geçerlerse, artık ver elini muhteşem bağırsak dünyası. Yani öyle ya da böyle sürekli mikroorganizmalara maruz kaldığımız bir dünyada yaşıyoruz. Probiyotik gıdalara yönelerek faydalı bakterileri bağırsaklarımıza göndermek bizim açımızdan oldukça önemlidir. Çünkü yararlı bakterilerin sayısını artırmak kötü bakterilere karşı yapacağımız her türlü savaşta elimizi çok güçlendirecektir. O nedenle bağışıklık sistemimiz faydalı bakterileri oldukça sever. Aslında probiyotik gıdalarla ilk kez kısa reklamlarda tanışmıştık. Belli bir yaşın üzerindeki kadınların oldukça küçük kaptan yedikleri yoğurtları tanıttıkları o ilginç reklamlardan bahsediyorum. Zira yoğurdun lezzetinden ziyade, bağırsak faaliyetleri üzerine olan etkilerinin öne çıkarıldığı ve kadınların sürekli karınlarını tuttuğu reklamlardı.

Peki, bu bakteriler tam olarak gıdalara ne yapmaktadır? Aslında bu, hangi bakterinin yemeğinize bulaştığı ile ilgili bir meseledir. Örneğin, bir grup bakteri gıdaları fermente etme özelliğine sahiptir. İnsanoğlu yiyecekleri fermente edip saklamayı öğrendiğinde, kendisi için önemli bir adım atmıştır. Aslında buradaki durum bir miktar ilginçtir. Yiyecek depolama fikri, en temel ihtiyaçlarımızdan biridir. İlkel insana baktığımızda, yiyebileceği her şeyi yiyip fazlasını vücudunda yağ olarak depolamayı tercih ettiğini görürüz. Ortamda hâlâ fazladan yiyecek varsa bu sefer de o besinleri ilerideki zor günler için depolama ihtiyacını hissedecektir. İşte burada başlıyor yiyecek depolamanın insanoğluyla olan kaderi. Örneğin, bir salatalığı düşünelim. Eğer uygun şartlar sağlanmazsa salatalık bir süre sonra doğada çürüyecektir. Çürüme dediğimiz işlem, aslında kötü bakterilerin sizin salatalığınızı mahvetmesiyle sonuçlanan bir süreçtir. Zaten üzerinde kötü bakterilerin olduğunu, yiyemediğinizde anlarsınız. Zira beyniniz, çürümüş bir yiyeceği ağzınızdan içeri göndermenize asla müsaade etmez. Oysa iyi bakteri dediğimiz bakteriler de salatalık ile etkileşime geçebilir. İşte asıl ilginçlik burada başlıyor. Zira bu bakteriler salatalık ile iletişime geçtiğinde, bu sefer çürüme yerine daha başka bir farklılaşma meydana gelir. Salatalığınız kesinlikle eski salatalığınız değildir ama görüntüsü, kokusu ve yapısı bir miktar değişerek yeni bir hal kazanmıştır. Her ne kadar dışarıdan farklı görünse de pek de yenilmeyecek gibi durmamaktadır. Zira cesaret edip yediğinizde garip bir tat aldığınızı hissedersiniz. Hatta bu yeni tat bir miktar hoşunuza da gidecektir. İşte böyle başlar insanoğlunun bazı besinleri fermente ederek saklama ihtiyacı. Yani salatalığınıza kötü bakteri geldiğinde çürümekte, iyi bakteri geldiğinde ise turşu olmaktadır. Doğal olarak siz gıdanızı iyi bakterilerle paylaştığınızda iyi bakteriler salatalığınıza sahip çıkacaktır artık. Kötü bakteriler normal bir salatalığa yaklaştıkları gibi sizin fermente olmuş salatalığınıza yaklaşamazlar. Çünkü artık salatalığınız ile bir olmuş iyi bakteriler onlara gözdağı vereceklerdir.

Probiyotiklerin sağlıklı bir bağırsak mikrobiyotası için gerekli olduğu binlerce yıldır bilinmektedir. *Lactobasillus, Bifidobacterium* ve *Sacharomyces boulardii* adlı bakteriler, en sık kullanılan probiyotiklerdir. Peki, biz probiyotiklere nasıl ulaşacağız?

Özellikle son dönemde bağırsaklarımızın önemi arttıkça, bu konuda çok fazla ürün alternatifleri ortaya çıkmaktadır. Söz konusu probiyotikler olduğunda, liderlik kefirde gibi gözükmektedir. Kefiri takiben yoğurt, turşu, bazı peynir türleri, sirke çeşitleri gibi çeşitli ürünler bulunmaktadır. Hatta "kombu çayı" gibi bazı coğrafyalara özgü türler de söz konusudur. İçimizdeki faydalı bakterilerin yiyebileceği prebiyotikler ise yer elması, muz, ceviz, mercimek gibi hemen hemen birçok türde gıdanın yer aldığı oldukça geniş bir gruptur.

Bir coğrafyanın yemek kültürünün çok çeşitli olması, bağırsak ve mikrobiyotamız için oldukça kıymetlidir. İşte bu nedenle, söz konusu güzel ülkemin mükemmel mutfağı olduğunda, karşımıza dikkate değer bir mikrobiyota çeşitliliğinin çıkma ihtimali oldukça yüksektir. Aslında sadece bu topraklardaki insan davranış çeşitliliğine ve orijinalliğine bakmamız bile toplumumuzun mikrobiyotası hakkında bir fikir verecektir. Ama gelin görün ki modern toplumların beslenme anlayışı, mutfağımıza ait zenginliğe vurulan önemli bir darbe olmuştur. Bu hızla devam ederse, mikrobiyota çeşitliliğimiz açısından durum hiç de iyi gözükmemektedir. Son olarak, yakın dönemde yapılan çalışmalarla beraber probiyotik ve prebiyotik terimlerine yeni bir terim daha eklenmiştir. Bazı probiyotikler artık "psikobiyotik" olarak sınıflandırılmaktadır. Çünkü bu gıdaları tüketen kişilerde depresyon ve benzer ruh hallerinde önemli iyileşmeler olmaktadır.

Fekal transplantasyon

Söz konusu sağlıklı bir mikrobiyota olduğunda, düzgün beslenmenin yanı sıra bir başka ilginç uygulama daha söz konusudur. Hani yapmaktan hoşlanmadığınız ve sürekli ertelediğiniz işler olur ya, fekal transplantasyon yöntemi de yazmamak için sürekli ertelediğim ama nihayetinde yine kitabın sonunda karşıma çıkmış olan bir konudur. Önümde artık iki seçenek kalmıştı; ya buraya yazacaktım ya da sonsuza kadar unutacaktım. Şu an bu satırları okuduğunuza göre yazmaya karar vermişim gibi gözüküyor çünkü ileride günlük hayatımıza girebilecek enteresan bir konudan bahsetmek istiyorum. Kitabın genelinde çok güzel yiyeceklerden ve yemeklerden bahsetmiş olsak da bundan sonra okuyacağınız kısım, bazı insanlar için bir miktar iğrenç gelebilir. O nedenle isterseniz kitabı okumayı bu kısımda sonlandırıp doğrudan son bölüme gidebilirsiniz. Hâlâ devam edecek olanlara da şunu belirtelim. Okuyacaklarınız biraz yüzünüzü ekşitecektir ama bu konu hakkında bilgi sahibi olmanız ileride belki işinize yarayabilir. Hazır mısınız? Başlayalım o zaman.

Bir insan için en ölümcül olan konulardan biri de kan kaybıdır. Fazla miktarda kan kaybı sonucu kişi hayatını kaybeder. Doğal olarak kan kaybı olan kişilere ilk müdahale olarak uygun kan verilir. Benzer mantık bakterileriniz için de geçerlidir. Diyelim ki birtakım sorunlar yaşadınız ve bağırsaklarınızda olması gereken iyi bakterilerin sayısı çok azaldı. Bunu fırsat bilen bazı kötü bakteriler, sayıca artarak bağırsaklarınıza ve size zarar vermeye başladı. Peki, bu durumda ne yapmak gerekmektedir? Tıpkı kan naklinde olduğu gibi hızlıca vücudunuza iyi bakterileri transfer etmek etkili bir çözüm olabilir. Peki, bunu nasıl yapacağız? Yiyecekler vasıtasıyla bu bakterileri artırmaya çalışmak için epey bir zamana ihtiyaç vardır. Bu durumda bu bakterileri size nasıl transfer edeceğiz? Bildiğiniz üzere, vücudumuza dışarıdan bir madde vereceğimiz zaman ya yutarız ya da damardan enjekte ederiz. Peki, bu bakterileri en hızlı ve en etkili yol ile size vermek istesek ne yapmamız gerekmektedir?

Günümüz tıp dünyasında yavaş yavaş tercih edilmeye başlayan, garip bir yöntemden bahsedeceğiz şimdi. Bu yönteme *fekal transplantasyon* denmektedir. Her ne kadar ismi çok havalı dursa da yapılan işlem "dışkı transferinden" başka bir şey değildir. Fekal mikrobiyota transplantsyonu (FMT) sağlıklı bir kişiden alınan bağırsak mikroorganizmalarını bir başka kişinin bağırsaklarına nakletmeye denmektedir. Aslında her şey, 17. yüzyılda İtalyan bir bilim insanının, hayvanlarda tedavi yöntemi olarak dışkıyı kullanmasıyla başlar. Kendisi bu yönteme *transfaunation* adını vermiştir. İlerleyen yıllarla beraber lavman ve benzeri birtakım uygulamalar denenmiştir. Bu konuda çeşitli yöntemler olmakla birlikte en sık kullanılandan bahsedelim. Bu konuyla ilgili hizmet veren hastanelerde bu iş oldukça güzel bir düzene oturtulmuştur. İlk ihtiyacımız olan kaka bağışçılarıdır. Evet, dışkının da bağışlandığı günlerdeyiz sevgili insanoğlu. Herhangi bir rahatsızlık nedeniyle dışkı transferine ihtiyaç duyduğunuzda, dışkı kaynağı olarak size yakın bir aile ferdi tercih edilir. Ama günümüzde bundan da bağımsız olarak "dışkı bağışlayıcıları" söz konusudur. Ama donör olmak öyle kolay değil. Önce sizden ufak bir örnek alınıp herhangi bir hastalığa sahip olup olmadığınıza bakılır. Daha sonra birtakım kan testleri yapılarak bir sonraki aşamaya geçmiş olursunuz. Eğer sonuçlarınız temiz çıkarsa, evet, artık siz de sağlıklı bir donörsünüzdür. Elinize sıkıştırılan o garip kaba bağışta bulunabilirsiniz artık.

Bağışladığınız dışkınız ilgili uzmanlar tarafından alınır. Özel bir sıvı ile iyice karıştırılır. Daha sonra bu karışım birkaç kez filtre edilir ve artık elinizde sıvı bir süspansiyon vardır. Özet bir şekilde belirttiğim tüm bu aşamalardan sonra elde edilen karışım soğutucularda belirli bir süre saklanabilir. Daha sonra herhangi bir problem nedeniyle hasta geldiğinde, eğer hastada bakteri sayısını artırmamız gerekiyorsa, hastaya kolonoskopi denilen bir yöntemle bu dışkı transfer edilir. Bir anda bağırsağınızın içine bol miktarda gerekli bakteri gönderilmiş olur. Hiç tanımadığınız birinin dışkısının sizin bağırsaklarınızda olması fikrinin ne kadar itici durduğunun farkındayım. Kişi tanıdık olsa da bu fikrin iticiliğini sürdüreceği muhakkaktır. Ama çeşitli rahatsızlıklarda bu yöntemin kullanılmasıyla elde edilen başarının ilaçlara göre daha iyi performans gösterdiği öne sürülmektedir. Hemen belirtelim. Yukarıda bahsettiğimiz kolonoskopi yöntemi dışkı transfer edilmesinde en sık kullanılan yollardan birisidir. Bunun dışında başka uygulamalar da bulunmakla beraber, çok fazla detaylara girmeden bu konuyu sonlandıralım. Henüz yeni bir uygulama olduğundan, ileride nasıl fantastik şekillerde karşımıza çıkacak inanın bilmiyorum. Ama söz konusu insan olduğunda, çok garip girişimlerle karşılaşacağımıza hiç şüphe yok.

Son söz

Ellerinizin arasında duran bu kitabın amacı, yiyecek tercihleriniz konusunda size önerilerde veya yönlendirmelerde bulunmak değildir. Yiyecekleri "sağlıklı" ya da "sağlıksız" diye sınıflandırarak, sindirim sisteminiz ve yedikleriniz arasına girmek gibi bir niyeti hiç bulunmamaktadır. Hani günlük hayatımızda kullanılan bir terim vardır; "karı-koca arasına girilmez" diye. Söz konusu yemek tercihleri olduğunda da benzer bir önerme bana oldukça kabul edilebilir gelmektedir. Yani, kişi ve yedikleri arasına girmeyi çok tercih eden bir insan değilim. Zaten kitabın çeşitli yerlerinde bunu birkaç kere vurguladım. Çünkü bu konu o kadar çok istismar edilmiştir ki artık insanlara oldukça itici gelmektedir. Zira sadece yemek yeme yeteneğine sahip bir insan bile, sağlıklı beslenme konusunda yorum yapabileceğine inandığı için ortalıkta müthiş bir bilgi kirliliği bulunmaktadır. Eğer herhangi bir yiyecekle ilgili internette yeterince arama yaparsanız muhakkak kanser yaptığını görürsünüz. Nereye kafayı döndürseniz hep aynı cümleler çıkar karşınıza; "onu sakın yeme kanser yapıyor", "aman bundan uzak durun kesin kanser yapar", "her gün evimize giren bu masum yiyecek meğerse kanserin ta kendisiymiş" Yani adamlar kısaca demek istiyor ki; yemek yemeyin kardeşim, kanser yapıyor. Bu kadar bilgi kirliliği olunca, yıllardır bu konuda emek veren çok kıymetli uzmanların söyledikleri de ne yazıktır ki arada kaynamaktadır. Bir bilginin paylaşım sayısı ne kadar yüksekse, o bilgi o kadar doğrudur gibi bir algının beyinlerimize yerleşmesi de bir o kadar saçmadır. Doğrunun ölçütü çok nettir. Yani milyonlarca kişinin "dünya düzdür" diye bir bilgiye inanması dünyanın geometrik şeklini değiştirmez. Tekrar beslenme alışkanlıklarımıza dönecek olursak, tüm bu bilgi kirliliğinin yanında bir o kadar ilginç içerikli vaatler de söz konusudur. "Bir ayda dokuz kilo vermek ister misiniz", "İki haftada tüm kilolarınızdan kurtulun", "Bu yöntemle artık kilo vermek çok kolay" gibi cümleler gerek televizyonda gerekse de sosyal medyada ısrarla gözümüze sokulmaktadır. Özetle söz konusu yediklerimiz olduğunda, hemen her gün ne yememiz gerektiğini yüzümüze haykıran birçok insana maruz kalıyoruz ne yazık ki. İşte tüm bu nedenlerle bu kitapta neleri yemeliyiz ya da nelerden kaçınmalıyız gibi bir bilgi sizlerle paylaşılmamıştır.

Sonuç olarak, sinirbilim çalışan bir fizyolog tarafından yazılan bu kitabın asıl amacı bir farkındalık yaratmaktır. Tam olarak "ne" olduğumuzu sorgulamaya çalışan, beyin ve bağırsak arasındaki mükemmel fizyolojik etkileşimleri aktarmak için çabalayan ve hepsinden daha da önemlisi kendi vücudunuzda yalnız olmadığınız konusunda sizi uyarmayı amaçlayan bir kitaptan bahsediyoruz. Bu kitabı bitirip kapağını kapattıktan sonra, yediklerinizin asıl olarak karakterinizi ve kim olduğunuzu belirliyor oluşu ile ilgili bilgi, umarım en sevdiğiniz nöronlar içerisinde yıllarca saklanır ve hiç çıkmaz. Çünkü buna göre bir beslenme tarzı geliştirdiğinizde, zaten kilo sorunları ve kalp damar sağlığınız için endişelenmenize gerek kalmayacaktır. Çünkü yeterince sabredip mikrobiyotanızı şekillendirdiğinizde, zaten güzel görünümlü bir beden ve sağlıklı bir kalp damar sistemine sahip olacaksınız. Burada olması gerekenin tersinden gittiğiniz zaman, yani sadece kalori hesapları yaptığınızda ya da zayıflamayı hedeflediğinizde, belki kısa süreli başarılara ulaşabilirsiniz ama bu durum çok büyük bir ihtimalle uzun vadede size yenilgi olarak dönecektir. Çünkü mikrobiyotanızı değiştirmeden, mikrobiyotanızın koyduğu kuralları değiştiremezsiniz. Bu arada, bu değişimin oldukça uzun bir süreçte geliştiğini unutmayınız. Belki kısa sürede kendinizdeki değişimi algılayamayacaksınız ama istikrarlı olabildiğinizde ulaşacağınız sonuç çok daha güçlü olacaktır. Çünkü artık vücudunuzda sizi seven bakterilerin çoğunlukta olduğu bir mikrobiyota ve bu mikrobiyotanın etkilediği bir beyin bulunmaktadır. Bu arada mikrobiyotamızı şekillendiren sadece yediklerimiz değildir. Düzenli spor alışkanlığı günlük hayatınıza katmanız gereken önemli bir alışkanlık olmalıdır. Aynı zamanda düzenli bir uyku ritmi de yine bağırsak ve zihninizi etkileyen çok önemli bir parametredir.

On üçüncü yüzyılda Anadolu'da yaşamış olan ünlü halk ozanımız Yunus Emre'nin, aslında meseleyi oldukça net özetleyen o harika cümlesiyle sonlandıralım hikâyemizi. Yunus Emre bu mükemmel cümleyi hangi düşünceler kapsamında kurmuştur bilemeyiz ama kitapta yazılanları okuduğumuzda bu tespit birçok şeyi mükemmel bir şekilde özetlemektedir.

Bir ben var bende, benden içeri…

Bölüm 11

Tünelin Ucundaki Karanlık...

Yerçekiminin olduğu bir dünyada düşmek en doğal eylemdir.
Seni diğerlerinden ayıran, her defasında ne kadar
erken ayağa kalktığındır.

"İlerle" demişti adam. "Sakın arkana döneyim deme. Sadece ilerle" Kızın kalp atışları o kadar hızlı atıyordu ki bu kadar yüksek kalp atışı için şu an çok hızlı bir şekilde koşuyor olması gerekirdi. Oysa karanlıkta hiç istemeden ayaklarını sürüye sürüye ilerliyordu. Hepsi salak bir yemek tarifi yüzündendi. Kız, zeminin aşağı eğimli olduğu, sadece bir kişinin yürüyebileceği genişlikte, arkaya dönmeye çalışmayı deneseniz bile oldukça zorlanacağınız darlıkta bir koridorda ilerliyordu. Kız ilerledikçe tavan ve zemin birbirine yaklaşıyordu. Kalp hızının artışına dışarıdan çok rahat gözlemlenebilecek bir titreme de eklendi. Başına ne geleceğini bilmemenin verdiği korkuyla ilerliyordu sadece. Adam "ilerle" demişti. "Sakın arkanı döneyim deme. Arkanı döndüğün an her şeyin bitip, hiçliğin başladığı an olacaktır."

Genç kızın dişleri birbirine vurmaya başlamıştı. Bir an bayılacak gibi hissetti. Bu arada tavan artık o kadar alçalmıştı ki kız kafasını eğerek yürümeye başlamıştı. Yürüdüğü koridor daraldıkça, göğsünde bir ağırlık hisseti. Sanki kilolu bir kişi göğsünün üzerine oturmuş ve kalkmak istemiyordu. Soluk sayısı hızlandı. Bir an kendisini kaybedecekken, adamın sesi yine hafızasında canlandı. "İlerle, sadece ilerle." Bu arada tavan o kadar alçalmıştı ki artık dizlerinin üzerinde emekleyerek ilerliyordu. Kafasının üzerindeki tavan kısmının toprak olduğunu fark etti. Zira kafası değdikçe, düşen toprak parçaları gözüne kaçmıştı. Refleks olarak gözünü ovuşturmak istedi ama birbirine bağlı elleri buna izin vermedi ve ipler bileklerini acıttı. Elleri birleşik bir şekilde, sırayla gözündeki toprakları çıkarmaya çalıştı. "İlerle" demişti manyak adam ama artık ilerleyecek bir şey kalmamıştı. Zaten her taraf karanlıktı. Sadece ileriden çok hafif bir hava esintisi geliyordu. Tünel o kadar daralmıştı ki emeklemek bile mümkün değildi. Elleri bağlı genç kız topraklaşan zeminin üzerinde sürünürcesine ilerliyordu. Diz kapakları o kadar acıdı ki zemine yan yatarak ilerlemeye başladı. Dizlerini önce karnına çekiyor sonra ayakları ile iterek santim santim gidiyordu. Bu arada tünelin ucundan gelen hava akımı daha da hissedilir olmuştu. Kız korkuyordu. Korkuyu her hücresiyle hissediyordu. Tam dizlerini karnına çektiği sıra durumunu düşündü. Tam şu anda, daracık toprak bir tünelde, fetüs gibi duruyordu. Kız birkaç saniye dondu kaldı. Birbirine bağlı elleri yüzünün önünde dizler karnına çekilmiş bir şekilde. Bu benim doğumum diye düşündü. Her ne kadar etrafı toprakla çevrili olsa da vücudu ona baş aşağı ilerlediğini hissettiriyordu. Evet, şu an yeniden doğuyorum. Korkunun ümide dönüşebilme ihtimali ile son adrenalini kaslarına gönderdi ve hızla deliğe doğru kendini itmeye başladı. Evet, havayı hissediyordu ama delik kesinlikle kafasının geçemeyeceği bir büyüklükteydi. Büyük bir zorlukla birbirine bağlı ellerini kafasının üzerine götürerek deliği genişletmeye çalıştı. Tam bu sırada çok ilginç bir şey hissetti. Dokunduğu delik kauçuk ile kaplıydı ve toprak değildi. Ellerini kullandığında kauçuk kısmın genişleyebildiğini fark etti. Bacak kaslarında kalan son ATP'leri kullanarak kendini deliğe doğru itti. Hayır, başaramayacaktı. Bu kadar dar bir yerden geçemezdi. Kendini ittikçe kauçuk kızın saçlarını acıtıyordu. Kızın kafası dışarı çıkarken burnu ve ağzı bu sefer kauçuk ile kapandı. Bir an nefessiz kaldığında kalbi öyle korkunç bir hıza yükseldi ki bir an kalbinin patlayacağını sandı. Nefessiz kalmanın verdiği korkuyla kendini bir kez daha itti ve kafası delikten çıkınca müthiş bir rahatlama hissetti. Tıpkı yeni doğmuş gibiydi. Etrafındaki zifiri karanlık, milisaniyeler süren huzurunun üzerine bir çekiç gibi indi ve tüm anı paramparça etti. Çünkü delikten çıktığında baş aşağı olduğunu artık çok net anladı. Etrafı ise sadece karanlık bir boşluktu. Yerçekimi etkisiyle beynine hücum eden kan iyice rahatsız edici olduğundan son bir kuvvetle kendini itti ve bedeni toprak delikten ayrılarak boşluğa düştü. Daracık bir delikten kurtulmanın ve uçmanın verdiği özgürlük sadece üç saniye sürdü. Kızın vücudu sağ kolunun üzerine gelecek şekilde önce suya çarptı, ardında da suyun zeminine. Kız, kolunda normalde ona çığlık attıracak kadar büyük bir acı oluşmasına rağmen büyük bir telaşla suyun içerisinde doğrulmaya çalıştı. Kafasını suyun üzerine çıkarıp ayağa kalktığında suyun beline kadar geldiğini gördü. Her taraf karanlıktı ve sadece akan suyun sesini duyuyordu. Etrafında kımıldayan bir şeyler olduğunu hissetti. "Kim var orada" diye bir ses çıktı ağzından. Duyduğu bu ses kendisine mi aitti! Zira patlamış bir lastikten çıkarcasına çıkmıştı ses ağzından. Kendisi bile zor duymuştu. Kimse cevap vermedi. Ama kızın etrafında hareket eden birileri vardı, bunu çok net hissedebiliyordu. "Ne olur, ben hiçbir şey yapmadım" diye ağlamaya başladı. Sanki her tarafının ıslanması yetmezmiş gibi bir de kendi gözyaşlarıyla ıslanmaya devam etti. Bu arada etrafındaki sesleri artık çok net duyabiliyordu. Tam tekrar ağzını açacakken bir anda her tarafta beyaz bir ışık belirdi. Karanlığa alışmış gözlerini neredeyse kör edecek bu ışık karşısında refleks olarak bağlı ellerini hemen gözlerine götürdü. Işığın yakıldığı andaki saniyenin çok kısa bir süresinde, kendisine doğru dönük ve elleriyle yüzlerini kapatmış bir grup insan gördüğüne yemin edebilirdi. Ama ışık o kadar parlaktı ki gözleri hâlâ acıyordu. "Neredeyim ben, siz kimsiniz" derken korktuğunu belli etmemeye çalıştı. İlginç bir şekilde sorduğu soruya cevabı veren parlak ışık oldu ve her yer anında yeniden karardı. Bir saniye bile sürse karanlığın verdiği huzuru hissetti genç kız. Ama bir şeyden de emindi artık. Buradan çıkması imkânsızdı.

(...devam edecek)

Kaynakça

Samimiyetle söylemem gerekir ki, kitabın sonuna bir kaynakça koyup koymama konusunda oldukça kararsız kaldım. Bilimsel bir derleme yazmadığımdan kullandığım kaynakların tümünü burada belirtmek bana bir miktar anlamsız geldi. Zaten bu bilgilerin çoğu ders kitaplarında bile yer almaktadır. O nedenle daha güncel olan ve de ilginizi çekebilecek makalelerden bazılarının künyelerini aşağıda sizlerle paylaştım.

Randal BR ve diğerleri, **2007** *Biofilms in the large bowel suggest an apparent function of the human vermiform appendix.* J Theor Biol. Dec 21;249(4):826-31.

Sender R ve diğerleri, **2016** *Revised Estimates for the Number of Human and Bacteria Cells in the Body.* PLoS Biol.

Kiyohara Y ve diğerleri, **2011** "*The cohort study of Dementia: The Hisayama Study*" Rinsho Shinkeigaku no:11 906-909

International Diabetes Federation. Diabetes Atlas. 6th edition, **2013** http://www.idf.org/diabetesatlas

Satman I ve diğerleri, **2013** *Twelve-year trends in the prevalence and risk factors of diabetes and prediabetes in Turkish adults.* Eur J Epidemiol.;28(2):169-180.

Satman I ve diğerleri, **2002** *Population-based study of diabetes and risk characteristics in Turkey: results of the Turkish diabetes epidemiology study (TURDEP).* Diabetes Care.;25(9):1551-1556.

Hu WT ve diğerleri, **2006** *Cognitive impairment and celiac disease.* Arch Neurol. Oct;63(10):1440-6.

Roberts RO ve diğerleri, **2012** *Relative intake of macronutrients impacts risk of mild cognitive impairment or dementia.* J Alzheimers Dis.;32(2):329-39.

de Lau LM ve diğerleri, **2006** *Serum cholesterol levels and the risk of Parkinson's disease.* Am J Epidemiol. Nov 15;164(10):998-1002

Coffey JC ve **Oleary DP**, **2016** *The mesentery: structure, function, and role in disease.* The Lancet Gastroenterology & Hepatology Volume 1, No. 3, p238–247

Huang X ve diğerleri, **2008** *Low LDL cholesterol and increased risk of Parkinson's disease: prospective results from Honolulu-Asia Aging Study.* Mov Disord. May 15;23(7):1013-8.

Heikkilä MP ve **Saris PEJ**, **2003** Inhibition of Staphylococcus aureus by the commensal bacteria of human milk. Journal of Applied Microbiology;95:471–8.

Maldonado J ve diğerleri, **2012** *Human milk probiotic Lactobacillus fermentum CECT5716 reduces the incidence of gastrointestinal and upper respiratory tract infections in infants.* Journal of Pediatric Gastroenterology and Nutrition;54(January (1)):55–61.

Bruce-Keller AJ ve diğerleri **2015**. *Obese-type gut microbionta induced neurobehavioral changes in the absence of obesity.* Biol Psychiatry, 77:607-615.

Fernández L ve diğerleri, **2013** *The human milk microbiota: origin and potential roles in health and disease.* Pharmacol Res. Mar;69(1):1-10.

Duda-Chodak A ve diğerleri, **2015** *Interaction of dietary compounds, especially polyphenols, with the intestinal microbiota: a review.* Eur J Nutr. Apr;54(3):325-41.

Mills CE ve diğerleri, **2015** *In vitro colonic metabolism of coffee and chlorogenic acid results in selective changes in human faecal microbiota growth.* Br J Nutr. Apr 28;113(8):1220-7

Galley JD ve diğerleri, **2014** *Exposure to a social stressor disrupts the community structure of the colonic mucosa-associated microbiota.* BMC Microbiol. Jul 15;14:189.

Bercik P ve diğerleri, **2011** *The intestinal microbiota affect central levels of brain-derived neurotropic factor and behavior in mice*. Gastroenterology. Aug;141(2):599-609, 609.e1-3.

Schmidt K ve diğerleri, **2015** *Prebiotic intake reduces the waking cortisol response and alters emotional bias in healthy volunteers*. Psychopharmacology (Berl). May;232(10):1793-801.

Reandon S, **2014** Gut-brain link grabs neuroscientists. Nature, 515:175-177.

Hsiao EY ve diğerleri, **2013** *Microbiota modulate behavioral and physiological abnormalities associated with neurodevelopmental disorders*. Cell, 155:1451-1463.

Adams JB ve diğerleri, **2011** *Gastrointestinal flora and gastrointestinal status in children with autism–comparisons to typical children and correlation with autism severity*. BMC Gastroenterol, 11:22.

Finegold SM ve diğerleri **2010**, *Pyrosequencing study of fecal microflora of autistic and control children*. Anaerobe, 16:444-453.

Macfabe DF, **2012** *Short-chain fatty acid fermentation products of the gut microbiome: implications in autism spectrum disorders*. Microb Ecol Health Dis, 23:19260.

Bravo JA ve diğerleri, **2011** *Ingestion of Lactobacillus strain regulates emotional behavior and central GABA receptor expression in a mouse via the vagus nerve*. Proc Natl Acad Sci USA 108: 16050–5.

Messaoudi M ve diğerleri, **2011** *Assessment of psychotropic-like properties of a probiotic formulation (Lactobacillus helveticus R0052 and Bifidobacterium longum R0175) in rats and human subjects*. Br J Nutr 105: 755–64.

Obregon-Tito AJ ve diğerleri, **2015** *Subsistence strategies in traditional societies distinguish gut microbiomes*. Nat Commun

Duca FA ve diğerleri, **2012** *Increased oral detection, but decreased intestinal signaling for fats in mice lacking gut microbiota*. PLoS ONE 7: e39748.

Swartz T ve diğerleri, **2012** *Up-regulation of intestinal type 1 taste receptor 3 and sodium glucose luminal transporter-1 expression and increased sucrose intake in mice lacking gut microbiota.* Br J Nutr 107: 621.

Tsavkelova E ve diğerleri, **2006** *Hormones and hormone-like substances of microorganisms: a review.* Appl Biochem Microbiol 42: 229–35.

Markle JG ve diğerleri, **2013** *Sex differences in the gut microbiome drive hormone-dependent regulation of autoimmunity.* Science 339: 1084–8.

Desbonnet L ve diğerleri, **2010** *Effects of the probiotic Bifidobacterium infantis in the maternal separation model of depression.* Neuroscience 170: 1179–88.

Thomas CM ve diğerleri, **2012** *Histamine derived from probiotic Lactobacillus reuteri suppresses TNF via modulation of PKA and ERK signaling.* PLoS ONE 7: e31951.

Miras AD ve **le Roux CW, 2013** *Mechanisms underlying weight loss after bariatric surgery.* Nat Rev Gastroenterol Hepatol 10: 575–84.

Ley RE ve diğerleri, **2006** *Microbial ecology: human gut microbes associated with obesity.* Nature; 444: 1022-1023

Ridaura VK ve diğerleri, **2013** *Gut microbiota from twins discordant for obesity modulate metabolism in mice.* Science 341: 1241214.

Christakis NA ve **Fowler JH, 2007** *The spread of obesity in a large social network over 32 years.* N Engl J Med 357: 370–9

Song SJ ve diğerleri, **2013** *Cohabiting family members share microbiota with one another and with their dogs.* eLife 2: e00458.

Kondo S ve diğerleri, **2010** *Antiobesity effects of Bifidobacterium breve strain B-3 supplementation in a mouse model with high-fat diet-induced obesity.* Biosci Biotechnol Biochem 74: 1656–61.

Kadooka Y ve diğerleri, **2010** *Regulation of abdominal adiposity by probiotics (Lactobacillus gasseri SBT2055) in adults with obese tendencies in a randomized controlled trial.* Eur J Clin Nutr 64: 636–43.

Möhle L ve diğerleri, **2016** *Ly6C(hi) Monocytes Provide a Link between Antibiotic-Induced Changes in Gut Microbiota and Adult Hippocampal Neurogenesis.* Cell Rep. 31;15(9):1945-56.